计算机网络基础

赵智超 吴铁峰 袁琳琳　编

中国纺织出版社

图书在版编目（CIP）数据

计算机网络基础 / 赵智超，吴铁峰，袁琳琳编. —
北京：中国纺织出版社，2018.5

ISBN 978-7-5180-3831-2

Ⅰ.①计⋯　Ⅱ.①赵⋯　②吴⋯　③袁⋯　Ⅲ.①计算机
网络-教材　Ⅳ.①TP393

中国版本图书馆CIP数据核字（2017）第174372号

策划编辑：武洋洋　　　　　　　　　　责任印制：储志伟

中国纺织出版社出版发行
地　　址：北京市朝阳区百子湾东里A407号楼　邮政编码：100124
销售电话：010—67004422　传真：010—87155801
http://www.c-textilep.com
E-mail: faxing@c-textilep.com
中国纺织出版社天猫旗舰店
官方微博 http://weibo.com/2119887771
虎彩印艺股份有限公司印制　各地新华书店经销
2018年5月第1版第1次印刷
开　　本：787×1092　1/16　印张：17.875
字　　数：360千字　定价：99.50元

前　言

计算机网络基础是高等职业院校计算机应用等相关专业的一门核心课程。本课程的目的就是要通过本课程的学习，使学生达到会建网、管网和用网的培养目标。但如果仅仅是对计算机网络基础知识的详细讲解，而不与技术应用实际相结合，很难取得较好的教学效果。目前，高等职业教育正在进行工学结合、基于工作过程、理实一体化等一系列教学和课程改革，正是基于此背景，我们组织了几位长期工作在计算机网络教学一线的教师，在总结多年教学经验并参考其他院校做法的基础上，编写了这本教材。

本书依据中小企业网络管理员岗位的职业能力需求，本着理论知识适度、够用，重在操作能力的指导思想，将教材内容划分为8个单元（工程项目），35个任务，按照再现企业工程项目的组织方式进行串接，以培养学生具备组建办公网络并实现Internet接入、构建网络服务器、网络管理与维护等方面的基础知识和操作技能。具体安排如下：

单元1：构建小型办公网，包括小型办公室或家庭交换网络的组建，办公室资源共享。

单元2：构建园区网络，包括园区网的组建与管理，园区网的全网互通。

单元3：连接局域网到互联网，包括单机通过ADSL接入Internet，办公网通过宽带路由器共享接入Internet，园区网通过专线接入Internet等。

单元4：使用Windows Server 2003系统进行网络管理，包括Windows Server 2003的安装，域控制器的安装，账号和组的管理，文件和磁盘的管理，使用DHCP服务器动态管理IP地址。

单元5：使用Windows Server 2003建立Internet服务，包括用Web服务器、FTP服务器、DNS服务器以及流媒体服务器的构建。

单元6：构建Linux下的网络服务器，包括DHCP服务器、DNS服务器、Web服务器、FTP服务器的安装与配置以及Linux主机与Windows主机互访。

单元7：网络中心建设，包括机房建设，网络中心设备，Windows Server 2003系统的网络负载均衡及磁盘阵列技术。

单元8：网络管理和网络安全，包括SNMP网络管理软件的使用，Windows Server 2003的事件查看器和性能监视器，网络安全常识及防火墙的使用，局域网故障排除与维护。

本书针对以上内容进行了详细的阐述，并给出详细的操作步骤，提供一定数量的实训项目和习题，以帮助学生在巩固基础知识的同时，能够灵活应用。

由于编者水平有限，书中纰漏在所难免，恳请广大读者批评指正。

编　者

2017年12月

目录

项目一　构建小型办公网

在信息时代，人们的生活和工作已离不开计算机了，并且很少有单机环境下使用计算机的情况，大家总是把多台计算机连接起来，形成网络，共享资源。通常，人们在办公室使用办公网络，在图书馆、机场、餐厅等公共场所使用无线网络。

网络组建可能因规模、需求和现实环境的不同而不同，但一个小型办公/家庭网络却是最常见、最简单的网络。这种生活中常见网络组织模型，可能会存在于一个房间，或出现在一个办公区域、一个家庭、一个网吧，甚至一个楼层内部，小型局域网络也具有复杂网络所具有的各种关键技术。

本项目首先学习构建一个简单的、小型办公室环境网络，实现办公室内部的信息共享、交流和协同工作，然后学习如何构建一个较复杂的办公网络，从而创建出全方位的无纸化办公环境。

任务一　组建办公室网络

一、任务分析

王先生在开发区一栋30层的创业大厦中开了一家公司，拥有2层共1200平方米的办公场所，有员工150人。为了提高办公效率，公司非常重视信息化工作，准备在公司的办公区域建立以交换机为核心的交换式网络系统，实现无纸化办公和信息化管理。

本任务主要学习如何构建一个小型办公室环境网络。

二、相关知识

（一）认识局域网

从不同的角度可以将计算机网络划分为不同的类型，从地理范围来划分网络是最基本的划分方法，按这种标准可以将计算机网络划分为局域网（LAN）、城域网（MAN）、广域网（WAN）三种类型。局域网一般限定在小于10km的较小的区域范围内，是最常见、应用最广的一种网络，它是其他类型网络的基础。

1. 局域网标准和特点

为了促进局域网产品的标准化，便于组网，美国电气和电子工程师学会IEEE 802委员会为局域网制订了一系列标准，并得到国际标准化组织认可。通常，我们将遵循802.3标准的局域网简称为以太网，以太网是最早使用的局域网，也是目前使用最广泛的网络产品。包括标准的以太网（10Mbit/s）、快速以太网（100Mbit/s）和千兆（10Gbit/s）以太网。局域网具有连接范围窄、用户数少、建立和维护容易、数据传输质量好和连接速率高等特点。目前最快的局域网是10Gbit/s以太网，局域网的特性主要由网络拓扑结构、传输介质和介质访问控制方法决定。

2. 网络拓扑结构

网络拓扑结构就是网络中计算机的连接方式，即布局。计算机网络的连接方式有多种，主要有总线形、环形、星形、树形等拓扑结构，下面简单介绍最常见的星形拓扑及树形拓扑结构。

（1）星形拓扑结构

星形拓扑是目前以太局域网的结构，它由中央节点和通过点到点通信链路接到中央节点的各个站点组成，如图1-l所示。

主要优点：控制简单、故障诊断和隔离容易、方便服务。

主要缺点：电缆长度和安装工作量可观；中央节点的负担较重，形成瓶颈；各站点的分布处理能力较低。

（2）树形拓扑结构

把星形拓扑进一步发展和补充，就发展为树形拓扑。形状像一棵倒置的树，顶端是树根，树根以下带分支，每个分支还可再带子分支。大型局域网就是树形结构，典型的树形结构分三层：树根为核心层，由核心交换机连接；树干为汇聚层，由汇聚交换机上连核心层交换机，下接接入层交换机；树枝为接入层，由接入层交换机上连汇聚交换机，下接计算机。如图1-2所示。

主要优点：易于扩展、故障隔离较容易。

主要缺点：各个节点对根的依赖性太大。

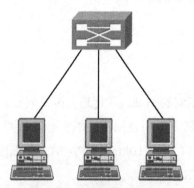
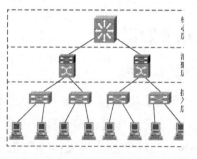

图 1-1 星形结构　　　　　　　图 1-2 树形结构

（二）认识网卡

网卡也叫"网络适配器"，它是连接计算机与网络的硬件设备。每块网卡的ROM中烧录了一个世界唯一的ID号，即MAC地址，这个MAC地址表示安装这块网卡的主机在网络上的物理地址，它由48位二进制数组成，通常分为6段，一般用十六进制表示，如00-17-42-6F-BE-9B。局域网中根据这个地址进行通信。在命令行方式下，用ipconfig /all命令可查看网卡芯片型号、MAC地址和网络连接等信息，如图1-3所示是用ipconfig /all查看网络信息情况。

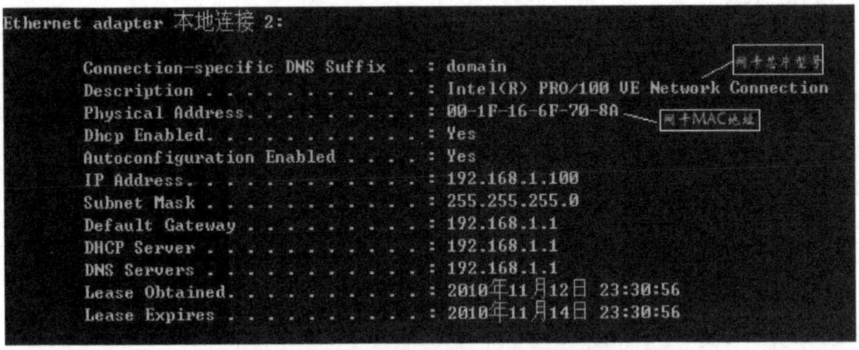

```
Ethernet adapter 本地连接 2:

    Connection-specific DNS Suffix  . : domain
    Description . . . . . . . . . . . : Intel(R) PRO/100 VE Network Connection   网卡芯片型号
    Physical Address. . . . . . . . . : 00-1F-16-6F-70-8A   网卡MAC地址
    Dhcp Enabled. . . . . . . . . . . : Yes
    Autoconfiguration Enabled . . . . : Yes
    IP Address. . . . . . . . . . . . : 192.168.1.100
    Subnet Mask . . . . . . . . . . . : 255.255.255.0
    Default Gateway . . . . . . . . . : 192.168.1.1
    DHCP Server . . . . . . . . . . . : 192.168.1.1
    DNS Servers . . . . . . . . . . . : 192.168.1.1
    Lease Obtained. . . . . . . . . . : 2010年11月12日 23:30:56
    Lease Expires . . . . . . . . . . : 2010年11月14日 23:30:56
```

图1-3　用 ipconfig /all 查看网络信息

网卡的主要功能是接收和发送数据。网卡与主机之间是并行通信，网卡与传输介质之间是串行通信，接收数据时网卡将来自传输介质的串行数据转换为并行数据暂存于网卡的RAM中，再传送给主机；发送数据时将来自主机的并行数据转换为串行数据暂存于RAM中，再经过传输介质发送到网络。网卡在接收和发送数据时，可以用"半双工"或"全双工"的方式完成，现在的网卡绝大部分都是全双工通信的。

1. 网卡芯片

网卡的主控制芯片是网卡的核心元件，一块网卡性能的好坏，主要就是看这块芯片的质量。网卡芯片的型号决定了网卡的型号。网卡芯片的厂商主要有Intel、Realtek、3Com、Marvell、Broadcom、Davicom、Atheros、VIA、SIS等。

如果按网卡主芯片的速度来划分，常见的10/100Mbit/s自适应网卡芯片有Realtek 8139系列/810x系列、VIA VT610X系列、Intel 8255X系列、Broadcom NetLink 440X系列等。常见的10/100/1000Mbit/s自适应网卡芯片有Intel的8257X系列，Realtek的RTL8169S-32/64，Broadcom的BCM57XX系列，Marvell的88E8001/88E8053/88E8055/88E806X系列VIA的VT612X系列等。

无线网卡芯片方面，Intel的无线网卡芯片几乎成了笔记本电脑无线网卡标配，常见的Intel无线网卡芯片有Intel® PRO/Wireless 2100B（迅驰一代的标准网卡）、Intel® PRO/Wireless2100BG/2915ABG（迅驰二代）、Intel® PRO/Wireless 3945ABG（迅驰三代的标配）、Intel® WirelessWi-Fi Link 4965AGN（迅驰四代）。

图 1-4 网卡上芯片

RJ45接口

图 1-5 网卡上的 RJ-45 接口

2. 网卡的分类

下面从不同的角度对网卡进行分类。

（1）按网卡结构分类

按网卡结构分类可分为板载集成网卡和独立网卡两类。对于台式机，计算机主板大多集成了RJ-45接口的网卡，笔记本电脑大多集成了网卡和无线网卡，RJ-45接口如图1-5所示。独立网卡是单独的PCI接口的网卡通过PCI插槽插到计算机上，如图1-6所示。USB接口的网卡用USB接口与计算机相连，如图1-7所示。

（2）按带宽分类

按带宽分类，有线网卡主要有10Mbit/s网卡、100Mbit/s网卡、10/100Mbit/s自适应网卡、1000Mbit/s网卡、10/100/1000Mbit/s自适应网卡以及10Gbit/s网卡。目前使用的网卡大多是10/100Mbit/s自适应网卡，自适应是指网卡可以与远端网络设备（交换机）自动协商，确定当前传输速率是10Mbit/s还是100Mbit/s。

（3）按传输介质分类

按传输介质分类，有双绞线RJ-45接口网卡；光纤接口（ST、SC）网卡，如图1-8所示；无线网卡，如图1-9所示。

图 1-6 带 RJ-45 接口的 PCI 网卡

图 1-7 带 RJ-45 接口的 USB 网卡

图 1-8 光纤接口网卡

图 1-9 USB 无线网卡

（三）认识交换机

交换机（Switch）是基于MAC识别、能完成封装转发数据包功能的网络设备。它通过对信息进行重新生成，并经过内部处理后转发至指定端口，具备自动寻址能力和交换作用。通常交换机的端口数量较多，所有端口均有独享的信道带宽，以保证每个端口上的数据快速有效传输，可以同时互不影响地传送这些信息包，并防止传输冲突发生。

局域网交换机是交换式局域网的核心设备，能够有效地增加网络带宽。交换机的端口类型有半双工和全双工两种方式。在网络结构和连接线路不变的情况下，采用全双工方式可以增加网络节点的数据吞吐量。交换机如图1-10所示。

图1-10 RG-2126G 交换机

1. 交换机的工作原理

交换机的工作过程如下：在接收到一个数据帧时，根据数据帧中的源MAC地址建立该地址同交换机端口的映射，并将其写入MAC地址表中。如果有数据是发给这个MAC地址，所对应的计算机则可以通过该端口进行转发并将数据帧中的目的MAC地址同已建立的MAC地址表进行比较，以决定由哪个端口进行转发。如果数据帧中的目的MAC地址不在MAC地址表中，则向所有端口转发以查找目标计算机，在接收到目标计算机的信息后，将目标计算机的MAC地址与端口的对应关系写入到地址表，下次若有数据帧是发往目标计算机的，则不再需要进行广播；对于网络中传送的广播帧和组播帧，向所有的端口转发。

2. 交换机的信息交换方式

各个公司交换机产品的实现技术可能会有差异，但对于帧的处理方式一般有以下几种：

（1）直通方式：交换机读取数据帧的前14字节，在地址映射表中查找目标地址并立即转发数据帧。这种方式的特点是延迟非常小、交换速度非常快，但不能提供错误检测，且由于没有缓存，不能将具有不同速率的输入/输出端口直接接通。

（2）存储转发方式：交换机把输入端口的数据包先存储起来，然后进行循环冗余校验，在对错误包处理后才取出数据包的目的地址，通过查找地址映射表转换成输出端口送出包。这种方式的特点是在数据处理时延时大，但可以对进入交换机的数据包进行错误检测，可以支持不同速率的输入/输出端口间的转换，保持高速端口与低速端口间的协同工作。

（3）改进的直接交换方式：交换机读取数据帧的前64字节，判断是否有错，如果正确就转发。因为在以太网中，如果一个数据帧有错往往发生在前64字节。这种方式能减少错误帧的转发，且交换的延时也会减少。

3. 交换机的分类

（1）按照功能可将交换机分为下面所述的3类：

①园区网主干交换机（企业级交换机）：具有高速率、高吞吐量，一般是大型交换机，适合作为一个企业或学校等单位的中心交换设备。

②园区网支干交换机（部门级交换机）：具有不同速率的端口，上连端口和园区网主干交换机相连，构成整个园区的主干线路，端口一般连接光纤，传输速率可以达到1000Mbit/s；普通端口速率较低，一般为100Mbit/s，用于连接普通的工作组交换机。

③工作组交换机：一般是面向用户使用的，用于连接用户使用的工作站和支干交换机（当然也可以是主干交换机），端口速率一般较低，为100Mbit/s或者10whit/s。

（2）根据交换机工作的协议层划分

按照OSI的七层网络模型，交换机又可以分为第二层交换机、第三层交换机、第四层交换机等，一直到第七层交换机。

基于MAC地址工作的第二层交换机最为普遍，用于网络接入层和汇聚层。基于IP地址和协议进行交换的第三层交换机普遍应用于网络的核心层，也有少量应用于汇聚层。部分第三层交换机也同时具有第四层交换功能，可以根据数据帧的协议端口信息进行目标端口判断。第四层以上的交换机称为内容型交换机，主要用于互联网数据中心。

4. 交换机的接口类型

交换机作为局域网的集中连接设备，它的接口类型是随着各种局域网和传输介质类型的发展而变化的，下面介绍目前在交换机上常见的一些接口类型。

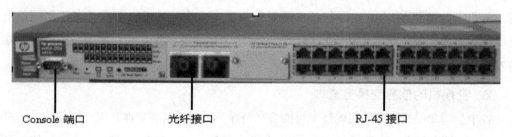

Console 端口　　　　　光纤接口　　　　　RJ-45 接口

图1-11 交换机的接口

（1）双绞线RJ-45接口：这是交换机上最多、应用最广的一种接口类型，它属于双绞线以太网接口类型，与之相连的是RJ-45水晶头。

（2）光纤接口：在一些高性能千兆交换机上提供了这种接口。目前光纤传输介质发展相当迅速，各种光纤接口也是层出不穷，不过在局域网交换机中，光纤接口主要是SC类型。它与RJ-45接口看上去很相似，不过SC接口显得更扁些，其明显区别还是里面的触片，如果是8条细的铜触片，则是RJ-45接口，如果是一根铜柱则是SC光纤接口。

（3）Console（控制）端口：这个端口是用来配置交换机的，所以只有带网络管理功能的交换机才有。并不是所有交换机的Console端口都一样，有的采用RJ-45类型端口，有的则采用串口作为Console端口。注意，并不是所有网管型交换机都有Console端口，因为交换机的配置方法有多种，如通过Telnet命令行方式、Web方式、TFTP方式等。虽然理论上来说，交换机的基本配置必须通过Console端口，但有些品牌的交换机的基本配置在出厂时就已配置好了，不须要进行诸如IP地址、基本用户名之类的基本配置，所以这类网管型交换机就不用提供这个Console端口了。这类交换机通常只需要通过简单的Telnet或Web方式进行一些高级配置即可。

（4）Uplink端口：即通常所说的级连端口，专门用于与上级交换机的连接。

5. 交换机的选择

交换机作为现代网络中普遍采用的设备，在选择时，应注意以下一些方面：

（1）应根据网络应用的需求情况，确定交换机端口支持的数据传输速率，保证网络的可用性，不让交换机成为网络发展的瓶颈。目前，随着应用范围的扩大，10Mbit/s的交换机已经淡出了市场，1000Mbit/s交换机价格比较昂贵，一般应用于大型网络的骨干网中，为用户提供高速的主干带宽，而100Mbit/s交换机在中小型网络中应用比较多。

（2）应根据需要连接的设备数量和网络连线，选择设备的端口数和类型。端口数也是交换机的一个重要的技术指标，因为端口的数目限制了可以连接的设备数。因此，选择时应该根据网络中该交换机需要连接设备的数量来进行选择。交换机中最常见的设备端口数为8口、16口、24口、48口，通常都是8的倍数。

（3）应了解交换机的背板带宽。背板带宽也称为背板吞吐量，是交换机接口处理器或接口卡和数据总线间所能吞吐的最大数据量。交换机的背板带宽越高，数据处理能力也就越强。

（4）应注意对网络扩展的考虑。因为随着网络应用的不断发展，可能是不断有新的设备加入到网络中，因此在选择交换机时就应该充分考虑到产品的扩展性，以便给以后的升级留下余地，节省投资。

总之，为所组建的网络选择交换机需要综合考虑多方面的因素，除了上述一些因素之外，有时还要考虑交换机的管理功能、价格因素、是否支持3层交换等。

（四）用双绞线连接网络

网络传输介质包括双绞线、光纤、无线以及已退出市场的粗同轴电缆和细同轴电缆。目前市场上用于网络传输的双绞线产品有5E类双绞线、6类双绞线，另外还有6A类双绞线和7类双绞线，光纤产品有单模光纤和多模光纤。

双绞线两端安装RJ-45连接器（水晶头）将计算机与计算机、计算机与交换机、交换机与交换机连接起来，形成网络环境。为了便于安装与管理，局域网中常用的4对非屏蔽双绞线（UTP）每对双绞线都有颜色标示，分别为蓝色、橙色、绿色和棕色线对。各线对中，其中一根的颜色为线对颜色为纯色，另一根的颜色为白底色加线对颜色的条纹或斑点。

1. 双绞线连接标准

EIA/TIA定义了两个双绞线连接的标准：568A和568B，它们所定义的RJ-45连接头各引脚与双绞线各线对排列的线序如下（见图1-12）。

T568A的线序是：白绿、绿、白橙、蓝、白蓝、橙、白棕、棕。

T568B的线序是：白橙、橙、白绿、蓝、白蓝、绿、白棕、棕。

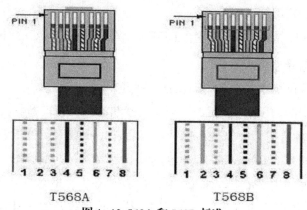

图1-12 568A和568B标准

根据双绞线两端的RJ-45连接头与双绞线的连接标准可将双绞线连线分为直通网线和交叉网线。

（1）直通网线

直通网线是指双绞线两端的RJ-45连接头与双绞线的连接均按568A或568B标准制作，两端的两对双绞芯线1、2脚和3、6脚直接对应。

（2）交叉网线

交叉网线是指双绞线一端的RJ-45连接头与双绞线的连接按568A标准制作，另一端按568B标准制作。即一对双绞芯线在一端连1、2脚，另一端连3、6脚；另一对双绞芯线在一端连3、6脚，另一端连1、2脚。即两端的1、2脚和3、6脚交叉对应。

2. 网络设备接口通信标准

在以太网中，用双绞线作为传输介质的网络设备的接口都是RJ-45连接头。在以双绞线为传输介质的10Mbit/s和100Mbit/s以太网中除了100Base-T4外，其他都只使用了四对线对中的两对即1、2线对与3、6线对进行通信。

（1）网卡接口通信标准

网卡接口和双绞线相连有1、2、3、4、5、6、7、8引脚，其中只有1、2脚和3、6脚用于通信，其中1、2脚负责发送数据，而3、6脚负责接收数据。

（2）交换机接口通信标准

交换机的接口通常分两种：交叉（MDI-X）接口，MDI-X接口是指交换机的普通口；直连（MDI）接口是指交换机的级连口。它们的通信规则如下。

MDI接口：1、2脚发送信号，3、6脚接收信号，与网卡的相同。

MDI-X接口：1、2脚接收信号，3、6脚发送信号，与网卡的相反。

3. 网络设备的连接

（1）计算机与计算机直连

由于通信的两台计算机的网卡都是1、2脚负责发送数据，而3、6脚负责接收数据，因此必须采用交叉网线才能完成直连的两台计算机间的通信。

（2）计算机与交换机的连接

组建局域网时，计算机与交换机相连，是指计算机连接到交换机的普通口，即MDI-X接口，因网卡的1、2脚发送信号和3、6脚接收信号正好直接对应MDI-X接口的1、2脚接收信号和3、6脚发送信号，因此应该使用直通网线。

（3）交换机与交换机的级连

根据交换机的接口通信标准，一台交换机的级连口与另一交换机的普通口之间相连，应使用直通网线。两台交换机的普通口之间相连或两台交换机的级连口之间相连，应使用交叉网线。

通过分析网络设备之间的连接方式，从中能得出以下结论：同类型接口的设备间用交叉网线连接，不同类型接口的设备间用直通网线连接。值得注意的是，目前许多交换机都能支持MDI-X/MDI端口的自适应，能根据双绞线的接线方式自动切换接口类型，因此无论是使用直通网线还是使用交叉网线，都可连通对端设备。

（五）TCP/IP 通信协议

局域网的发展过程中，曾经开发了许多通信协议，但是只有少数被保留了下来，每种网络协议都有自己的优点，但是只有TCP/IP允许与Internet完全连接。Windows操作系统自动安装TCP/IP协议。TCP/IP通信协议具有很大的灵活性，支持任意规模的网络，几乎可连接所有的服务器和工作站。它的灵活性也带来了它的复杂性，它需要针对不同网络进行不同设置，且每个节点至少需要一个"IP地址"、一个"子网掩码"、一个"默认网关"和一个"主机名"。可以在"Internet协议（TCP/IP）属性"对话框中手动配置IP地址。但是在局域网中，微软为了简化TCP/IP的设置，配置了一个动态主机配置协议（DHCP），它为客户端自动分配一个IP地址，避免了出错。

（六）IP 地址和域名系统

Internet的技术核心就是采用了TCP/IP，在Internet上使用IP地址区分网上的主机，每个连在Internet上的计算机、服务器以及其他网络实体都有自己唯一的IP地址。

1. IP 地址的分类

在Internet中，所有计算机均称为主机，Internet上有大大小小的网络，每个网络中连接着不同数目的主机。在目前使用的IP协议中，IP地址是32位，包括网络标识号和主机标识号两部分。

网络标识号用于区分不同网络，主机标识号用于区分同一网络中的不同主机。在实际应用中用到IP地址时，通常使用一种易于理解的表示法，称为点分十进制表示法。其做法是将32位二进制数中的每8位分为一组，用十进制表示，利用圆点分隔各个部分，这样得到由四段十进制数组成的IP地址，如202.32.132.10。

Internet上有大大小小的网络，每个网络中主机的数目不同，所需要的IP地址数目也不同。为了充分利用IP资源，适应不同规模网络的需要，除一些保留的IP地址外，把其余的全部IP地址分为5类。

A类地址：IP地址第1段为1~126，第1段为网络地址，后3段为网络中的主机地址。每个A类网络最多可容纳16 777 214台主机。A类地址适合大型网络使用。

B类地址：IP地址第1段为128~191，前2段为网络地址，后2段为网络中的主机地址，每个B类网络最多可容纳65 534台主机。B类地址适合中等网络使用。

C类地址：IP地址第1段为192~223，前3段为网络地址，第4段为网络中的主机地址，每个C类网络最多可容纳254台主机。C类地址适合小型网络使用。

D类地址：IP地址的第1段为224~239，又叫多目地址，是比广播地址稍弱的多点传送地址，用于支持多目标的数据传输。

E类地址：IP地址的第1段为240~255，留作将来备用。

2. 特殊的IP地址

一些特殊的IP地址用于专门的用途，一般在给网络中的主机分配IP地址时作为保留地址，不进行分配。

（1）回送地址：IP地址为127.0.0.1。用于网络软件测试以及本地计算机进程间的通信。如检测一台计算机是否正确安装了TCP/IP，可以使用该IP地址对其进行测试。

（2）直接广播地址：主机地址全为1的地址，每个网络都有一个，使用此地址可以向一个网络中的所有主机发送报文。

（3）有限广播地址：32位全为1的地址，即255.255.255.255，用于本网广播，当不知道主机IP地址时，可以通过此地址向网络中的所有主机发送报文。

（4）网络地址：主机地址为0的地址表示网络地址，用来表示一个网络。

（5）全0地址：即32位全为0的地址，网络系统启动时使用。

3. 私有IP地址

私有IP地址，又称为保留地址，IPv4中为了节约IP地址空间，增加网络的安全性，保留了一些IP地址段作为私网的IP地址。私有IP地址不能在Internet上使用，处于私有IP地址的网络称为内网或私网。局域网主要使用私有地址，要与Internet进行通信时，必须通过网络地址翻译（NAT）。

私有地址的范围如下。

（1）A类地址中：10.0.0.0~10.255.255.255。

（2）B类地址中：172.16.0.0~172.31.255.255。

（3）C类地址中：192.168.0.0~192.168.255.255。

4. 静态和动态分配地址的选择

局域网有静态分配IP和动态分配IP两种地址管理方式，它们有以下的优缺点。

（1）动态分配IP地址是由DHCP服务器分配的，这样便于集中统一管理，并且每一个新接入的主机都能够简单设置自动获取IP地址操作，来正确获得IP地址、子网掩码、缺省网关、DNS等参数，在管理的工作量上比静态地址要减少很多，而且越大的网络越明显。

（2）动态分配IP更利于节约使用地址资源。动态分配IP地址时，当一个IP地址不被主机使用时，它能根据设定释放出来供别的主机使用，DHCP的地址池只要能满足同时使用的IP峰值即可。静态分配IP地址时，不接入网络的主机并不会释放掉IP，所以这时必须考虑使用更大的IP地址段，确保有足够的IP资源。

（3）由于动态分配IP地址采用DHCP服务器集中管理和分配IP地址，网络中的DHCP服务器出现故障时，整个网络就有可能瘫痪，所以大型网络都要求有一台或一组热备份的DHP服务器。

何时使用静态分配呢？最重要的一个决定因素是网络规模的大小，大型网络和远程访问的网络适合动态地址分配，而小型网络适合用静态地址分配，最好是采用普通客户机采用动态分配而服务器等特殊主机采用静态分配，两者相结合的方式来对IP地址进行管理。

5. 子网掩码

与IP地址关系最紧密的就是子网掩码，它用来判断任意两个IP地址是否属于同一子网络，只有在同一子网的计算机才能直接通信。子网掩码中用二进制的1表示网络地址，0表示主机地址，因此，A类、B类和C类3种网络地址的默认子网掩码分别为255.0.0.0、255.255.0.0和255.255.255.0。

6. 域名系统

（1）域名

IP地址为Internet提供了统一的主机定位方式。直接使用IP地址就可以访问网上的其他主机。但是，IP地址非常难以记忆，因此在Internet上使用了一套和IP地址对应的域名系统（DNS），域名系统使用与主机位置、作用、行业有关的一组字符组成，既容易理解，又方便记忆。

例如，搜狐网的域名为www.sohu.com，对应的IP地址为61.135.150.74；北京大学主网站的域名为www.pku.edu.cn，对应的IP地址为162.105.129.12。

（2）Internet的域名结构

Internet的域名系统和IP地址一样，采用典型的层次结构，每一层由域或标号组成，各域之间用"．"隔开，从左向右看，"．"号右边的域总是左边的域的上一层域。只要上层域的所有下层域名字不重复，那么网上的所有主机的域名就不会重复。域名不区分大小写字母。

三、任务实施

（一）双绞线的制作

【任务目标】

认识制作双绞线的工具和材料；掌握T568A和T568B标准线序；掌握直通线和交叉线

的制作方法。

【施工设备】

网线钳（含切线刀、剥线刀、压头槽）、网线测试仪、5类双绞线、水晶头。

【操作步骤】

步骤1："剥"

用网线钳的剥线刀将5类线的外保护套管划开（小心不要将里面双绞线的绝缘层划破），刀口距5类线的端头至少2cm，将划开的外保护套管剥去（旋转、向外抽），如图1-13所示。

步骤2："理"

按照T568B标准和导线颜色将导线按规定的序号排好，按顺序整理平（白/橙、橙、白/绿、蓝、白/蓝、绿、白/棕、棕）并使导线间不留空隙，并用网线钳上的切线刀将排完序的双绞线一次性剪断，控制在1.2cm以内，如图1-14所示。

图1-13 剥

图1-14 理

步骤3："插"

将剪断的电缆线放入水晶头，一定要平行插入到线顶端，以免触不到金属片，电缆线的外保护层最后应能够在水晶头内的凹陷处被压实，如图1-15所示。

步骤4："压"

将水晶头放人压线钳的压头槽内，双手紧握压线钳的手柄，用力压紧，压过的水晶头的金属脚比没压时要低。在这一步骤完成后，插头的8个针脚接触点就穿过导线的绝缘外层，分别和8根导线紧紧地压接在一起，如图1-16所示。

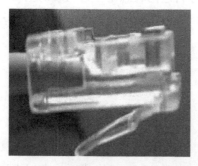

图1-15 插

图1-16 压

至此，双绞线一头T568B就制作好了，根据实际连接的需要，制作另一头，若是制作直通线，则另一头也按T568B排序，若是制作交叉线，则另一头按T568A排序。

步骤5："测"

两边都做好后，将做好的双绞线两端的RJ-45插头分别插入测试仪两端，打开测试仪电源开关，检测制作是否正确。

（二）组建办公室网络

【任务目标】

掌握网卡的安装及星形网的连接；掌握TCP/IP协议的配置方法及网络连通性测试。

【施工拓扑】

施工如图1-17所示。

【施工设备】

Cisco 2950交换机1台，计算机2台，直通线2条。

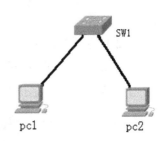

图1-17 网络拓扑图

【操作步骤】

步骤1：网卡的物理安装

关闭计算机，打开机箱，找到一空闲PCI插槽，插入网卡，并用螺钉固定好。

步骤2：安装网卡驱动程序

启动计算机,操作系统会检测到网卡并提示用户插入驱动程序盘。插入随网卡销售的驱动程序盘，然后单击"下一步"，Windows找到驱动程序后,会显示"确定"屏幕，单击"下一步"，便可完成网卡驱动程序的安装。如果Windows没有找到驱动程序，单击"设备驱动程序向导"中的"浏览"按钮来指定驱动程序的位置。Windows系统也能自我识别一些市场销量大的网卡，在这种情形下，Windows系统一般不需用户提供驱动程序盘便能自动完成网卡驱动程序的安装。可以通过"设备管理器"对话框来查看所安装的网卡驱动是否正确，如图1-18所示。网卡安装完成后，盖好机箱。

图1-18 查看所安装的网卡驱动

步骤3：物理连接网络

使计算机和交换机处于断电状态,将双绞线的两端分别插入计算机或交换机的RJ-45接口。给计算机和交换机加电，在交换机加电过程中，会听到风扇启动的声音，同时所有以太网接口处于红灯闪烁状态，此时设备在自动检测接口状态，当设备处于稳定状态时，有线路连接的接口会处于绿灯闪烁状态，表示该线路处于连通状态。

步骤4：网络属性设置

（1）打开PC1计算机的网络属性设置窗口：即TCP/IP属性设置窗口。选"控制面板"→"网络和拨号连接"→"本地连接"→"属性"→"Internet协议（TCP/IP）→属性"。

（2）为网卡设定一个IP地址：选"使用下面的IP地址"，在"IP地址"一栏输入"192.168.0.1"；子网掩码一栏输入"255.255.255.0"。如图1-19所示。IP地址设置完成后，不需重新启动，退出此网络属性设置窗口后，所设即生效。

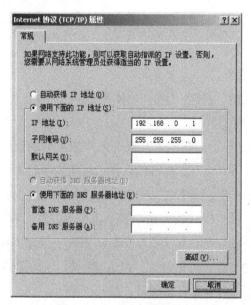

图1-19 TCP/IP 属性设置

（3）按上一步骤的方法将PC2计算机的IP地址设置为192.168.0.2，子网掩码设置为255.255.255.0。

（4）标识计算机。在"系统属性"对话框中，单击"计算机名"选项卡，单击"更改"按钮，键入"计算机名"与"工作组"名。如图1-20所示。所有设置完成后，重新启动计算机。

计算机名称更改
可以更改这台计算机的名称和成员身份。更改可能会影响对网络资源的访问。
计算机名(C):
PC1
完整的计算机名称:
PC1.
其它(M)...
隶属于
域(D):
工作组(W):
WORKGROUP
确定
取消

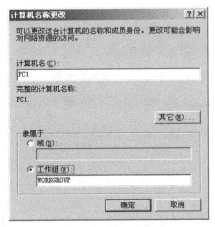

图 1-20 给计算机设置计算机名和工作组

步骤5：测试网络连通性

(1)用Ping 命令Ping 127.0.0.1，检测本机网卡连通性。

(2)在“网上邻居”中看同组的主机是否都能找到。

(3)用ping命令检测同组计算机之间的连通性。如在PC1上测试与PC2的连通性，使用命令：Ping 192.168.0.2。测试结果如图1-21所示。

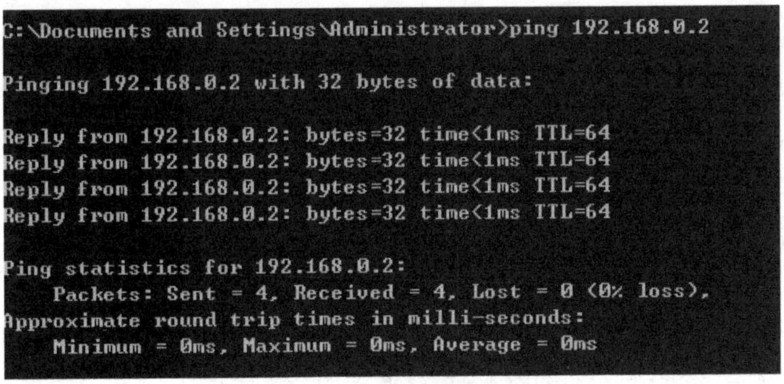

C:\Documents and Settings\Administrator>ping 192.168.0.2
Pinging 192.168.0.2 with 32 bytes of data:
Reply from 192.168.0.2: bytes=32 time<1ms TTL=64
Reply from 192.168.0.2: bytes=32 time<1ms TTL=64
Reply from 192.168.0.2: bytes=32 time<1ms TTL=64
Reply from 192.168.0.2: bytes=32 time<1ms TTL=64
Ping statistics for 192.168.0.2:
Packets: Sent = 4, Received = 4, Lost = 0 (0% loss),
Approximate round trip times in milli-seconds:
Minimum = 0ms, Maximum = 0ms, Average = 0ms

图 1-21 Ping 命令的测试结果

任务二　共享办公网络

一、任务分析

我们经常需要在两台电脑之间复制文件，如果使用U盘的话，不仅需要复制粘贴两次，速度慢，文件的大小也受U盘剩余空间的限制，非常不方便。我们可以在办公室局域网中将打印机或文件共享，实现信息共享。

本任务学习在局域网中实现打印机或文件共享。

二、任务实施

（一）Windows XP 下实现文件共享

目前桌面操作系统大部分使用Windows XP操作系统，该系统有两种文件共享方式：简单文件共享（Simple File Sharing）和高级文件共享（Professional File Sharing）。默认情况下，简单文件共享是启用的。下面以Windows XP Professional为例介绍实现方式。

【施工拓扑】

局域网环境。

【施工设备】

若干安装Windows XP操作系统的计算机、交换机1台，网线若干。

【操作步骤】

1. 简单文件共享

Windows XP允许通过简单文件共享，在网络上和其他电脑共享硬盘分区或者任意的文件夹而对于共享的硬盘分区或者文件夹，网络上的任何人都可以访问到，不需要访问者提供任何密码。

步骤1：设置共享文件夹

首先，在想共享的文件夹上单击鼠标右键，选择"共享和安全"。如图1-22所示，指定共享的文件夹名称和是否允许更改，一般情况下，只允许网络用户只读共享，如果设置了用户可以更改你的文件，则网络用户有了删除文件的权限，这种删除是直接被清除掉，而不是先放到回收站。一旦你共享了硬盘分区或文件夹，那么它的子文件夹也同样会被共享。

如果我们共享了文件夹或硬盘分区，但是不想让所有人都能看见，则可以使用隐含共享。方法是，在设置共享名称的时候，在名称的最后添加一个美元符号"$"。这时通过网络邻居，对方就不能看见这个共享了。只能通过运行中输入\\机器名\隐含共享的文件夹名"$"直接访问，或对方通过直接映射网络驱动器的方式打开。

步骤2：开启Guest账户

Windows XP默认情况下，Guest账户是没有开启的，要允许网络用户访问这台电脑，必须打开Guest账户。

（1）依次执行右击"我的电脑"→"管理"→"计算机管理"→"本地用户和组"→"用户"，如果在右边的Guest账户上有一红叉，则Guest账户没有开启，右击Guest，选"属性"，然后去掉"账号已停用"选择，如图1-23所示。

（2）如果还是不能访问，可能是本地安全策略限制该用户不能访问。在启用了Guest用户或者本地有相应账号的情况下，单击"开始"→"设置"→"控制面板"→"管理工具"→"本地安全策略"打开"用户权利指派"→"拒绝从网络访问这台计算机"的用户列表，删除其中的Guest账户。

设置简单文件共享，网络上的任何用户都可以访问，无须密码，简单明了。

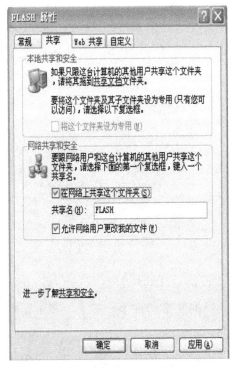

图 1-22 设置文件夹共享

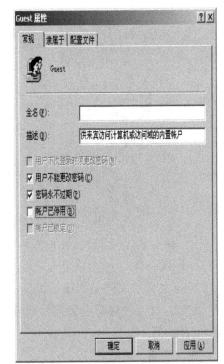

图 1-23 启用 Guest 账户

2. 高级文件共享

与简单文件共享相比，Windows XP的高级文件共享增加了对共享访问的限制，它通过设置不同的账户，分别给予不用的权限，即设置ACL（Access Control List，访问控制列表）来规划文件夹和硬盘分区的共享，达到限制用户访问的目的。

步骤1：禁止简单文件共享

要启动高级文件共享，首先要禁用简单文件共享。首先任意打开一个文件夹，依次执行菜单栏的"工具"→"文件夹选项"→"查看"，打开"查看"选项卡，在高级设置里，去掉"使用简单文件共享（推荐）"选项，如图1-24所示。

步骤2：设置账户

仅仅是开启默认Guest账户并不能达到多用户不同权限访问的目的，而且在高级文件共享中，Windows XP默认是不允许网络用户通过没有密码的账号访问共享文件的，所以，我们必须为不同权限的用户设置不同的账户。

以添加abc用户为例，依次执行"右击我的电脑"→"管理"→"计算机管理"→"本地用户和组"→"用户"→"新用户"，添加一个新用户abc，并设置密码，如图1-25所示。

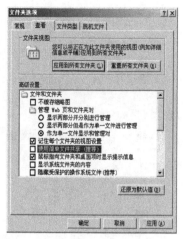

图1-24 禁止简单文件共享

图1-25 添加新用户

步骤3：设置共享

（1）在想共享的文件夹上单击鼠标右键，选择"共享和安全"，选择"共享"选项卡，经过以上步骤后的共享设置与简单文件共享的共享属性不一样了，多了权限设置按钮。如图1-26所示。

（2）权限设置。单击权限，默认用户是Everyone，默认权限是读取，也就是每个用户都有读取的权限，当然这样设置不安全，要把Everyone删除，再添加能共享访问的用户或组，并赋予相应的权限。

用户有3种权限：

①读取权限。允许用户浏览或执行文件夹中的文件。

②更改权限。允许用户改变文件内容或删除文件。

③完全控制权限。允许用户完全访问共享文件夹。

（3）添加abc用户的权限。按"添加"，查找用户名"abc"，确定之后在组和用户中就有了abc用户，如果我们设置abc用户只有读取权限，只需要在"读取"那里打钩就行了。如图1-27所示。

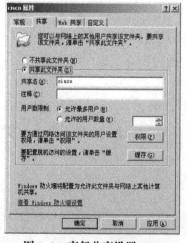

图1-26 高级共享设置

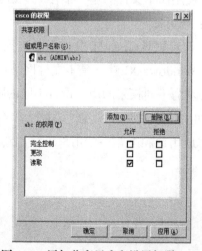

图1-27 添加共享用户和设置权限

重复以上步骤，设置不同的账户不同权限。请注意，打开了高级共享，系统的所有分区都被默认为共享，必须把它改回来。

步骤4：网络用户访问共享文件夹

如果网络用户的操作系统是Windows2000/2003/XP的话，访问时候提示用户密码，只要输入刚刚设置好的账户密码就可以正常访问了。

（二）Windows XP 下共享打印机

打印机共享是办公网络的主要应用，同一办公室一般只安装一台打印机，同事们共享使用。网络上共享打印机时，先在本地计算机上安装打印机并设置为共享，然后再在同一网络上的其他计算机上安装网络打印机（安装网络打印机驱动程序）并使用网络打印机。

打印机安装包括安装硬件打印机和安装打印机驱动程序两个内容，硬件打印机的安装很简单，一是用数据线将打印机连接到本地计算机上，二是接好电源线。我们通常所说的安装打印机指的是安装打印机的驱动程序。

有两种共享打印机方式，一种是通过连接打印机的计算机进行共享，另一种是用IP地址访问单独的网络打印机。本任务用第一种示例。

【施工拓扑】

局域网环境。

【施工设备】

若干安装Windows XP操作系统的计算机，交换机1台，打印机1台，网线若干。

【操作步骤】

以Windows XP操作系统为例说明安装步骤。

步骤1：安装本地打印机

（1）将打印机与一台计算机相连（打印口、USB接口），并连接好电源线。

（2）从"开始"菜单的"设置"项中选择"打印机和传真"命令，打开"打印机和传真"窗口，单击"添加打印机"，弹出"添加打印机向导"对话框图，按提示安装好本地打印机。

步骤2：设置打印机共享

右击刚安装好的打印机，单击"共享"，选择"共享"选项卡，选择"共享这台打印机"，输入共享名。单击确定，设置好共享，如图1-28所示。

步骤3：安装网络打印机

（1）在另一台计算机上安装网络打印机。从"开始"菜单的"设置"项中选择"打印机和传真"命令，打开"打印机和传真"窗口，单击"添加打印机"，弹出"添加打印机向导"对话框图，单击"下一步"。

（2）进入如图1-29所示对话框，选择"网络打印机或连接到其他计算机的打印机"，单击"下一步"。

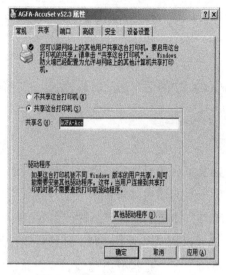

图 1-28 设置打印机共享　　　　　　图 1-29 选择安装网络打印机

（3）进入如图1-30所示对话框，有浏览打印机、局域网格式直接输入打印机名、Internet格式直接输入打印机名3种查找打印机的方式，在此选择浏览打印机的方式查找打印机，单击"下一步"。

（4）进入如图1-31所示的对话框，选择要安装的网络打印机，单击"下一步"。

（5）进入如图1-32所示的对话框，单击"是"。

（6）进入如图1-33所示的对话框，完成网络打印机的安装。

（7）安装完成，在打印机和传真窗口中出现刚安装的网络打印机，如图1-34所示。

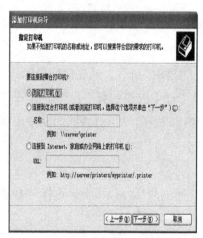

图 1-30 选择查找网络打印机方式

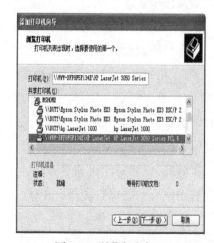

图 1-31 浏览打印机

图 1-32 确定所选择的网络打印机

图1-33 完成网络共享打印机的安装

图1-34 安装后的网络共享打印机

步骤4：使用共享打印机

使用共享打印机打印文档与使用本地打印机打印文档方法是一样的。例如，要打印一个word文档，单击"文件"菜单"打印"命令，弹出"打印"对话框后，在打印机"名称"一栏中选择网络共享打印机即可。如果网络上有多台共享的打印机，而你的计算机也安装了多台网络打印机，那么，你可以在打印对话框中选择一台你所需要的网络打印机，使你的文档在这台打印机上打印。

任务三 扩展办公网络

一、任务分析

经过几年的发展，王先生的公司规模不断扩大，原有的小型办公室网络明显不能满足日益增长的公司信息化建设要求，需要对前几年逐渐建设的网络进行彻底地改造，扩充更多信息点以满足公司员工对网络的需求。

在网络中，扩充信息点最经济、有效的方法就是使用交换机级连和堆叠技术。交换机级连不仅可增加网络节点数量，还可延伸网络的距离；堆叠技术则不仅仅可以增加网络中节点数，还可扩展网络的带宽。

级连是交换网络中最常见的技术，在实施网络级连时，应尽力保证交换机间中继链路具有足够的带宽，为此需要采用链路汇聚技术。链路聚合技术为网络带来高带宽、均衡负载，并提供冗余链路，冗余链路为网络带来健全性。

本任务主要学习交换机级连和堆叠技术以及交换机的基本配置方法。

二、相关知识

（一）交换机级连技术

在网络中，如果需要扩充网络的节点数量，最简单的方法就是增加交换机的数量，使用双绞线把它们之间互相连接起来，这种使用网线将两个交换机进行连接的技术称为交换机级连技术。级连是交换网络中最常见的连接方式，不仅扩充了网络的节点，节约了网络建设成本，而且级连技术还延伸了网络距离，把更遥远地点的计算机接入到网络中。级连扩展模式是最常规、最直接的一种扩展方式。无论是百兆快速以太网还是吉比特以太网，级连交换机所使用的线缆长度均可达到100m，这个长度与交换机到计算机之间长度完全相同。因此级连除了能够扩充端口数量外，另外一个用途就是快速延伸网络距离。当有4台交换机级连时，网络跨度就可以达到500m。这样的距离对于位于同一座建筑物内的小型网络而言已经足够了。需要注意的是交换机不能无限制级连，超过一定级数的交换机进行级连，最终会引起广播风暴，导致网络性能严重下降。

交换机之间的级连，既可使用普通以太端口也可使用Uplink端口。当相互级连的端口都为普通以太端口时，应当使用交叉网线，如图1-35所示。当使用普通端口和Uplink端口实现级连时，则应当使用直连电缆，如图1-36所示。

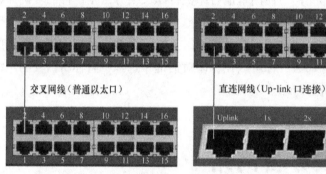

图 1-35　普通端口级连　　　图 1-36　普通端口与 Uplink 级连

网络规模扩展以后，网络中交换机的数量通常不只是一个，网络中用户数有上百个，甚至上千个，这样就必须使用更多的交换机来级连。级联模式是组建大型LAN最理想的方式，可以综合利用各种拓扑设计技术和冗余技术，实现层次化网络结构，从实用的角度来看，建议最多部署三级交换机级连：核心交换机→汇聚交换机→接入交换机，如图1-37所示。这里的三级并不是说只能允许最多三台交换机，而是从层次上讲三个层次。级连是组建网络的基础，可以灵活利用各种拓扑、冗余技术，在层次太多的时候，需要进行精心的设计。对于级连层次很少的网络，级连方式可以提供最优性能。

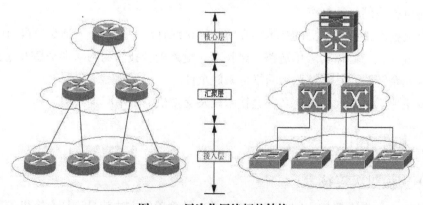

图 1-37　层次化网络拓扑结构

（二）交换机堆叠技术

堆叠是把交换机的背板带宽，通过专用模块聚集在一起，这样堆叠交换机的总背板带宽就是几台堆叠交换机的背板带宽之和，堆叠将一台以上的交换机组合起来共同工作，交换机组可视为一个整体的交换机进行管理，从而满足了大型网络对端口的数量要求，以便在有限的空间内提供尽可能多的端口。多台交换机经过堆叠形成一个堆叠单元。

堆叠通常是为了扩充带宽使用的专门技术，不是所有的交换机都可以堆叠，需要使用专门的堆叠卡插在交换机的后面，如图1-38所示，用专门的堆叠电缆（如图1-39所示）连接几台交换机，堆叠后这几台交换机相当于一台交换机。堆叠是采用交换机背板的叠加，使多个工作组交换机形成一个工作组堆，从而提供高密度的交换机端口，堆叠中的交换机就像一个交换机一样，其提供的带宽是所有堆叠交换机组的背板带宽之和。交换机堆叠通常是放在同一位置，连接电缆也较短，所以交换机堆叠的目的主要是用于扩充交换端口，而不是用于扩展距离的。

图1-38 带堆叠模块的交换机　　　　　图1-39 堆叠线缆

堆叠技术的最大优点就是提供简化的本地管理，将一组交换机作为一个对象来管理。目前流行的堆叠模式主要有两种：菊花链模式和星形模式。所谓菊花链就是从上到下串起来，形成单一的一个菊花链堆叠总线。矩阵堆叠就是单独拿一个交换机作为堆叠中心，其他的交换机用堆叠线连接到堆叠中心交换机上。

1. 菊花链式堆叠技术

菊花链式堆叠是一种基于级连结构的堆叠技术，对交换机硬件上没有特殊的要求，通过相对高速的端口串接，最终构建一个多交换机的层叠结构，在同一个端口收发分为上行和下行，最终形成一个环形结构，通过环路可以在一定程度上实现冗余，如图1-40所示。但就交换效率来说，同级连模式处于同一层次，任何两台成员交换机之间的数据交换都需绕环一周，经过所有交换机的交换端口，效率较低，尤其是在堆叠层数较多时，堆叠端口会成为严重的系统瓶颈。菊花链式堆叠模式适用于高密度端口需求的单节点机构，使用在网络边缘。

2. 星形堆叠技术

星形堆叠技术是一种高级堆叠技术，对交换机而言，需要提供一个独立的或者集成的高速交换中心（堆叠中心），所有的堆叠主机通过专用的（也可以是通用的高速端口）高速堆叠端口上行到统一的堆叠中心，如图1-41所示。堆叠中心一般是一个基于专用ASIC的硬件交换单元，根据其交换容量，带宽一般在10Gbit/s~32Gbit/s之间，其ASIC交换容量限制了堆叠的层数。

星形堆叠技术使所有的堆叠组成员交换机到达堆叠中心的级数缩小到一级，任何两个端节点之间的转发需要且只需要经过三次交换，转发效率与一级级联模式的边缘节点通信结构相同，因与菊花链式结构相比，它可以显著地提高堆叠成员之间数据的转发速率，同时，提供统一的管理模式。星形堆叠模式适用于要求高效率高密度端口的单节点LAN，星形堆叠模式克服了菊花链式堆叠模式多层次转发时的高时延影响，但需要提供高带宽堆叠中心，成本较高，而且堆叠中心接口一般不具有通用性，无论是堆叠中心还是成员交换机的堆叠端口都不能用来连接其他网络设备。使用高可靠、高性能的Matrix芯片是星形堆叠的关键，对堆叠电缆带宽也都要求在2Gbit/s~2.5Gbit/s之间（双向）。

图1-40 菊花链式堆叠实景　　　　　　图1-41 星形堆叠实景

堆叠与级连这两个概念既有区别又有联系。堆叠可以看作是级连的一种特殊形式。它们的不同之处在于：级连的交换机之间可以相距很远（在媒体许可范围内），而一个堆叠单元内的多台交换机之间的距离非常近，一般不超过几米；级连一般采用普通端口，而堆叠一般采用专用的堆叠模块和堆叠电缆。一般来说，不同厂家、不同型号的交换机可以互相级连，堆叠则不同，它必须在可堆叠的同类型交换机（至少应该是同一厂家的交换机）之间进行；级连仅仅是交换机之间的简单连接，堆叠则是将整个堆叠单元作为一台交换机来使用，这不但意味着端口密度的增加，而且意味着系统带宽的加宽。

级连是通过交换机的某个端口与其他交换机相连的，而堆叠是通过交换机的背板连接起来的。虽然级连和堆叠都可以实现端口数量的扩充，但是级连后每台交换机在逻辑上仍是多个被网管的设备，而堆叠后的数台集线器或交换机在逻辑上是一个被网管的设备。

（三）交换机链路汇聚技术

交换机级连技术是组建结构化网络的必然选择，也是组网中使用的最常见的技术。进行级连时，应该尽力保证交换机间中继链路具有足够的带宽，为此可采用全双工技术和链路汇聚技术。

交换机端口采用全双工技术后，不但相应端口的吞吐量加倍，而且交换机间中继距离大大增加，使得异地分布、距离较远的多台交换机级连成为可能。

链路汇聚也叫端口汇聚、端口捆绑、链路扩容组合，即两台交换机设备之间通过两个以上的同种类型的端口连接并捆绑，通过配置可通过两个以上聚合端口同时传输数据，以便提供更高的带宽、更好的冗余度以及实现负载均衡，避免链路出现拥塞现象。链路汇聚技术不但可以提供交换机间的高速连接，分别负责特定端口的数据转发，还可以为交换机和服务器之间的连接提供高速通道，防止单条链路转发速率过低而出现丢包的现象。

在网络中使用链路聚合技术的优点是：价格便宜，性能接近吉比特以太网；不需要重新布线，也无须考虑吉比特网传输距离极限问题；链路聚合技术可以捆绑任何相关的端口，也可以随时取消设置，这样提供了很高的灵活性，还提供负载均衡能力以及系统容错。

制定于1999年的802.3ad标准定义了如何将两个以上的以太网链路组合起来，为高带宽网络连接实现负载共享、负载平衡以及提供更好的冗余性。如图1-42所示，可以把多个物理接口捆绑在一起形成一个简单的逻辑接口，这个逻辑接口称之为一个Aggregate Port（以下简称AP）。它可以把多个端口的带宽叠加起来使用，例如全双工快速以太网端口形成的AP最大可以达到800Mbit/s，或者吉比特以太网接口形成的AP最大可以达到8Gbit/s。

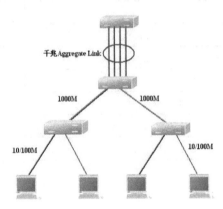

图1-42 端口聚合

802.3ad的另一个主要优点是可靠性。在主干道链路连接的网络中，链路故障将是一场灾难。在网络规划时，要求骨干交换机连接的主干道链路必须既具有强大的功能又值得信赖。即使一条电缆被误切断的情况下，它们也不会瘫痪，这正是802.3ad所具有的自动链路冗余备份的功能。这项链路聚合标准在点到点链路上提供了固有的、自动的冗余性。

换句话说，如果链路中所使用的多个端口中的一个端口出现故障，网络传输流可以动态地改向链路中余下的正常状态的端口进行传输。这种改向速度很快，当交换机得知媒体访问控制地址已经被自动地从一个链路端口重新分配到同一链路中的另一个端口时，改向就被触发。然后这台交换机将数据发送到新端口，在服务几乎不中断的情况下，网络继续运行。

三、任务实施

（一）交换机的基本配置

交换机为用户提供4种管理方式（又称访问方式）：通过Console端口对交换机进行管理、通过Telnet对交换机进行远程管理、通过Web对交换机进行远程管理和通过SNMP工作站对交换机进行远程管理。

通过交换机的Console口管理交换机，不占用交换机的网络接口，属于带外管理，其特点是需要使用配置线缆，近距离配置。后三种方式均要通过网络传输来实现，因此称为带内管理。可以通过开启和关闭驻留在交换机内的Telnet Server、Web Server、SNMP Arent来分别选择或禁用这三种管理方式。第一次配置交换机或者无法进行带内管理时，必须利用Console端口进行配置。

交换机的6种命令模式及访问方法和提示符如表1-1所示。

表 1-1 交换机命令模式

模式	命令	提示符
用户模式		Switch>
特权模式	enable	Switch#
全局配置模式	config terminal	Switch(config)#
端口配置模式	interface fastethernet 端口号	Switch(config-if)#
控制设置模式	line control 控制口	Switch(config-line)#
线路设置模式	line vly 线路口	switch(config-line)#
VLAN 设置模式	vlan database	Switch(vlan)#

【施工拓扑】

如图1-43所示。

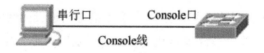
串行口　　　　Console口

Console线

图 1-43 施工拓扑

【施工设备】

安装Windows XP操作系统的微机1台、Cisco 2950交换机1台，Console线1条。

【操作步骤】

步骤1：通过交换机的Console口登录到交换机

（1）利用Console线将交换机Console端口和计算机的串口（COM）连接。

（2）选择"开始"→"程序"→"附件"→"通讯"→"超级终端"命令，打开连接的超级终端PC，执行操作系统中的超级终端程序。

（3）配置超级终端连接名称。

（4）配置超级终端连接端口，根据连接线缆的不同，端口设置有所区别。

（5）配置超级终端COM端口属性，还原默认参数："每秒位数"为9600，"数据位"为8位，"停止位"为1位，"数据流控"为无，如图1-44所示。

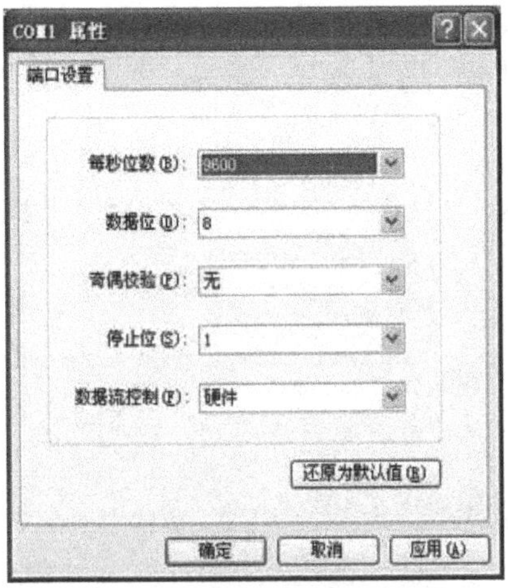

图1-44 超级终端属性设置

步骤2：配置交换机远程登录

进入交换机的配置命令工作状态，进行以下设置。

更换交换机的名字：

Switch> hostname switche

进入特权模式：

switche> enable

进入全局配置模式：

switche# configure terminal

开启交换机远程登录服务：

switche (config)# line vly 0 5

配置远程登录密码：

switche (config)# password 123456

使开启交换机远程登录服务生效：

switche (config)# login

步骤3：配置交换机的管理IP地址及默认网关

进入VLAN端口配置模式：

switche (config)# interface vlan 1

设置交换机的IP地址与子网掩码：

switche (config-if)# ip address 192.168.1.1 255.255.255.0

启用该端口：

switche (config-if)# no shutdown

回到全局配置模式：

switche (config-if)# exit

设置交换机的默认网关：

switche (config)# ip default-gateway 192.168.1.254 255.255.255.0

步骤4：查看交换机的配置信息

回到特权模式：

switche (config)# exit

查看交换机的IP地址：

switche# show ip interface

步骤5：查看并保存配置信息

查看当前配置信息：

switche# show running-config

保存配置信息：

switche# copy running-config startup-config

步骤6：测试配置信息

（1）用双绞线将计算机和交换机的以太口相连，计算机的IP地址设为与交换机管理地址为同一网段，如设置为192.168.1.2。

（2）在计算机上ping交换机管理地址192.168.1.1。

（3）ping通后，在计算机上telnet 192.168.1.1，远程登录交换机。

（二）配置交换机链路聚合

把多个物理链接捆绑在一起形成一个简单的逻辑链接，可以把多个端口的带宽叠加起来使用，比如，当将2个100Mbit/s的端口进行聚合后，所形成的逻辑端口的通信速度变为200Mbit/s。另一方面，当逻辑链接中的一条成员链路断开时，系统会将该链路的流量分配到逻辑链接中的其他有效链路上去，从而实现备份。此外，逻辑链接还可进行流量平衡，把流量平均地分配到逻辑链接的成员链路中去，以充分利用网络的带宽。

【任务目标】

假设某个企业采用两台交换机组成一个局域网，由于很多数据流量是跨交换机进行转发的，因此需要提高交换机之间的传输带宽，并实现链路冗余备份，为此网络管理员在两台交换机之间要采用两根网线互联，并将相应的两个端口聚合为一个逻辑端口，现要在交换机上做适当配置来实现这一目标。

【施工拓扑】

如图1-45所示。

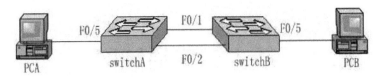

图 1-45 施工拓扑

【施工设备】

安装Windows XP操作系统的计算机2台、Cisco 2950交换机2台，Console线2条，交叉线2根，直通线2根。

【操作步骤】

步骤1：配置两台交换机的主机名、管理IP地址

用Console线连接计算机与交换机，通过Console端口分别配置两台交换机的主机名和管理IP地址，交换机的主机名分别为switche和switch，交换机的管理IP地址分别为192.168.1.1和192.168.1.2。配置方法见"（一）交换机的基本配置"。

步骤2：配置两台交换机的相应端口为trunk模式

switche(config)#interface f0/1

switche(config-if)#switchport mode trunk

switche(config-if)#exit

switche(config)#interface f0/2

switche(config-if)#switchport mode trunk

switche(config-if)#exit

交换机switch上的配置方法与switche上的配置方法相同。

步骤3：在两台交换机上配置端口聚合

将端口f0/1和f0/2加入聚合端口1，同时创建该端口

switche(config)#interface range f 0/1-2

switche(config-if-range)# channel-group 1 mode on

switche(config-if-range)#exit

交换机switch上的配置方法与switche上的配置方法相同。

步骤4：按照拓扑图将两台交换机连接起来，查看并验证聚合端口的配置（如果先连线再配置会造成广播风暴，影响交换机的正常工作）

（1）在特权模式下用show etherchannel命令查看聚合端口信息。

（2）设置好计算机的IP地址（设为与交换机管理地址同网段的IP地址），用Ping命令验证当交换机之间的一条链路断开时，PCA和PCB仍能互相通信。

任务四　组建无线办公室局域网

一、任务分析

无线局域网WLAN（Wireless Local Area Networks）是计算机网络技术与无线通信技术结合的产物，与使用传统的有线组网技术构建网络相比较，无线局域网络不需要在办公室中重新布线，不需要砸墙打孔等施工，而且工作在无线局域网络环境下的笔记本电脑，能灵活方便地移动，充分发挥其独特的优势。无线局域网仅需要安装一个或者多个无线局域网络的接入设备AP（Access Point），便可将无线设备互连起来，甚至还可以把无线局域网络接入到有线网络，完成对目标区域的网络覆盖。无线局域网一旦建成，在无线信号覆盖的任何一个位置都可以接入网络。

本任务主要学习无线局域网标准与常用设备，以及无线办公室局域网的组建方法。

二、相关知识

（一）无线局域网标准

无线通信的发展日新月异，从蓝牙到第三代移动通信，新技术层出不穷，尤其是无线局域网技术以比人们的预料快得多的速度向前发展着。正因为如此，目前无线局域网的标准较多，处于众多标准共存时期。下面简单介绍主要的无线互联标准。

1. IEEE 802.11b

IEEE 802.11b于1999年底制定，以直序扩频（又称DSSS Direct Sequence spread Spectrum）作为调变技术。所谓直序扩频是将原来1位的信号，利用10个以上的位来表示，使得原来高功率、窄频率的信号，变成低功率、宽频率。另外一方面，IEEE 802.11b传输速率最高可达到11Mbit/s，频段则采用2.4GHz免执照频段。

2. IEEE 802.11a

IEEE 802.11a采用能有效降低多重路径衰减与有效使用频率正交频分复用（OFDM）技术，并选择干扰较少的5GHz频段，其数据率高达54Mbit/s。802.11a被视为下一代高速无线局域网络规格。

3. IEEE 802.11g

IEEE 802.11a尽管优于IEEE 802.11b，但存在兼容性问题，即802.11a的产品不能与802.11b的互通。为此，IEEE制定出了802.11g，该标准在IEEE 802.11b标准基础上，选择2.4 GHz频段，使用OFDM技术，与IEEE 802.11a兼容。

4. 蓝牙技术

蓝牙（bluetooth）技术实际上是一种短距离无线通信技术，利用蓝牙技术，能够有效地简化掌上电脑、笔记本电脑和移动电话手机等移动通信终端设备之间的通信，也能够成功地简化以上这些设备与Internet之间的通信，从而使这些现代通信设备与因特网之间的数据传输变得更加迅速高效，为无线通信拓宽道路。蓝牙技术的标准为IEEE 802.15。

5. Home RF 技术

Home RF主要是为家庭网络设计，是IEEE 802.11与数字无绳电话标准的结合，旨在降低语音数据成本。

Home RF利用跳频扩频方式，既可以通过时分复用支持语音通信，又能通过载波监听多路访问/碰撞回避（CSMA/CA）协议提供数据通信服务。同时，Home RF提供了与TCP/IP良好的集成，支持广播、多点传送。目前，Home RF标准工作在2.4GHz的频段上，跳频带宽为1MHz，最大传输速率为2Mbit/s，传输范围超过100m。

（二）无线局域网产品

经过十多年的发展，无线局域网技术正日渐成熟，相关产品越来越丰富，包括无线接入器、无线网卡、户外天线系统等。其中，无线网桥可实现局域网间的连接。无线接入器相当于有线网络中的交换机，可实现无线与有线网络的连接。无线网卡一般分为PCMCIA网卡、PCI网卡和USB网卡，PCMCIA网卡用于笔记本电脑、PCI网卡用于台式机、USB网卡无限制。

目前，各大网络产品厂商均提供无线网络产品及相关技术服务。

1. 无线接入器

无线接入器，又称无线AP（Access Point）、无线桥接器，是在无线局域网环境中，进行数据发送和接收的集中设备，相当于有线网络中的交换机。可实现有线网络与无线网络连接。通过无线接入器，任何一台装有无线网卡的计算机都可连接到有线网络中，共享有线局域网的资源。除此之外，无线接入器本身兼有网管功能，可针对具有无线网卡的计算机进行必要的监控。外形如图1-46所示。

图1-46　带双天线和单天线的无线接入器产品

2. 无线网卡

无线网卡（wireless lan card）又称无线网络适配器。它与传统的以太网网卡的最大区别在于，前者依靠无线电波传送数据，而后者通过双绞线传送数据。目前无线网卡的规格按速率大致可分为2Mbit/s、5Mbit/s、11Mbit/s和22Mbit/s四种。而按应用接口可分为PCMCIA、PCI、USB网卡三种。外形如图1-47所示。

图1-47 PCMCIA、PCI、USB 接口无线网卡

3. 无线天线

无线局域网系统中的天线与一般电视、卫星和手机所用的天线不同，其原因是频率不同所致。无线局域网所用的频率为2.4GHz。无线局域网通过天线将数字信号传输到远处，至于能传送多远，由发射功率和天线本身的dB值（俗称增益值）决定。通常每增加8dB其相对传输距离可增至远距离的一倍。一般天线可分为指向性与全向性两种，前者较适合长距离使用，而后者较适合区域性的应用，外形如图1-48所示。目前，无线局域网的无线接入器、无线网卡一般自带全向性天线。

图1-48 全向性无线天线和指向性无线天线

4. 无线路由器

无线路由器集成了无线AP的接入功能和路由器的第三层路径选择功能。图1-49所示。

图1-49 无线路由器

（三）无线局域网的类型

组建无线局域网可供选择方案有两种：一种是通过无线AP连接的Infrastructure模式，另一种是Ad-hoc模式。Infrastructure模式无线局域网是指通过AP互连工作模式，把AP看作传统局域网中集线器功能。Ad-hoc模式是一种特殊模式，只要计算机上安装有无线网卡，通过配置无线网卡SSID值，即可组建无线对等局域网，实现设备相互连接。

Ad-hoc模式无线局域网，即常说的无线对等网模式，和有线对等网一样，无线对等网也是由两台以上的安装有无线网卡的计算机，组成无线局域网环境，实现文件共享，如图1-50所示，这也是最简单无线局域网结构。

图 1-50 Ad-hoc 模式无线局域网

三、任务实施

组建无线办公室局域网

【任务场景】

室内移动办公方式，以星状拓扑为基础，以AP为中心，所有的基站通信都要通过AP接转。由于有AP以太网接口，这样，既能以AP为中心独立建立一个无线局域网，也能以AP作为一个有线局域网络的扩展部分，如图1-51所示。

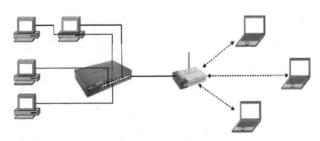

图 1-51 室内移动办公无线网络

本任务按照Infrastructure模式，通过无线AP实现几台计算机之间无线通信的工作场景，通过无线网卡、无线AP实现室内移动办公。通过本任务实施，应能掌握AP各项参数的设置方法，以及对中心的无线网络客户端的设置方法。

【施工拓扑】

如图1-52所示。

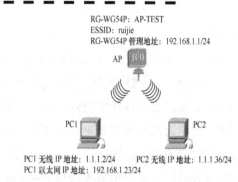

RG-WG54P: AP-TEST
ESSID: ruijie
RG-WG54P 管理地址: 192.168.1.1/24

AP

PC1　　　　　PC2

PC1 无线 IP 地址: 1.1.1.2/24　　PC2 无线 IP 地址: 1.1.1.36/24
PC1 以太网 IP 地址: 192.168.1.23/24

图 1-52 Infrastructure 模式无线网络施工拓扑

【施工设备】

安装Windows XP操作系统的计算机2台，无线AP（型号为锐捷RG-WG54P型）1台，TP-link TL-WN620G+无线网卡2块，直通网线1根。

【操作步骤】

步骤1：为办公室内的计算机安装无线网卡。

步骤2：安装并配置办公室内无线AP设备。

（1）无线AP需要适配器作为供电电源，无线AP和适配器之间使用网线进行连接。

（2）再使用网线把适配器和配置PC连接起来，首先来配置管理无线AP设备。

（3）通常无线AP管理地址都默认为192.168.1.1/24，所以连接AP配置PC需要保证相同网段，例如将PC的IP地址设置为192.168.1.23/24。打开配置PC，选择"控制面板"中的"网络连接"，选择"TCP/IP"属性，在其中配置和AP同网段IP地址。

（4）配置无线AP设备

①从配置PC登录无线AP。

打开配置PC，在浏览器地址栏输入无线AP管理地址http://192.168.1.1，在打开无线AP管理界面，输入默认管理密码default，如图1-53所示。

②登录成功后管理界面如图1-54所示。

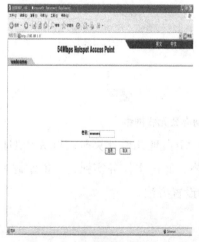

图 1-53 AP 管理登录界面

图 1-54 AP 设备管理界面

③设置无线AP设备的管理参数

选择管理界面左侧"常规"菜单，将接入点名称设置为AP-TEST（可任意设置）；设置无线模式为AP；设置ESSID为ruijie（可任意设置）；设置信道/频段为01/2412MHz；设置模式为混合模式（可根据无线网卡类型进行具体设置）。

SSID是配置在无线局域网设备中的一种无线标识，具有相同SSID的无线用户端设备之间才能进行通信。因此SSID的泄密与否，也是保证无线局域网接入设备安全的一个重要标志。配置有相同SSID连接标识符的无线网卡建立相同的无线连接，设备之间才可以通过无线信号相互通信。

④配置完成后，单击"确定"按钮，使配置生效。

步骤3：在PC上安装无线网络管理软件Utility。

管理软件Utility是一共享类型的无线网络配置管理软件，使用其进行无线网络中的设备配置和管理，具有更大的优越性，其软件包在网络上或者随设备AP赠送。其他同类软件包同样使用。

（1）在PC1和PC2上安装连接无线AP的管理软件Utility。

（2）运行Utility的安装文件。若无线网络环境管理软件Utility安装并启动成功后，在PC1和PC2操作系统的任务栏上会出现运行成功标识。

步骤4：在PC上配置无线网络管理软件Utility。

（1）在PC上启动运行Utility软件，配置管理无线运行参数。

选择Utility的"Configuration"选项，配置PC1和无线AP的连接参数：设置SSID标识为ruijie；设置无线网络连接模式为Infrastructure。完成后单击"Apply"按钮，即出现搜索附近无线信号状态，如图1-55所示蓝色搜索信号的状态条。

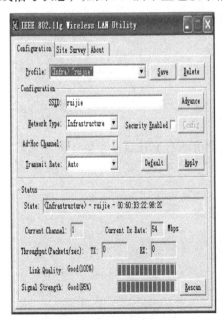

图1-55 配置 Utility 软件

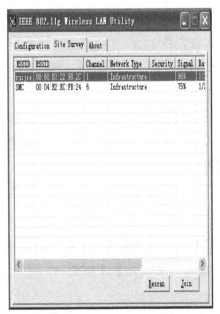

图1-56 加入"join"ESSID 标识

（2）配置管理Utility软件。

选择Utility的"Site Survey"选项，配置PC和无线AP参数。搜索到无线信号后，网卡会自动把进入无线网络计算机标识为"ruijie"。选中ruijie，然后单击"join"按钮。如图1-56所示。在Utility软件"Site Survey"选项列表栏中如果没有出现设置的ESSID标识，应该检查网络的配置，重新设置和重新搜索信号。

经过在PC1和PC2上安装无线网络管理软件Utility并配置参数，即完成了将PC1和PC2加入到了无线网络环境的工作。需特别指出的是：两台PC无线网卡的SSID必须与无线AP（RG-WG54P）的设置一致；无线网卡信道必须与无线AP的设置一致；注意两块无线网卡的IP地址设置为同一网段；无线网卡通过Infrastructure方式互联，覆盖距离可以达到100m~300m。

步骤5：配置客户机上的无线网络地址。

（1）配置PC1地址为1.1.1.2/24，PC2地址为1.1.1.36/24，保证在同一网段即可。

（2）使用ping命令测试和另一台安装有无线网卡的PC的连通性。

实训项目

实训项目1 组建小型办公网

1. 实训目的与要求

（1）学会用网线、交换机实现小型星形办公室网络的组建；

（2）掌握TCP/IP属性的设置方法；

（3）学会在Windows XP下实现文件和打印机共享的方法。

2. 实训设备与材料

双绞线，网线制作工具，计算机6台，交换机1台，打印机1台。

3. 实训拓扑

如图1-17所示。

4. 实训内容

（1）内容1为任务一中的任务实施内容。

（2）内容2为进行IP地址规划并完成各计算机的TCP/IP属性设置，并检测各计算机之间的连通性。

（3）内容3为任务二中的任务实施内容。

5. 思考

访问共享文件夹有哪几种方式？

实训项目2 交换机基本配置

1. 实训目的与要求

（1）熟悉交换机连接方式，交换机的结构和端口类型；

（2）熟悉交换机的工作模式及功能，掌握各工作模式的切换命令，掌握交换机操作的帮助方式和快捷操作方式；

（3）能配置交换机端口的工作状态，会查看交换机系统和配置信息；

（4）会为交换机配置管理IP地址，能用telnet登录交换机并对交换机进行配置。

2. 实训设备与材料

交换机1台，计算机2台，网线2条。

3. 实训拓扑

如图1-43所示。

4. 实训内容

（1）内容1为任务三中的项目实施内容。

（2）内容2为telnet登录交换机并配置交换机。

提示：要用Telnet登录交换机，必须为交换机设置一个和登录计算机同一网段的管理IP地址。

5. 思考

配置管理交换机时，有哪些方法可以帮助简化操作？

实训项目3 安装 Infrastructure 结构无线局域网络

1. 实训目的与要求

（1）熟悉Infrastruction结构无线局域网基础知识和连接方式；

（2）熟悉无线局域网中AP设备基础知识；

（3）会配置无线局域网中AP设备；

（4）会建立、安装Infrastruction结构无线局域网。

2. 实训设备与材料

计算机2台，无线AP设备1台，无线网卡2个。

3. 实训拓扑

如图1-52所示。

4. 实训内容

实训内容为任务四任务实施内容，安装Infrastruction无线局域网。

5. 思考

（1）交换机如何和无线AP设备连接，把无线局域网中设备接入到有线网络中？

（2）家庭中的无线笔记本电脑如何接入互联网络？

习题

一、选择题

1. 以太网100Base-TX标准规定的传输介质是（   ）。

A. 3类UTP   B. 5类UTP

C. 单模光纤   D. 多模光纤

2. 下列（   ）拓扑结构中，单根电缆故障可能会使整个网络瘫痪。

A. 星形   B. 总线形

C. 环形   D. 树形

3. MAC地址由（   ）比特组成。

A. 16   B. 8

C. 64   D. 48

4. 获取计算机主机MAC地址的命令有（   ）。

A. ping   B. ipconfig/all

C. ipconfig/renew   D. show mac-address-table

5. 当交换机不支持MDI/MDIX时，交换机间级连采用的线缆为（   ）。

A. 交叉线   B. 直通线

C. 反转线   D. 任意线缆均可

6. 不能实现双机互联的线缆为（   ）。

A. 直通线   B. 交叉线

C. 1394线   D. USB联网线

7. 有关对交换机进行配置访问正确的描述是（   ）。

A. 只能在局域网中对交换机进行配置

B. 可以用缺省的管理IP地址远程登录交换机

C. 可以用通过Console配置的管理IP地址远程登录交换机

D. 交换机同一时刻只允许一个用户登录交换机

8. 在企业内部网络规划时，下列（   ）地址属于企业可以内部随意分配的私有地址。

A. 172.15.8.1   B. 192.16.168.1

C. 200.8.3.1   D. 192.168.50.254

9. 交换机堆叠的方式有（   ）。

A. 菊花链式堆叠   B. 连环堆叠

C. 星形堆叠   D. 网状堆叠

10. 工作站到交换机的双绞线距离不超过（   ）米。

A. 100   B. 185

C. 500   D. 1000

二、简答题

1. 局域网的拓扑结构有哪些？各有什么特点？

2. 简述交换机级联和堆叠技术的区别。

3. 交换机堆叠技术有哪几种方式？各有什么优缺点？

4. 计算机网络的硬件组成中包含了哪些硬件设备（至少列举出5种）？

5. 安装无线局域网需要哪些设备？

三、实践题

1. 某学院欲建设自己的教学机房，有计算机80台，购买了4台24端口"傻瓜"交换机，安装的操作系统均为windows XP，使用交换机组星形对等局域网，实现计算机之间资源共享。按照图1-57所示的拓扑图进行物理连接。

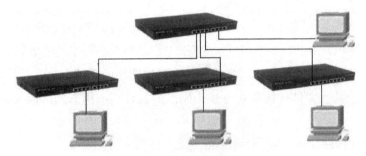

图1-57 组网拓扑结构图

请设计：

（1）规划工作组名称，各计算机名称；

（2）规划设计各计算机的IP地址、子网掩码、默认网关；

（3）测试各计算机之间的连通性。

2. 某办公室有五台笔记本式计算机，安装的操作系统均为Windows XP，每台笔记本式计算机上都配置了无线网卡，组建一个基于无线AP的移动办公网络，各计算机之间通过无线AP实现网络连通并进行资源共享。

请设计：

（1）规划工作组名称，各计算机名称。

（2）规划设计各计算机无线网卡的IP地址、子网掩码、默认网关。

（3）配置无线AP。

项目二　构建园区网络

　　随着网络应用的普及，企业、学校、机关甚至居民小区都开始建立起自己的局域网，这些局域网在为本部门提供服务的同时，一般还接入因特网。我们将这些规模比较大的局域网称为园区网。园区网相对于小型局域网来说，需要有专门的网络管理机构进行网络的统一管理，网络设备比较复杂，应用较多。

　　园区网络跨越整个园区的不同建筑物，各个建筑物之间有一定的距离，建筑物内需要连通不同的业务区域，因此需要标准统一、施工规范的网络布线。因为园区网可以使用性能较高的设备，可以达到非常高的网络速度，在高速网络的支持下，各种基于高速网络的应用，如多媒体传输、文件传输等业务成为园区网的重要应用。园区网络的结构如图2-1所示。

　　本项目主要介绍园区网的建设与管理的基础知识。

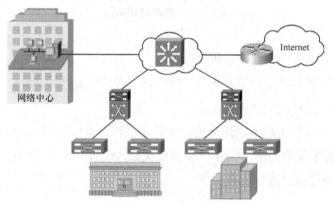

图 2-1　园区网络的拓扑结构

任务一　组建园区网

一、任务分析

　　园区网所覆盖的不同建筑物之间的距离可能达数百米甚至上千米，超过了双绞线传输100m的极限距离，这时需要采用光纤作为传输介质。为了采用光纤把不同建筑物中的网络连入园区网络，首先需要了解光纤方面的知识。当采用光纤作为传输介质时，除了可以组建项目一已经介绍的快速以太网外，更多的则是组建千兆以太网，所以还需了解千兆以太网技术。

本任务主要学习与组建园区网相关的传输介质、技术与方法。

二、相关知识

（一）光纤传输介质

光纤是光导纤维的简称，是一种细小（50~100μm）、柔软并能传导光线的介质，用石英玻璃制成，是数据传输中最有效的一种传输介质。光纤通信中应用的光的波长有850nm、1300nm、1550nm三种。

1. 光纤传输的优点

光纤传输有以下几个优点。

（1）光纤通信的频带很宽，理论上可达到30GHz。

（2）电磁绝缘性能好。光纤中传输的是光束，由于光束不受外界电磁干扰与影响，而且本身也不向外辐射信号，因此它适用于长距离的信息传输以及要求高度安全的场合。当然，抽头困难是它固有的难题，因为割开的光缆需要再生和重发信号。

（3）衰减较小。可以说在较长距离和范围内信号是一个常数。

（4）重量轻，体积小，适用的环境温度范围宽，使用寿命长。

（5）抗化学腐蚀能力强，适用于某些特殊环境下的布线。

（6）光纤通信不需要电源，使用安全，可用于易燃、易爆场所。

2. 光纤的结构

光纤是光缆的纤芯，光纤由光纤芯、包层和涂覆层三部分组成。最里面的是光纤芯，包层将光纤芯围裹起来，使光纤芯与外界隔离，以防止与其他相邻的光导纤维相互干扰。包层的外面涂覆一层很薄的涂覆层，涂覆材料为硅酮树脂或聚氨基甲酸乙酯，涂覆层的外面套塑（或称二次涂覆），套塑的原料大都采用尼龙、聚乙烯或聚丙烯等塑料，从而构成光纤纤芯，如图2-2所示。

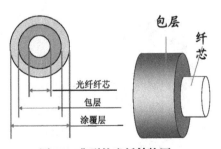

图 2-2 典型的光纤结构图

3. 光纤的分类

（1）按构成光纤的材料分类，一般可分为以下三类：

①玻璃光纤：纤芯与包层都是玻璃，损耗小、传输距离长、成本高。

②胶套硅光纤。

③塑料光纤：纤芯与包层都是塑料，损耗大、传输距离短、价格低，多用于家电及短距离的图像传输。

（2）按传输模式分类

按光在光纤中的传输模式可分为：单模光纤和多模光纤。

①单模光纤（single mode fiber，SMF）。这里的"模"是指以一定角速度进入光纤的一束光。单模光纤采用固定激光器作为光源，只允许一束光传输，没有模分散特性，因此，单模光纤的纤芯相应较细、传输频带宽、容量大，传输距离长。单模光纤的纤芯直径小，约为4~10μm，包层直径为125μm。单模光纤通常用在工作波长为1310nm或1550nm的激光发射器中。

②多模光纤(multi mode fiber，MMF)。多模光纤采用发光二极管作为光源。多模光纤允许多束光在光纤中同时传播，形成模分散，模分散限制了多模光纤的带宽和距离，因此，多模光纤的纤芯粗、传输速度低、距离短、整体的传输性能差，但其成本一般较低。多模光纤的纤芯直径一般在50~75μm，包层直径为125~200μm。多模光纤的光源一般采用LED（发光二极管），工作波长为850nm或1300nm。

4. 光缆及其结构

光纤传输系统中直接使用的是光缆而不是光纤。光纤的最外面常有100μm的缓冲层或套塑层。套塑后的光纤（即纤芯）还不能在工程中使用，必须把若干根光纤疏松地置于特制的塑料棒带或铝皮内，再被涂覆塑料或用钢带铠装，加上外护套后才成光缆。光缆中有一根光纤、二根光纤、四根光纤、六根光纤甚至更多光纤的（48根光纤、1000根光纤），如图2-3所示。一般单芯光缆或双芯光缆用于光纤跳线，多芯光缆用于室内、室外的综合布线。

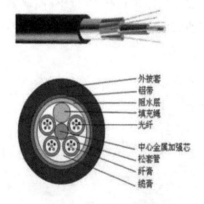

图 2-3 典型的光缆结构图

5. 光纤连接器件

光纤连接器是光纤通信中使用量最多的光源器件，是用来两端接光纤的。按照不同的分类方法，光纤连接器可以分为不同的种类。按传输介质的不同可分为单模光纤连接器和多模光纤连接器；按结构的不同可分为FC、SC、ST、D4、DIN、MU、LC、MT等各种类型；按光纤芯数还有单芯、多芯之分。在实际应用过程中，一般按照光纤连接器结构的不同来加以区分。

传统的主流光纤跳线有FC型（螺纹连接式）、SC型（直插式）和ST型（卡扣式）三种。目前，最主要的SFF型光纤连接器有LC型、MU型、MT-RJ型、Volition VF-45型。如图2-4所示。

（a）SC-SC 光纤跳线　　　　　（b）SC-ST 光纤跳线

（c）LC 光纤跳线　　　　　（d）MT-RJ 光纤跳线

图 2-4　光纤跳线

6. 交换机之间的光缆连接

当建筑物之间或楼层之间的布线采用光缆，而水平布线采用双绞线时，可以采用两种方式实现两种传输介质之间的连接。一是采用同时拥有光纤端口和RJ-45端口的交换机，在交换机之间实现光电端口之间的互联；二是采用廉价的光电转换设备，如图2-5所示，一端连接光纤，另一端连接交换机的双绞线端口，实现光电之间的相互转换。在对网络性能和数据传输速率没有太高要求的情况下，可以在两端均使用光电转换器和普通RJ-45端口交换机的方式，从而大幅降低网络成本。

图 2-5　光电转换器

连接光电收发器与交换机时，应当注意以下几个方面的问题：

（1）连接光电转换器与交换机的双绞线跳线应当为直通线。有些光纤收发器提供一个MDI/MDI-X按钮开关，当使用交叉线时应当按下MDI/MDI-X按钮开关，而使用直通线时，则无须按下该按钮。事实上，只要LED指示灯变绿即为连通状态，否则，说明连接跳线或按钮开关有问题。

（2）连接光电转换器与光纤配线架的光纤跳线通常为ST-SC，SC端连接到光电收发器，ST端连接到光纤配线架。

（3）光纤跳线的类型与芯径必须与布线中使用的光纤完全相同。

因为光纤端口的价格仍然非常昂贵，所以，光纤主要被用于核心交换机和骨干交换机之间连接，或被用于骨干交换机之间的级连。需要注意的是，光纤端口均没有堆叠的能力，只能用于级连。所有交换机的光纤端口都是两个，分别是一发一收。当然，光纤跳线也必须是两根，否则端口之间将无法进行通信。当交换机通过光纤端口级联时，必须将光纤跳线两端的收发对调，当一端接"收"时，另一端接"发"。同理，当一端接"发"时，另一端接"收"。

（二）千兆位以太网技术

千兆以太网技术作为最新的高速以太网技术，给用户带来了提高核心网络的有效解决方案，这种解决方案的最大优点是继承了传统以太技术价格便宜的优点。千兆技术仍然是以太技术，它采用了与传统以太网相同的网络协议、全/半双工工作方式、流控模式以及布线系统。由于该技术不改变传统以太网的桌面应用、操作系统，因此可与10M或100M的以太网很好地配合工作。

千兆以太网技术有两个标准：IEEE 802.3z和IEEE 802.3ab。IEEE 802.3z制定了光纤和短程铜线连接方案的标准。IEEE802.3ab制定了五类双绞线上较长距离连接方案的标准。

1. IEEE 802.3z具有下列千兆以太网标准：

（1）1000Base-SX标准：只支持多模光纤，可以采用直径为62.5μm或50μm的多模光纤，工作波长为770~860nm（一般为850nm），传输距离为220~550m。该标准适合作为大楼网络系统的主干通路。

（2）1000Base-LX标准：支持直径为62.5μm和50μm的多模光纤或9μm的单模光纤，工作波长为1270~1355nm（一般为1310nm）。对于多模光纤，在全双工模式下，最大的传输距离为550m，适用于作为大楼网络系统的主干通路。对于单模光纤，在全双工模式下，最大传输距离为5km，适用于园区网或城域主干网。

（3）1000Base-ZX标准：支持直径为9μm的单模光纤。在全双工模式下，传输距离可达70~100km，工作波长为1550nm，适用于园区网或城域主干网。当传输距离小于25km时，需要5dB或10dB的衰减器。

（4）1000Base-CX采用150欧屏蔽双绞线（STP），传输距离为25m。

2．IEEE 802.3ab定义基于5类UTP的1000Base-T标准，其目的是在5类UTP上以1000Mbit/s速率传输100m。IEEE802.3ab标准的意义主要有以下两点。

（1）保护用户在5类UTP布线系统上的投资。

（2）1000Base-T是100Base-T自然扩展，与10Base-T、100Base-T完全兼容。不过，在5类UTP上达到1000Mbit/s的传输速率需要解决5类UTP的串扰和衰减等问题。

三、任务实施

组建园区网

【任务目标】

通过本任务实施，掌握通过光纤扩展网络的范围、延伸网络距离的技术。

【施工设备】

计算机（已经安装了以太网卡及其驱动程序）6台，交换机3台，直通线8条，交叉线3条，多模光电转换器2台，SC-SC光纤跳线1条。

【施工拓扑】

如图2-6所示。

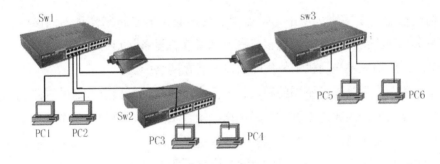

图2-6 施工拓扑图

【操作步骤】

步骤1：连接硬件

（1）按照图2-6所示用直通线将两台计算机连接到交换机awl上，两台计算机连接到交换机SW2上，两台计算机连接到交换机SW3上。

（2）用一条直通线将交换机SW2的1端口和交换机awl的1端口连接起来。或用一条交叉线将SW2的Uplink口连接到交换机的2端口。

（3）用交叉线将两个光电转换器的RJ-45端口分别和两台交换机的RJ-45端口连接起来。

（4）用光纤跳线将两个光电转换器连接起来，注意两端的顺序。

步骤2：TCP/IP配置

规划PC1、PC2、PC3、PC4、PC5、PC6等各计算机的IP地址、子网掩码，参考表2-1为各计算机手动配置IP地址、子网掩码。

表 2-1 IP 地址设置

计算机	IP 地址	子网掩码
PC1	192.168.1.10	255.255.255.0
PC2	192.168.1.20	255.255.255.0
PC3	192.168.1.30	255.255.255.0
PC4	192.168.1.40	255.255.255.0
PC5	192.168.1.50	255.255.255.0
PC6	192.168.1.60	255.255.255.0

步骤3：测试

分别在PC1、PC2、PC3、PC4、PC5、PC6上使用ping命令测试各计算机之间的连通性。

任务二　认识路由器

一、任务分析

在结构简单的交换网络环境中，一般很少使用路由器设备来实现不同网络的互联互通。在第一次见到路由器设备时，也很难把它和交换机设备从形态上进行区分。因为在园区网中更多的是使用三层交换机来替代路由器安装在网络中。

路由器的一个作用是连通不同的网络，另一个作用是选择信息传送的线路。选择通畅快捷的近路，能大大提高通信速度，减轻网络系统通信负荷，节约网络系统资源，提高网络系统畅通率，从而让网络系统发挥出更大的效益来。随着Internet的迅猛发展，为解决不同类型网络之间的互相连通，路由器成为网络中最重要的设备。

本任务主要学习路由器的基本知识和配置方法。

二、相关知识

（一）认识路由器设备

路由器（router）是因特网中必不可少的网络设备之一。路由器是一种连接多个网络或网段的网络设备，它能将不同网络或网段之间的数据信息进行"翻译"，以使它们能够相互"读"懂，从而构成一个更大的网络。路由器有两大典型功能，即数据通道功能和控制功能。数据通道功能包括转发决定、背板转发以及输出链路调度等，一般由特定的硬件来完成；控制功能一般用软件来实现，包括与相邻路由器之间信息交换、系统配置、系统管理等。

路由器是一种连接多个网络或网段的网络层的互联设备，如图2-7所示，并根据它对所连接网络的状态，决定每个数据包的传输路径。

图 2-7 Cisco 2801 路由器

1. 路由器的基本功能

路由器的基本功能除了连接多个不同的网络或独立的子网，把数据包传送到正确的网络外还包括以下几项功能。

（1）数据报的转发、寻径和传送。

（2）子网隔离，抑制广播风暴。

（3）维护路由表与其他路由器交换路由信息。

（4）数据报的差错检查和拥塞控制。

（5）实现对数据报的过滤、记账。

2. 路由器硬件组成

路由器实际上就是一台特殊的计算机，它和计算机一样也是由硬件和软件系统构成的综合体。路由器的硬件通常由内部的处理器、存储器和外部的各种接口组成；软件就是控制管理路由器的操作系统。

路由器的硬件组件通常细分为三大部分构成：处理器、存储器和接口，下面分别介绍。

（1）路由器处理器

与计算机一样，路由器也包含了一个中央处理器，CPU是路由器的心脏，在路由器中，CPU的能力直接影响路由器传输数据的速度。不同型号的路由器，CPU也不尽相同。通常在中低端路由器当中，CPU仅仅负责交换路由信息、路由表查找以及转发数据包。在高端路由器中，通常增加了一块负责数据包转发和路由表查询的ASIC芯片硬件设备。CPU只实现路由软件协议、生成、更新路由表功能。由于技术的发展，路由器中许多工作都可以由硬件实现（专用芯片），因此CPU性能并不完全反映路由器性能的高低。

（2）路由器存储器

路由器中有多种存储器，路由器采用不同类型的内存，以不同方式协助路由器工作。它们分别是闪存（Flash）、随机存取内存（RAM）、只读内存（ROM）和非易失性RAM（NVRAM）。

①只读内存：ROM的功能与计算机中的ROM相似，主要用于操作系统初始化。顾名思义，ROM是只读存储器，不能修改其中存放的代码。如要进行升级，则要替换ROM芯片。

②闪存：闪存是可读可写的存储器，在系统重新启动或关机之后仍能保存数据。Flash中存放当前使用路由器的操作系统。如果Flash容量足够大，甚至可以存放多个操作系统。

③非易失性RAM：NVRAM是可读可写的存储器，在系统重新启动或关机之后仍能保存数据。由于NVR AM仅用于保存启动配置文件（Startup-Config），故容量较小，同时NVRAM的速度较快，成本也比较高。

④随机存储器：RAM是可读可写的存储器，但它存储的内容在系统重启或关机后将被清除。RAM暂时存放运行期间操作系统和数据，包括运行配置文件（Running-config）、正在执行的代码、操作系统程序和一些临时数据信息，以便让路由器能迅速访问这些信息。RAM的存取速度优于前面所提到的3种内存的存取速度。

当路由器加电启动时，处理器首先向ROM中读取信息来识别支持路由器运行的硬件信息，例如，内部的芯片和主板等，它们将Flash中的路由器的操作系统映像读入到RAM中，如果用户配置新的信息，此时配置信息在RAM中运行，为了保证在路由器电源被切断的时候，它的配置信息不会丢失，则在配置完成后将配置信息保存在NVRAM中。

3. 路由器接口

路由器具有非常强大的网络连接和路由功能，可以与各种不同网络进行物理连接，这就决定了路由器的接口非常复杂，越是高档的路由器接口种类就越多，所能连接的网络类型也越多。路由器的接口主要分局域网接口、广域网接口和配置接口3类，如图2-8所示。因为路由器本身不带有输入和终端设备，所以路由器上都带有一个Console接口，与计算机连接，通过特定的软件进行路由器的配置。

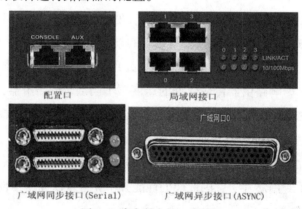

图2-8 路由器上的3类接口

（1）局域网接口

局域网接口主要用于路由器与局域网连接。常见以太网接口主要是RJ-45接口。在标准以太网、快速以太网和吉比特以太网中都可以采用双绞线作为传输介质，通信速率分别为100Base-TX、1000Base-TX 2类，接口可分为全双工和半双工两种类型，具有自动协商的特性，可以自动识别其他设备的以太网接口。

（2）广域网接口

路由器与广域网连接的接口称之为广域网接口（WAN接口）。路由器更重要的应用还是在于提供局域网与广域网、广域网与广域网之间的相互连接。路由器中常见的广域网接口有以下几种。

①SC接口。SC接口也就是常说的光纤接口，与光纤直接连接。一般来说这种光纤接口通过光纤，连接到具有光纤接口的交换机，这种接口一般只有高档路由器，配置了光纤模块才有。

②高速同步串口（Serial）。在广域网连接中，应用最多的接口要算高速同步串口，这种接口的速率最高可达2.048Mbit/s，主要用于连接应用广泛的DDN、帧中继（Frame Relay）、X.25等网络连接模式。同步串口要求速率高，所连接网络的两端，要求执行同步技术标准。

③异步串口（ASYNC）。异步串口主要应用于Modem的连接，实现计算机通过公用电话网接入远程网络，最高速率可达到115.2kbit/s。异步接口并不要求网络的两端保持实时同步标准，只要求能连续即可，因此通信方式简单便宜。

（3）配置接口

路由器都带有一个Console接口，用来与计算机进行连接，该接口提供了一个EIA/TIA-232异步串行连接，用于在本地对路由器进行配置。路由器的配置接口一般有两种，分别是Console和AUX。

①Console接口。Console接口使用配置线缆，连接计算机的串口，利用终端仿真程序，进行本地配置，首次配置必须通过控制台Console接口进行。

②AUX接口。AUX接口为异步接口，通过收发器与Modem进行连接，用于远程拨号连接配置，一般处于网络边界路由器会同时提供AUX与Console两个控制接口，以适用于不同的配置方式。

（二）配置路由器基础

1. 路由器接口编号规则

根据接口的配置情况，路由器可分为固定式路由器和模块化路由器两大类。每种固定式路由器采用不同的接口组合，这些接口不能升级，也不能进行局部变动。模块化路由器上有若干插槽，可插入不同的接口卡，可根据实际需要灵活地进行升级或变动。

在一些小型路由器（一般为固定式路由器）上，接口编号是一个数字；而一些大中型的路由器（一般为模块化路由器），接口首先按照卡插入的插槽位置进行编号，接着是斜线，然后是卡上的端口号。

在Cisco 2800系列路由器上，每一个独立的网络端口由一个插槽号和单元号进行标识。Cisco 2800系列路由器的机箱上都有一个插槽，可插入一个网络模块。该模块的编号总是slot 1。

单元编号用来标识安装在路由器上的模块和接口卡上的端口。每种端口类型单元编号通常从0开始，从右到左，如果需要的话从底部到顶部进行编号。网络模块和WAN接口卡的标识由端口类型、插槽号加上左斜杠（／）以及接口编号组成，例如Ethernet 0/0。

有的路由器还支持"万用接口处理器（VIP）"，接口编号由三部分组成，形式为"插槽/端口适配器/端口"，如Ethernet 2/0/1代表的是三号槽上第一个端口适配器的第二个以太网端口。

2. 路由器配置模式

路由器的配置有本地配置和远程配置等多种方式，但无论何种方式配置路由器，路由器都能处于几种模式。每种模式提供不同的功能。

（1）用户模式：该模式下只能查看路由器基本状态和普通命令，不能更改路由器配置。此时路由器名字后跟一个">"符号，表明是在用户模式下。提示符为router>。

（2）特权模式：该模式下可查看各种路由器信息及修改路由器配置。在用户模式下以enable命令登录，此时">"将变成"#"，表明是在特权模式。提示符为router#。

（3）全局配置模式：该模式下可进行更高级的配置，并可由此模式进入各种配置子模式。提示符为router(config)#。

（4）Setup模式：该模式通常是在配置文件丢失的情况下进入的，以进行手动配置。在此模式下只保存着配置文件的最小子集，再以问答的形式由管理员选择配置。

（5）ROM Monitor模式：当路由器启动时没有找到IOS时，自动进入该模式。提示符为>或rimmon>。

（6）RXBoot模式：该模式通常用于密码丢失时，要进行破密时进入。提示符为Router<boot>。

3. 路由的种类与配置

路由技术在实际使用中可以分为直连路由和非直连路由两种类型。直连路由是指通过路由器接口直接连接的子网形成的直连路由；非直连路由则是通过路由协议、由通信设备从别的路由器学习获取到的路由。非直连路由在形态上又可分为静态路由和动态路由。

（1）配置路由器直连路由

直连路由链路层协议发现，直接指向路由器的接口所连接的网段，完成直连网络间通信。直连路由信息不需要网络管理员维护，也不需要路由器通过算法计算获得，只要该接口配置有有效接口IP地址，并保证该接口处于活动状态，路由器就会把通向该网段的路由信息直接填写到路由表中去生成直连路由。直连路由无法使路由器获取与其不直接相连的路由信息，因此也不能保证其之间的通信。路由器接口IP地址的配置方法在后面任务实施叙述。

（2）配置路由器静态路由

和直连路由连接网络的通信过程不同，静态路由是由网络管理员通过手工配置产生的路由信息。当网络的拓扑结构或链路的状态发生变化时，网络管理员需要手工去修改路由表中相关的路由信息。静态路由在路由器中产生固定的路由表信息，除非网络管理员干预，否则静态路由信息不会发生变化。由于静态路由不能对网络的改变做出反应，一般用于网络规模不大、拓扑结构固定的网络中。

静态路由具有简单、高效、可靠的优点，在所有的路由中，静态路由优先级最高。当动态路由与静态路由发生冲突时，以静态路由为准。由于静态路由不需要计算，对于路由器来说，没有CPU负载；在路由器之间没有带宽占用，这就意味着不需要占用更多的网络带宽；由于不在邻居路由器之间传递静态路由信息，增加了网络的安全性。

静态路由一般出现在非直连的网段中，适用于比较简单的网络环境，在这样的环境中，网络管理员易于了解网络拓扑结构，便于设置正确的路由信息。但在网络中使用静态路由技术时，作为网络管理人员必须熟悉这个网络，知道每一个路由器是如何相连的，以便正确的配置网络；如果在网络中新添加了一台路由器，那么网络管理员必须在每台路由器上手动添加路由，因此这也决定了在一个大型网络中，静态路由技术难以适应。

静态路由必须通过网络管理手工配置完成，在网络中配置静态路由的语法是：

ip router [destination_network] [mask] [next-hop or exitinterface]

说明：

ip router：创建一个静态路由；

destination_network：所要到达的目的网络；

mask：网络上使用的子网掩码；

next-hop：下一跳路由器的I P地址；

exitinterface：数据被转发出的接口，可以用它来代替下一路地址。

（3）默认路由

在一个末端网络中，由于只有一条指向外部网络的路由信息，因此经常使用一条默认路由技术予以解决，如图2-9所示的右侧B路由器所连接的是一个企业内部网络，无法向外网转发数据。

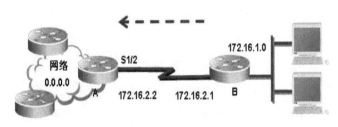

图2-9 默认路由出现的场景

在技术上默认路由常被理解为网络中特殊的静态路由，有时默认路由也叫作缺省路由，指在路由表中转发的数据包目的地址没有匹配到对应的表项时，需要路由器做出的相应的选择。在默认的情况下，路由器在路由表中没有匹配表项的包将被丢弃。

默认路由也需要由网络管理员设置，在没有找到目标网络的路由表匹配项时，路由器将该信息包发送到缺省路由器上，以避免网络中某些数据包的丢失。这在某些时候非常有效，特别是在当存在末梢网络时，默认路由将会大大简化路由器的配置，减轻管理员的工作负担，提高网络性能。

默认路由以目的网络为0.0.0.0、子网掩码为0.0.0.0的形式出现。如果数据包的目的地址不能与任何路由相匹配，那么系统将使用缺省路由转发该数据包。意思就是说：当一个数据包的目的网段不在你的路由记录中，那么路由器把该数据包发送到指定的地址。这个地址是下一个路由器的一个接口，数据包在交付给下一台路由器处理，与我无关。

配置默认路由命令如下：

Router(config)# ip route 0.0.0.0 0.0.0.0 [转发路由器的IP地址/本地接口]

在如图2-9所示的网络环境中，由于是使用2台路由器连接3个非直连网络，实际上也可以当作2个末端网络来看待，因此分别在路由器B上配置一条默认路由，也可以实现三个非直连网络通信，但以上现象只是个别现象。

routers(config)# ip route 0.0.0.0 0.0.0.0 172.16.2.2 （配置匹配不成功的数据都经过下一跳地址172.16.2.2接口转发）

router(config)# ip route 0.0.0.0 0.0.0.0 172.16.2.1 （配置匹配不成功的数据都经过下一跳地址172.16.2.1接口转发）

（4）动态路由

动态路由技术的运行依赖于路由器的两个基本功能：对路由表的维护；路由器之间适时的路由信息交换。动态路由通过网络中的路由器自动学习网络中路由信息，之间相互传递路由信息，利用收到的路由信息更新路由表，实时地适应网络结构变化的路由技术。配置有动态路由技术的路由器在网络路由发生变化时，相互连接的路由器之间彼此交换信息，然后按照一定的算法优化重新计算路由，并生成新的路由更新信息。

此后这些更新的路由信息通过网络，引起互相连接网络中路由器及时更新各自的路由表，根据实际情况的变化适时地进行调整，以动态地反映网络拓扑变化。因此动态路由技术适用于网络规模大、网络拓扑复杂的网络。同样由于需要路由器及时计算，各种动态路由协议都会不同程度地占用网络带宽和CPU资源。动态路由协议主要包括rip、igrp、eigrp、osf、is-is、bgp等。

在结构复杂的网络中，什么样的路由器要使用什么样的路由协议，是由网络的管理策略直接决定的。一般中小型的网络，网络拓扑比较简单，不存在线路冗余等因素，所以通常采用静态路由的方式来配置。但是大型网络拓扑复杂，路由器数量大，线路冗余多，管理人员相对较少，要求管理效率要高等原因，通常都会使用动态路由协议，适当地辅以静态路由的方式。静态路由和动态路由有各自的特点和适用范围，因此在网络中动态路由通常作为静态路由的补充。当一个分组在路由器中进行寻径时，路由器首先查找静态路由，如果查到则根据相应的静态路由转发分组，否则再查找动态路由。

三、任务实施

路由器的基本配置

【任务目标】

通过本任务实施，应能掌握：通过控制台端口对路由器进行初始配置；配置路由器的各种口令；对路由器进行基本配置；利用show命令查看路由器的各种状态。

【施工设备】

Cisco 1841路由器1台，PC机1台，双绞线若干根，配置线1根。

【施工拓扑】

如图2-10所示。

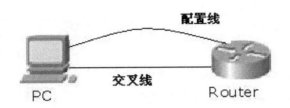

图 2-10 施工拓扑图

【操作步骤】

步骤1：硬件连接

按照图2-10所示，通过配置线将路由器的Console端口和计算机的COM端口连接起来，采用交叉线将路由器的f0/0和PC机的RJ-45接口连接起来。

步骤2：打开超级终端并设置通信参数

具体方法见项目一中交换机的基本配置部分。

步骤3：路由器开机

观察路由器的开机过程，其中跳过setup模式，直接进入用户模式。

步骤4：模式转换与退出

从控制台登录路由器后，可以看到Router>提示符，这时的路由器处于用户模式，Router是路由器的名字。

输入enable命令可以进入特权模式：

Router> enable

Router#

当配置结束后，应该彻底注销并结束会话，可以在用户模式下使用exit或logout命令：

Router> logout

Router con0 is now available

Press RETURN to get started

这时按回车键可再次登录路由器。

在特权模式下，用configure terminal命令可进入全局配置模式：

Router# conf t

Enter configuration commands, one per line. End with CNTL/Z.

Router(config)#

用命令exit或按Ctrl+Z组合键可以退出全局配置模式：

Router(config)# exit

Router#

步骤5：配置路由器名字

在命令提示符的前面是路由器的名字，这在有多台路由器时可方便识别。路由器的默认名字是Router，下面把它改名为R1：

Router(config)# hostname R1

R1(config)#

步骤6：设置控制台口令

控制台口令是用超级终端登录路由器时使用的口令。

R1(config)# line console 0

R1(config-line)# login

R1(config-line)# password 123456

line console 0表示配置控制台端口0；用login命令允许登录；用password命令设置登录密码。

可以用logout结束会话，再重新登录来验证登录口令。

R1(config-1ine)# exit

R1# logout

Router con0 is now available

Press RETURN to get started

Password：

R1>

在Password：后输入口令，就可以进入用户模式。

注意：输入口令时无回显，即没有任何显示。

步骤7：设置远程登录口令

远程登录口令是用Telnet登录路由器时使用的口令：

R1(config)# line vly 0 4

R1(config-line)# login

R1(config-line)# password 666666

本例中把远程登录口令设置为666666。

步骤8：配置特权口令或特权密码

特权口令是从用户模式进入特权模式时使用的口令，它有口令和密码两种形式。口令在配置文件中是用明文显示的，密码在配置文件中是用密文显示的，所以密码的安全性更高。口令和密码只需配置一种，若两种都配置了，则两者不能相同，且密码优先。

R1(config)# enable password qqqqq

R1(config)# enable secret wewewe

password命令配置的是口令，secret命令配置的是密码。

由于进入到特权模式就意味着拥有了修改配置的权限，所以为了安全起见，在实际配置路由器时，特权密码应该设置得复杂一些。

配置好后，可以退回用户模式，再用enable命令进入特权模式验证密码的使用。

R1(config)# exit

R1#exit

Password：

R1>enable

Password：

R1#

前一个Password是登录口令，后一个Password是进入特权模式的口令，然后就可以进入特权模式。

步骤9：配置以太网接口

以太网接口多用于连接内部网络，其IP地址通常可作为内部网络中各设备的默认网关。

配置路由器的f0/0口可用以下命令：

Router(config)# interface　f0/0

Router(config-if)# ip address 192.168.1.254　255.255.255.0

Router(config-if)# no shutdown

本例中把f0/0口的IP地址设置成192.168.1.254，子网掩码为255.255.255.0。

no shutdown命令用于激活此接口，由于路由器的接口在默认情况下是不激活的，此命令必须使用。

步骤10：配置同步串行口（本任务实施中暂不涉及同步串行口的通信连接）

同步串行口多用于连接外部网络，连接两台路由器的Serial接口分为两种：一端是DCE端，另一端是DTE端，在配置DCE接口是必须配置时钟频率，这样才能保证两端通信时的同步。

①配置DCE端接口

R1(config)# interface　s0/0/0

R1(config-if)# ip address 198.168.6.1　255.255.255.0

R1(config-if)# clock　rate　64000

R1(config-if)# no shutdown

本例中把s0/0/0口的IP地址设置成198.168.6.1，子网掩码为255.255.255.0。

clock race命令配置时钟频率，通常取值为64000。no shutdown命令用于激活此接口。

②配置DTE端接口：

DTE端的Serial接口配置方法与DCE接口配置方法相同，只是不需要配置时钟频率。

步骤11：查看配置结果

在特权模式下用show命令可以查看相关的配置结果。常用的show命令有：

查看运行配置文件：show running-config，显示当前运行在RAM中的配置信息。

查看启动配置文件：show startup-config，显示在NVRAM中的配置信息，这些信息在启动路由器时装人RAM，成为running-config。

查看路由器的版本信息：show version。

查看路由器的接口状态：show ip interface brief，如果接口状态标识为Down，表示此接口未激活，如果标识为Up，表示此接口已经激活。

查看路由表：show ip route。

查看NAT翻译情况：show ip nat translation，应该先进行内网与外网的通讯，然后再查看，才能看到翻译情况。

步骤12：保存配置结果

配置路由器时，修改的是RAM中的运行配置文件，这些信息一旦断电或重新启动路由器就会丢失，所以配置完成后应该把配置信息保存在可长期存储信息的场所，通常是NVRAM或FTP服务器。

R1# copy running-config startup-config

R1# reload

上述命令把运行配置文件保存到了NVRAM中，reload是重新启动路由器，可以发现配置信息没有丢失。

任务三　园区网的管理

一、任务分析

园区网因为规模大，结构复杂，用户众多，一般需要设立专门的网络管理人员进行网络管理，管理工作包括网络规划建设、用户管理、设备管理、安全管理、信息管理等，本任务主要介绍园区网的IP地址管理、VLAN管理以及生成树技术。

本任务主要学习园区网的IP地址管理、VLAN管理技术。

二、相关知识

（一）IP 地址管理

现在，园区网都使用TCP/IP网络协议进行工作，这就要求每台网络设备都具有在网络中唯一的IP地址，如果园区网和外部网络连接，还要保证不和外部网络的IP地址发生冲突。

IP地址管理的主要目的就是网络中不能出现两台设备具有相同的IP地址，即IP冲突，因此园区网中的IP地址要由网络管理员统一规划、统一分配、统一管理。

1. 园区网可供分配的 IP 地址

理论上园区网的IP地址可以使用任意的地址，但由于一般园区网都要连接因特网，为防止IP冲突，不能随意使用。园区网中的IP地址来源有两个。

（1）直接使用通过互联网网络号分配机构申请来的IP地址，我们将这些地址称为因特网地址或公用IP地址，可以将申请到的因特网地址直接分配给网络中的计算机等设备。随着IP地址资源的日益紧张，网络中计算机等设备数量的大量增长，一般园区网络难以拥有为每一台设备分配因特网IP地址的能力，因此目前只给网络服务器、路由器、防火墙等需要直接和外部网络进行通信的设备分配因特网地址。

（2）使用私有IP地址

由于分配不合理以及IPv4协议本身存在的局限，现在因特网的IP地址资源越来越紧张，为了解决这一问题，互联网网络号分配机构将A、B、C类IP地址的一部分保留下来，留作局域网内网使用，这些地址足够IP企业网使用。局域网使用的IP地址范围见项目一所述。

保留的IP地址段不会在互联网上使用，因此与广域网相连的路由器在处理保留IP地址时，只是将该数据包丢弃处理，而不会路由到广域网上去，从而将保留IP地址产生的数据隔离在局域网内部。

2. IP 地址的分配

IP地址分配前需要进行规划，因为IP地址一般按照子网进行设置，不同子网的IP地址不能借用，因此，应该根据业务需要和设备数量的发展，为每个子网保留一定数量的冗余地址。

IP地址分配分为静态IP地址分配和动态IP地址分配两种。给用户分配IP地址时需要告诉用户4项信息：IP地址、子网掩码、网关地址、DNS地址。合理的IP地址分配方式是采取动静结合的方式，其分配原则是以动态分配为主，同时对于需要设定固定IP地址的设备采取静态分配方式。动静结合的IP地址分配方式不需要管理员对客户机的IP地址信息进行维护，可以大大减少IP地址冲突的产生，同时需要设定固定IP地址的设需相对较少，不会增加管理员的维护工作量。

3. 默认网关

同一网络或者子网中的主机可以直接通信，进行数据包传送，如图2-11所示的子网1和子网2，子网1的IP地址范围为"192.168.1.1~192.168.1.254"，子网掩码为255.255.255.0；子网2的IP地址范围为"192.168.2.1~192.168.2.254"，子网掩码为255.255.255.0。在没有路由器的情况下，两个子网之间是不能进行TCP/IP通信的，即使是两个子网连接在同一台交换机上，TCP/IP也会根据子网掩码（255.255.255.0）判定两个子网中的主机处在不同的网络里。而要实现这两个子网之间的通信，则必须通过网关。如果子网1中的主机发现数据包的目的主机不在本地网络中，就把数据包转发给它自己的网关，再由网关转发给子网2的网关，子网2的网关再转发给子网2的某个主机。子网2向子网1转发数据包的过程也是如此。

所以说，只有设置好网关的IP地址，TCP/IP才能实现不同子网之间的相互通信。

路由器又叫作IP网关，每个主机都有自己的网关。为了和所有的子网通信，路由器需要在每个子网中占有一个IP地址，这个地址可以任意指定。网络中一个子网的计算机需要与其他子网通信时，需将IP地址设置中的"默认网关"设置为路由器在本子网的地址。

一台主机可以有多个网关。默认网关是指一台主机如果找不到可用的网关，就把数据包发给默认指定的网关，由这个网关来处理数据包。主机使用的网关，一般指的是默认网关。

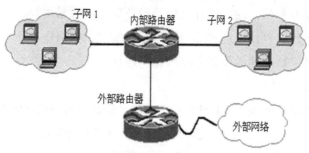

图2-11 网络之间通过路由器进行通信

4．MAC 绑定

在TCP/IP网络中，计算机往往需要设置IP地址后才能通信，然而，实际上计算机之间的通信并不是通过IP地址，而是借助于网卡的MAC地址。IP地址只是被用于查询欲通信的目的计算机的MAC地址。

为防止园区网用户私自修改自己计算机上的IP地址设置，引发IP地址冲突，可以将IP地址和用户计算机的MAC地址进行绑定。MAC绑定后，分配的IP地址只能用于指定的计算机，否则不能连通网络。

MAC地址绑定使用ARP实现。ARP是用来向对方的计算机、网络设备通知自己IP对应的MAC地址的。在计算机的缓存中包含一个或多个表，用于存储IP地址及其经过解析的以太网MAC地址。一台计算机与另一IP地址的计算机通信后，在ARP缓存中会保留相应的MAC地址。所以，下次和同一个IP地址的计算机通信，将不再查询MAC地址，而是直接引用缓存中的MAC地址。

MAC绑定的方法主要有两种。

（1）网络管理员在路由器、三层交换机等设备上进行绑定。在交换式网络中，交换机也维护一张MAC地址表，并根据MAC地址，将数据发送至目的计算机。

在二层交换机上不能进行MAC绑定，但可以将交换机端口和VLAN的绑定，在一定程度上可以防止修改IP地址。

（2）在本机上绑定。对于多个用户共同使用一台计算机的情况，可以在本机上进行IP地址和MAC地址的绑定，防止其他用户随意修改IP地址。

在本机绑定MAC地址的方法如下。

①选择"开始"→"运行"选项打开"运行"对话框，输入"cmd"，进入命令行界面。

②在DOS提示符后面输入"ipconfig /all"，然后按Enter键。

③出现如图1-3所示的界面，其中"Physical Address"后面就是本机的MAC地址。

④进行MAC地址绑定。

在提示符下输入：

arp -s 192.168.1.100 00-1F-16-6F-70-8A

其中，192.168.1.100是分配给本机的IP地址，00-1F-16-6F-70-8A是本机的MAC地址。

使用下面命令可以显示当前MAC绑定的情况：

arp -a

使用下面命令可以取消制定IP地址的MAC绑定：

arp -d 192.168.1.100

取消绑定后，可能计算机的网络依然不能工作，这是由于计算机ARP缓存中的MAC地址表依然保持，交换机中也可能保持着MAC地址表，只有重新启动计算机或交换机才可能恢复正常。

可以将下面代码保存成REG文件，导入注册表，即可在每次开机时自动进行MAC地址绑定。

[HKEY_LOCAL_MACHINE\SOFTWARE\Microsoft\Windows\CurrentVersion\RunOnce]

〞mac〞=〞arp -s 192.168.1.100 00-1F-16-6F-70-8A〞

5. 建立 IP 地址分配档案

可以在网络用户联网的同时，建立IP地址和MAC地址的信息档案，自始至终地对园区网用户执行严格的管理、登记制度，将每个用户的IP地址、MAC地址、上联端口、物理位置和用户身份等信息记录在网络管理员的数据库中。如果发现IP冲突，首先查出非法用户的MAC地址，然后可以从管理员数据库中进行查找，如果对MAC地址进行了完整的记录，便可以立即找到具体的使用人的信息，进行纠正。

（二）VLAN 管理

1. 交换网中的广播风暴

当广播数据充斥网络无法处理，并占用大量网络带宽，导致正常业务不能运行，甚至彻底瘫痪，这就发生了"广播风暴"。一个数据帧或包被传输到本地网段上的每个节点就是广播；由于网络拓扑的设计和连接问题，或其他原因导致广播在网段内大量复制，传播数据帧，导致网络性能下降，甚至网络瘫痪，这就是广播风暴。

广播风暴的产生有多种原因，如蠕虫病毒、交换机端口故障、网卡故障、链路冗余没有启用生成树协议、网线线序错误或受到干扰等。一种解决交换网中的广播风暴的有效方法就是对园区网划分VLAN，通过端口控制网络广播风暴的发生。

2. VLAN

VLAN（Virtual Local Area Network）就是虚拟局域网的意思。VLAN可以不考虑用户的物理位置，而根据功能、应用等因素将用户从逻辑上划分为一个个功能相对独立的工作组，每个用户主机都连接在一个支持VLAN的交换机端口上并属于一个VLAN。同一个VLAN中的成员都共享广播，形成一个广播域，而不同VLAN之间广播信息是相互隔离的。这样，将整个网络分割成多个不同的广播域（VLAN）。

一般来说，如果一个VLAN里面的工作站发送一个广播，那么这个VLAN里面所有的工作站都接收到这个广播，但是交换机不会将广播发送至其他VLAN上的任何一个端口。如果要将广播发送到其他的VLAN端口，就要用到三层交换机。

在园区网中使用VLAN管理有以下优点。

（1）减少移动和改变的代价，即所说的动态管理网络。当一个用户从一个位置移动到另一个位置时，他的网络属性不需要重新配置，而是动态地完成。

（2）虚拟工作组。在园区网中，设为同一个VLAN的计算机就好像在同一个LAN上一样，很容易的互相访问，交流信息；同时，所有的广播包也都限制在该VLAN上，而不影响其他VLAN的人。一个人如果从一个办公地点换到另外一个地点，而他仍然在该VLAN，那么，他的配置无须改变；同时，如果一个人虽然办公地点没有变，但他换了一个部门，那么，只需网络管理者再配置一下，将其分配到其他VLAN就行了。

（3）限制广播包。配置了VLAN后，当一个数据包没有路由时，交换机只会将此数据包发送到所有属于该VLAN的其他端口，而不是所有的交换机的端口，这样，就将数据包限制到了一个VLAN内，在一定程度上可以节省带宽。

（4）安全性。由于配置了VLAN后，一个VLAN的数据包不会发送到另一个VLAN，这样，其他VLAN的用户的网络上是收不到任何该VLAN的数据包，确保了该VLAN的信息不会被其他VLAN的人窃听，实现了信息的保密。

3. VLAN 划分方法

VLAN在交换机上的实现方法，可以大致划分为以下4类。

（1）基于端口划分的VLAN

这种划分VLAN的方法是根据以太网交换机的端口来划分，这些属于同一VLAN的端口可以不连续，如何配置，由管理员决定。如果有多个交换机，同一VLAN可以跨越数个以太网交换机。

根据端口划分是目前定义VLAN的最广泛的方法。这种划分方法的优点是定义VLAN成员时非常简单，只要将所有的端口都指定一下就可以了。缺点是如果某一VLAN的用户离开了原来的端口，到了一个新的交换机的某个端口，那么就必须重新定义。

（2）基于MAC地址划分VLAN

这种划分VLAN的方法是根据每个主机的MAC地址来划分，即对每个MAC地址的主机都配置它属于哪个组。

基于MAC地址划分VLAN的最大优点就是当用户物理位置发生变化时，即从一个交换机换到其他的交换机时，VLAN不用重新配置。所以，可以认为这种根据MAC地址的划分方法是基于用户的VLAN。这种方法的缺点是初始化时，所有的用户都必须进行配置，如果有几百个甚至上千个用户的话，配置工作量非常大，这种划分方法也可能导致交换机执行效率的降低。

（3）基于网络层划分VLAN

这种方法是根据每个主机的网络层地址或协议类型划分。

基于网络层划分VLAN的优点是用户的物理位置改变了，不需要重新配置所属的VLAN；而且可以根据协议类型来划分VLAN，这对网络管理者来说很重要；另外这种方法不需要附加的帧标签来识别VLAN，这样可以减少网络的通信量。这种方法的缺点是效率低，因为检查每一个数据包的网络层地址都需要消耗处理时间。

（4）根据IP组播划分VLAN

IP组播实际十也是一种VLAN的定义，即认为一个组播组就是一个VLAN。这种划分方法将VLAN扩大到了广域网，因此这种方法具有更大的灵活性，而且也很容易通过路由器进行扩展。

当然这种方法不适合局域网，主要是效率不高。

很多厂商的交换机都实现了不止一种VLAN划分的方法，网络管理者可以根据自己的实际需要进行选择；另外，许多厂商在实现VLAN的时候，考虑到VLAN配置的复杂性，还提供了一定程度的自动配置和方便的网络管理工具。

（三）交换机连接生成树技术

在园区网络中常存在冗余链路，而冗余链路容易形成环路会引发诸如广播风暴、多重帧复制以及MAC地址表的不稳定性等严重后果。交换机在接收广播帧时将进行洪泛转发，如果当网络中存在冗余环路时，会导致交换网络中广播帧的不断增长，从而形成广播风暴，从而可能会迅速导致网络拥塞，使正常通信无法进行，如图2-12所示。

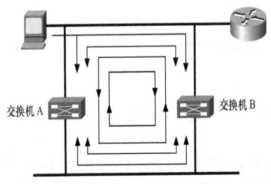

图2-12 环路导致广播风暴的情况

既然LAN中的链路冗余在物理上不可避免，我们能否考虑让交换机运行一种协议，使得物上存在冗余链路的LAN在逻辑上变得没有冗余链路呢？答案是肯定的。

为了解决冗余链路引起的问题，IEEE通过了IEEE 802.1d协议，即生成树协议（STP，Spanning Tree protic01）。IEEE 802.1d协议通过在交换机上运行一套复杂的算法，使冗余端口置于"阻塞状态"，使得网络中的计算机在通信时，只有一条链路生效，而当这个链路出现故障时，IEEE 802.1d协议将会重新计算出网络的最优链路，将处于"阻塞状态"的端口重新打开，从而确保网络连接稳定可靠。

STP最初是由美国数字设备公司（DEC）开发的，后经IEEE修改并最终制定了IEEE 802.1d标准。STP协议的主要思想是，STP协议的本质就是当网络中存在备份链路时，只允许主链路激活，在逻辑上切断环路，阻塞某些交换机端口，形成一个生成树。如果主链路失效，备份链路才会被打开，以解决环路所造成的严重后果。STP生成树协议目的就是通过构造一棵自然树的方法达到阻塞冗余环路的目的，同时实现链路备份和路径最优化。

运行了STP以后，交换机将具有下列功能。

①发现环路的存在。

②将冗余链路中的一个设为主链路，其他设为备用链路。

③只通过主链路交换流量。

④定期检查链路的状况。

⑤如果主链路发生故障，将流量切换到备用链路。

默认情况下Cisco交换机会自动开启STP生成树协议，避免广播风暴的发生。也可以使用下列命令来开启交换机的STP功能。

Switch# configure terminal

Switch(config)# spanning-tree （开启生成树协议）

Switch(config)# spanning-tree mode stp （设置生成树为stp）

Switch(config)# end

三、任务实施

配置VLAN

【任务目标】

通过在不同交换机上创建多个VLAN，理解端口VLAN的功能并掌握在多台交换机上配置VLAN的方法。

【施工设备】

Cisco 2950交换机2台，PC机4台，Console配置线2根，直连双绞线4根，交叉双绞线1根。

【施工拓扑】

如图2-13所示。在该任务实施中分别创建VLAN 10和VLAN 20两个VLAN，其中将Switch-A和Switch-B上的端口f 0/2~f 0/6分配给VLAN 10，而将Switch-A和Switch-B上的端口f 0/7~f 0/12划分给VLAN 20。其中，Switch-A和Switch-B上的端口f 0/1用于两台交换机之间的级连，之间使用1条交叉双绞线。

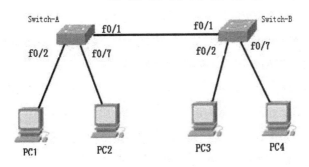

图 2-13 施工拓扑图

【操作步骤】

步骤1：硬件连接

在交换机和计算机断电的状态下，按照图2-13所示连接硬件。

用一条交叉线将两台交换机的f0/1端口连接起来，采用直通线将PC1连接到交换机switch-A的f0/2端口，将PC2连接到交换机switch-A的f0/7端口；将PC3连接到交换机switch-B的f0/2端口，将PC4连接到交换机switch-B的f0/7端口。

步骤2：启动设备

分别打开设备，给设备加电。

步骤3：配置IP地址

配置PC1、PC2、PC3、PC4的IP地址如表2-2所示。

表 2-2 IP 地址设置

计算机	IP 地址	子网掩码
PC1	192.168.10.2	255.255.255.0
PC2	192.168.10.3	255.255.255.0
PC3	192.168.10.12	255.255.255.0
PC4	192.168.10.13	255.255.255.0

步骤4：测试连通性

分别测试PC1、PC2、PC3、PC4这4台计算机之间的连通性。由于未进行VLAN划分，这4台计算机同位于交换机默认的VLAN1中（对于Cisco的交换机，默认情况下，所有端口都属于VLAN1），用ping命令测试，任意2台主机之间是能ping通的。

步骤5：配置交换机Switch-A的VLAN

在设备断电的状态下，将交换机和PC1通过配置线连接起来。给设备加电并打开PC1的超级终端，配置交换机Switch-A的VLAN，配置如下：

（1）在Switch-A上创建VLAN10，并将f0/2~f0/6端口分配到VLAN 10中。

Switch>enable（进入"特权模式"）

Switch#（显示：已进入"特权模式"）

Switch# configure terminal （进入"全局配置"模式）

Switch(config)# （显示：已进入"全局配置"模式）

Switch(config)# hostname Switch-A （将交换机的名称更改为Switch-A）

Switch-A(config)# VLAN 10 （创建VLAN 10）

Switch-A(config-vlan)# （显示：已自动进入VLAN 10的配置模式）

Switch-A(config-vlan)# name test10 （给VLAN 10命名为test10）

Switch-A(config-vlan)# end （退出配置模式，返回到特权模式）

Switch-A# configure terminal （进入"全局配置"模式）

Switch-A(config)# interface f0/2 （进入f0/2的端口配置模式）

Switch-A(config-if)# （显示：已进入f0/2的端口配置模式）

Switch-A(config-if)# switchport access vlan 10 （将端口f0/2添加到VLAN 10中）

重复以上的端口配置命令，分别将f0/3~f0/6添加到VLAN 10中。

也可使用下列命令，将f0/2~f0/6端口一次性分配到VLAN 10中。

Switch-A(config)# interface range f0/2-6

Switch-A(config-if-range) # switchport access vlan 10

（2）在Switch-A上创建VLAN 20，命名为test20，并将f 0/7~f 0/12端口分配到VLAN 20中，方法同上。

（3）在Switch -A上将用于与Switch-B进行级连的端口f 0/1设置为trunk模式。（交换机的接口类型主要有access、trunk、multi、dot1q-tunnel四种，Trunk 模式允许一条物理链路可以传送多个VLAN的数据）。

Switch-A(config)# （Switch-A的"全局配置"模式）

Switch-A(config)# interface f0/1 （进入f0/1的端口配置模式）

Switch-A(config-if)# Switchport mode trunk （将f0/1端口配置为trunk模式）

（4）保存设置。在进行了交换机Switch-A的配置后，为了防止断电等原因造成配置参数丢失，可以通过以下命令进行保存。

Switch-A# write memory

Switch-A# Copy running-config starup-config

步骤6：配置交换机Switch-B的VLAN

按照步骤5相同的方法，在Switch-B上完成以下配置：创建VLAN 10和VLAN 20，分别命名为test10和test20；将f 0/2~f 0/6端口分配到VLAN 10中，将f 0/7~f 0/12端口分配到VLAN 20中；将Switch-B中用于与Switch-A进行级连的端口f 0/1设置为trunk模式；保存配置。

步骤7：结果验证

（1）利用ping命令进行测试，发现PC1和PC3之间、PC2和PC4之间是可以通信的。说明，虽然PC1和PC3、PC2和PC4分别连接在不同的交换机上，但由于属于同一个VLAN（PC1和PC3同属VLAN 10、PC2和PC4同属VLAN 20），所以PC1和PC3之间、PC2和PC4之间是可以进行通信的。

（2）利用ping命令进行测试，发现PC1和PC2之间、PC3和PC4之间无法进行通信。说明，位于不同VLAN的端口之间是无法直接进行通信的，尽管它们连接于同一交换机。

任务四　园区网全网互通

一、任务分析

为解决园区网内广播风暴和网络安全隐患问题，在园区网内中启用了虚拟局域网技术，不仅提高了网络传输效率，还提高了网络中信息的安全性。

但二层交换网络中的虚拟局域网技术，不能解决不同虚拟局域网之间通信问题。为保证园区网中全网之间互连互通，需要启用三层交换技术，来解决不同虚拟局域网之间安全数据通信，实现部门之间数据信息资源共享，数据信息安全传输问题。

本任务主要学习不同VLAN之间通信的实现方法。

二、相关知识

（一）解决 VLAN 之间通信

连接在交换网络中同一VLAN之间的设备可直接进行通信，分布在不同交换机上同一成员VLAN，通过交换机主干链路Trunk技术，也可实现跨交换机VLAN之间成员通信。在二层交换机组成的交换网络中，VLAN实现了网络流量的分割。由于VLAN隔离了广播风暴，同时也隔离了各个不同的VLAN之间的通信，所以不同的VLAN之间的通信，需要有路由来完成，也就是说不同VLAN之间通过交换技术无法直接通信。如果要实现VLAN间的通信必须借助路由技术来实现：一种是利用路由器，另一种是借助具有三层功能的交换机。

（二）利用路由器实现 VLAN 间通信

在使用路由器实现VLAN间互相通信时，与构建横跨多台交换机的VLAN的情况类似。则图2-14所示，当每个交换机上只有一个VLAN时，交换机分别和路由器的3个不同接口进行连接，此时每一个VLAN相当于一个子网络，分配一个子网地址。路由器的每一个接口分配一个同网段子网地址，相当于交换机所连接网段的网关，激活路由器后，通过路由器上自动生成的直连路由，就可以实现3个VLAN间的成员通信。

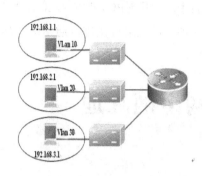

图 2-14 路由器技术实现 VLAN 间通信

由于路由器更多通过协议进行工作，数据通过路由技术处理，传输速度会变得非常缓慢。而且路由器的低效率和长时延，如果安装在交换网络中，也使路由器成为整个网络的瓶颈，因此在交换网络中，需要采用新的技术来改善整个网络的速度。

正是为满足这种网络应用需求，三层交换机技术应运而生，通过三层交换技术可以完成园区网中虚拟局域网VLAN之间的数据包高速转发。三层交换技术的出现，解决了局域网中划分虚拟局域网VLAN之后，VLAN网段必须依赖路由器进行管理的局面，解决了传统路由器低速、复杂所造成的网络瓶颈问题。当然，三层交换技术并不是网络交换机与路由器的简单叠加，而是二者的有机结合，形成一个集成的、完整的解决方案。

（三）利用三层交换机实现 VLAN 间通信

1. 三层交换机基础知识

目前，市场上最高档路由器的最大处理能力为每秒25万个包，而最高档交换机的最大处理能力则在每秒1000万个包以上，二者相差40倍。在交换网络中，尤其是大规模的交换网络，没有路由功能是不可想象。然而路由器的处理能力又限制了交换网络的速度，这就是三层交换所要解决的问题。

三层交换机本质上就是带有路由功能的二层交换机，三层交换机将第二层交换机和第三层路由器两者的优势，有机而智能化地结合起来，可在各个层次提供线速性能。这种集成化的结构还引进了策略管理属性，不仅使第二层与第三层相互关联起来，而且还提供流量优先化处理、安全访问机制以及其他多种功能。在一台三层交换机内，分别设置了交换机模块和路由器模块；而内置的路由模块与交换模块类似，也使用ASIC硬件处理路由。因此，与传统的路由器相比，可以实现高速路由。并且，路由与交换模块是汇聚链接的，由于是内部连接，可以确保相当大的带宽。

2. 三层交换机配置技术

三层交换机不仅仅是台交换机，具有基本的交换功能；它还具有路由功能，相当于一台路由器，每一个物理接口还可以是一个路由接口，连接一个子网络。三层交换机物理接口默认是交换接口，需要开启接口的路由功能。

3. 使用三层交换机路由功能实现子网络互通

在使用三层交换机路由功能实现VLAN间互相通信时，与构建横跨多台交换机的VLAN时的情况类似。如图2-15所示，当每个交换机上只有一个VLAN时，接入交换机分别和三层交换机的三个不同接口进行连接。把连接的二层交换接口的交换功能关闭，开启其路由功能，此时三层交换机的每一个接口所连接的每一个VLAN，相当于一个子网络，分配一个　子网地址。路由器的每一个接口分配一个同网段子网地址，相当于交换机所连接网段的网关，激活路由器后，通过路由器上自动生成的直连路由，就可以实现三个VLAN间的成员通信。

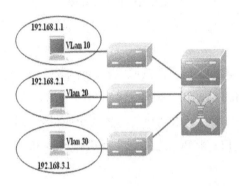

图2-15 三层交换机实现子网络互通

三、任务实施

配置三层交换机实现VLAN间通信

【任务目标】

学习三层交换机的功能及配置，并掌握通过三层交换机的配置，实现不同VLAN主机之间的通信的方法。

【施工设备】

Cisco 2950交换机（二层交换机）2台，Cisco 3560交换机（三层交换机）1台，PC机4台，Console配置线2根，直连双绞线4根，交叉双绞线2根。

【施工拓扑】

如图2-16所示，在该任务实施中分别创建VLAN 10和VLAN 20两个VLAN，其中将Switch-A和Switch-B上的端口 f 0/2~f 0/6分配给VLAN 10，而将Switch-A和Switch-B上的端口f 0/7~f 0/12分配给VLAN 20。其中，Switch-A和Switch-B上的端口f 0/1用于上连三层交换机Switch-C的f 0/1和f 0/2端口，交换机之间的级连全部采用交叉双绞线。VLAN 10的IP地址为192.168.1.254，VLAN 20的IP地址为192.168.2.254，子网掩码都为255.255.255.0。

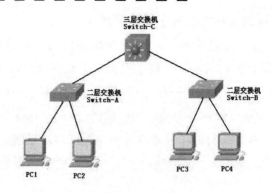

图2-16 施工拓扑图

【操作步骤】

步骤1：硬件连接

在交换机和计算机断电的状态下，按照图2-16所示连接硬件。

用交叉线分别将Switch-A的f0/1端口和Switch-C的f0/1端口、Switch-B的f0/1端口和Switch-C的f0/2连接起来；用直通线将PC1连接到交换机switch-A的f0/2端口，将PC2连接到交换机switch-A的f0/7端口；将PC3连接到交换机switch-B的f0/2端口，将PC4连接到交换机switch-B的f0/7端口。

步骤2：启动设备

分别打开设备，给设备加电。

步骤3：配置IP地址

配置PC1、PC2、PC3、PC4的IP地址如表2-3所示。

表2-3 IP 地址设置

计算机	IP 地址	子网掩码	网关
PC1	192.168.1.1	255.255.255.0	192.168.1.254
PC2	192.168.2.1	255.255.255.0	192.168.2.254
PC3	192.168.1.2	255.255.255.0	192.168.1.254
PC4	192.168.2.2	255.255.255.0	192.168.2.254

步骤4：配置交换机Switch-A的VLAN

在设备断电的状态下，将交换机和PC1通过配置线连接起来。给设备加电，并打开PC1的超级终端，对交换机Switch-A进行以下配置，具体方法见本项目任务三之任务实施。

（1）创建VLAN 10，命名为test10并将f 0/2~f 0/6端口分配到VLAN 10中。

（2）创建VLAN 20，命名为test20并将f 0/7~f 0/12端口分配到VLAN 20中。

（3）将用于与Switch-C进行级连的端口f 0/1设置为trunk模式。

（4）保存设置。

步骤5：配置交换机Switch-B的VLAN

同样方法对Switch-B完成以下配置。

（1）创建VLAN 10，命名为test10并将f 0/2~f 0/6端口分配到VLAN 10中。

（2）创建VLAN 20，命名为test20并将f 0/7~f 0/12端口分配到VLAN 20中。

（3）将用于与Switch-C进行级连的端口f 0/1设置为trunk模式。

（4）保存设置。

步骤6：在三层交换机Switch-C上设置VLAN之间的通信。

（1）在Switch-C上创建VLAN。

Switch-C(config)# vlan 10

Switch-C(config-vlan)# name tesl0

Switch-C(config-vlan)#exit

Switch-C(config)# VLAN 20

Switch-C(config-vlan)# name test20

Switch-C(config-vlan)# exit

（2）将连接Switch-A和Switch-B的f0/1和f0/2端口设置为trunk模式。

Switch-C (config)# interface f0/1

Switch-C (config-if)# Switchport mode trunk

Switch-C (config-if)#exit

Switch-C (config)# interface f0/2

Switch-C (config-if)# Switchport mode trunk

（3）配置三层交换机端口，使其具有路由功能。

Switch-C (config)# ip routing　　（启用路由功能）

Switch-C(config)# interface vlan10（创建虚拟端口vain10）

Switch-C(config-if)# ip address 192.168.1.254 255.255.255.0　　（配置虚拟端口vlan10的IP地址为192.168.1.254）

Switch-C(config-if)# no shutdown　　（激活该端口）

Switch-C(config-if)# exit

Switch-C(config)# interface vlan20

Switch-C(config-if)# ip address 192.168.2.254 255.255.255.0

Switch-C(config-if)# no shutdown

Switch-C(config-if)# end

Switch-C# write memory

Switch-C# Copy running-config starup-config

步骤7：结果验证

通过以上的配置，将凡是接入VLAN 10的主机IP地址设置为192.168.1.1~253，子网掩码设置为255.255.255.0，网关设置为192.168.1.254；将凡是接入VLAN 20的主机IP地址设置为192.168.2.1~253，子网掩码设置为255.255.255.0，网关设置为192.168.2.254。这时，再使用ping命令进行测试，发现位于不同VLAN的主机之间都可以进行通信。如PC1与PC2之间。

实训项目

实训项目 1 路由器的基本配置

1. 实训目的与要求

（1）熟悉路由器的基本组成和功能，了解路由器的各种接口类型；

（2）了解路由器的启动过程；

（3）掌握通过配置口或用telnet方式登录到路由器；

（4）掌握路由器的初始化配置。

2. 实训设备与材料

计算机2台，路由器1台，网线2根。

3. 实训拓扑

如图2-10所示。

4. 实训内容

实训内容为任务二中的任务实施内容。

5. 思考

路由器有哪几种配置方式？如何配置直连路由和默认路由？

实训项目 2 VLAN 及 VLAN 间路由

1. 实训目的与要求

（1）学会划分VLAN以实现不同部门网络之间的隔离；

（2）掌握利用三层交换技术实现VLAN间互通。

2. 实训设备与材料

计算机若干台，二层交换机2台，三层交换机1台，网线若干根。

3. 实训拓扑

如图2-16所示。

4. 实训内容

实训内容为任务四中的任务实施内容。

5. 思考

对于接入子网中的用户PC来说，是否需要为其配置网关？不配置是否可以？如果需要配置，其对应的网关在哪儿？

习题

一、选择题

1．三层交换机在转发数据时，可以根据数据包的（   ）进行路由的选择和转发。

A．源IP地址　　　　　　　B．目的IP地址

C．源MAC地址　　　　　　D．目的MAC地址

2．在进行网络规划时，选择使用三层交换机而不选择路由器，下列原因不正确的是（　　）

A．在一定条件下，三层交换机的转发性能要远远高于路由器

B．三层交换机可以实现路由器的所有功能

C．三层交换机组网比路由器组网更灵活

D．三层交换机的网络接口数相比路由器的接口要多很多

3．三层交换机中的三层表示的含义不正确的是（   ）。

A．是指网络结构层次的第三层

B．是指OSI模型的网络层

C．是指交换机具备IP路由、转发的功能

D．和路由器的功能类似

4．下面列举的网络连接技术中，不能通过普通以太网接口完成的是（   ）。

A．主机通过交换机接入到网络

B．交换机与交换机互联以延展网络的范围

C．交换机与交换机互连增加接口数量

D．多台交换机虚拟成逻辑交换机以增强性能

5．交换机与交换机之间互联时，为了避免互联时出现单条链路故障问题，可以在交换机互联时采用冗余链路的方式，但冗余链路构成时，如果不做妥当处理，会给网络带来诸多问题，下列说法中，属于冗余链路构建后，带给网络的问题的是（   ）。

A．广播风暴　　　　　　　B．多帧复制

C．MAC地址表的不稳定 D．交换机接口带宽变小

6．VLAN技术可以在交换机中的（   ）进行隔离。

A．广播域

B．冲突域

C．连接在交换机上的主机

D．当一个LAN里主机超过100台时，自动对主机隔离

7．交换机端口在VLAN技术中应用时，常见的端口模式有（   ）。

A．access　　　　　　　　B．trunk

C．三层接口　　　　　　　D．以太网接口

二、简答题

1. 什么是默认网关?

2. 园区网中IP地址来源有哪些?哪些IP地址不能分配给网络中的计算机?

3. 为什么要进行IP地址和MAC地址绑定,如何进行?

4. 什么是VLAN?使用VLAN管理有哪些优点?

三、实践题

现在公司财务部、市场部、技术部分别在自己的虚拟局域网内,为了信息安全,财务部、市场部、技术部各局域网之间隔离,但有时各部门为了资源共享,需要各部门局域网之间是连通的,这时需要采用三层交换机。网络物理连接如图2-17所示。

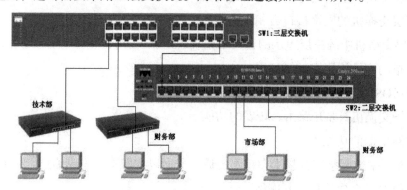

图 2-17 公司局域网拓扑图

请实现:

①规划设计计算机的IP地址、子网掩码、默认网关。

②在计算机上配置超级终端,分别启动交换机awl、SW2并进行配置。

③分别配置交换机awl、SW2的名称、交换机的口令(终端口令、远程登录口令、特权用户口令,并进行加密)。

④在交换机awl、SW2上配置VLAN。

⑤配置交换机awl、SW2的端口及所属的VLAN。

⑥在三层交换机上启动三层路由功能。

⑦配置两台交换机之间的链路状态。

⑧配置交换机后计算机通过Telnet访问配置交换机awl、SW2。

⑨测试各计算机之间的连通性。

项目三　连接局域网到互联网

随着Internet的迅猛发展，网络应用不再局限在一个小的范围，人们需要在更广泛的范围内来实现数据的远程交换和共享，以满足日益增多的信息检索、远程教学、视频会议、电子商务、远程医疗等应用需求。因此网络建设中必须解决局域网接入广域网的问题。广域网一般存在两种类型：一种是连接范围庞大的网络，如遍及全球的Internet；另一种是由远程多个局域网互联后形成的范围更大的网络，这个网络属于某个单位或组织，如银行网络。

网络接入方式统称为网络接入技术，其发生在连接Internet主干网络与用户的最后一段路程，相对日益成熟和完善的各种宽带广域网技术和高速局域网技术，网络的接入部分是一个瓶颈，它与用户线路另一端的高性能设备形成了鲜明的反差，是目前最有希望大幅提高网络性能的环节。接入技术的多元化是接入网的一个基本特征，目前已逐步形成了电信网、有线电视网和计算机网三大网络并存且互相融合的局面，它表现为业务层互相渗透交叉，应用层使用统一的通信协议，网络层互联互通，技术上趋向一致。

中小型办公网或家庭用户一般通过提供Internet接入服务的运营商（ISP）接入互联网，我国最大的ISP是中国电信、中国网通、中国铁通等，中国联通、CERNET、广电系统等也提供网络接入服务。

本项目主要学习中小型办公网或家庭用户接入Internet的常用方法。

任务一　通过ADSL接入互联网

一、任务分析

ADSL是英文Asymmetrical Digital Subscriber Loop（非对称数字用户环路）的英文缩写，ADSL技术是运行在原有普通电话线上的一种新的高速宽带技术，它利用现有的一对电话铜线，为用户提供上、下行非对称的传输速率（带宽）。非对称主要体现在上行速率（最高640Kbps）和下行速率（最高8maps）的非对称性上。上行（从用户到网络）为低速的传输，可达640Kbit/s；下行（从网络到用户）为高速传输，可达8Mbit/s。它最初主要是针对视频点播业务开发的，随着技术的发展，逐步成了一种较方便的宽带接入技术，为电信部门所重视，并成为一般家庭用户宽带上网的主要选择之一。

本任务主要学习ADSL的技术特点及安装方法。

二、相关知识

（一）ADSL 工作原理与特点

传统的Modem也是使用电话线传输的，但只使用了0~4kHz的低频段，而电话线理论上有接近2MHz的带宽，ADSL正是使用了26kHz以上的高频带才提供了如此高速的数据传输。

ADSL使用一对电话线，在用户线两端各安装一个ADSL调制解调器，该调制解调器采用了频分复用（FDM）技术，将带宽分为三个频段部分：最低频段部分为0~4KHz，用于普通电话业务，中间频段部分为20~50KHz，用于速率为16~640Mbit/s的上行数据信息的传递；最高频段部分为150~550KHz或140Khz~1.1MHz，用于1.5Mbit/s~6.0Mbit/s的下行数据信息的传送。

ADSL这种宽带接入技术具有以下特点：

1. 可直接利用现有用户电话线，节省投资。

2. 可享受超高速的网络服务，为用户提供上、下行不对称的传输带宽。

3. 节省费用，上网同时可以打电话，互不影响，而且上网时不需要另交电话费。

4. 安装简单，不需要另外申请增长率加线路，只需要在普通电话线上加装ADSL Modem，在电脑上装上网卡即可。

电信公司一般根据ADSL的下行速率：512kbit/s、1Mbit/s、2Mbit/s、4Mbit/s、8Mbit/s为用户提供不同规格的接入线路，并收取不同的月租费用。

（二）ADSL 系统组成

ADSL技术应用在本地回路，它支持高速接入服务而且无须在中途增加任何中继器。当基于ADSL技术的服务被加以应用时，只需在线路两侧各安装一台ADSL调制解调器即可。系统主要由局端设备和用户端设备（CPE）组成。

局端设备包括DSLAM（Digital Subscriber Line Access Multiplexer）和语音分离器（又称为滤波器）。DSLAM由DSLAM接入平台、DSL局端卡（ADSL Modem）、IPC（数据汇聚设备）组成。语音分离器将线路上的音频信号和高频数字调制信号分离，并将音频信号送入电话交换机，高频数字调制信号送入DSLAM。DSLAM接入平台可以同时插入不同的DSL局端卡和网管卡等，局端卡将线路上的信号调制为数字信号，并提供数据传输接口，IPC为DSL接入系统提供不同的广域网接口，如ATM、帧中继、T1/E1等。

用户设备由ADSL Modem和语音分离器组成，一般由ISP提供。ADSL Modem对用户的数据包进行调制和解调，并提供数据传输接口。ADSL Modem有外置式和内置式两种，外置式有以太网接口外置式ADSL MODEM和USB接口外置式ADSL MODEM。用户端ADSL Modem通常又被称为ATU-R（ADSL Transmission Unit-Remote）还有一种用户端设备就是ADSL路由器，它集成了路由器的功能，在提供ADSL接入的同时，还具有IP地址的路由功能，有的ADSL路由器还集成了Switch模块，具有几个RJ-45以太网接口，ADSL路由器为局域网宽带接入Internet提供了极佳选择。

　　具体工作流程是：用户端经ADSL Modem编码后的计算机数据信号或电话机传送的语音信号通过本地回路电话线传到中心局后再通过一个分离器，如果是语音信号就传到电话程控交换机上，如果是数字信号就通过DSLAM接入数据网络；反之从局端传来的信息到达用户端的分离器，如果是语音信号就传到电话机上，如果是数字信号就通过ADSL Modem传送到用户计算机。

　　ADSL系统结构如图3-1所示。

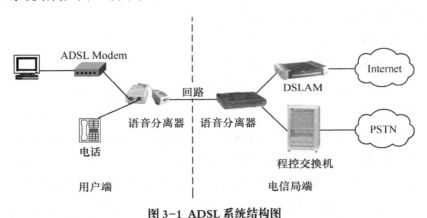

图 3-1 ADSL 系统结构图

三、任务实施

ADSL接入Internet的安装

【任务场景】

　　如果要安装ADSL需要到当地网络运营商申请ADSL业务。ADSL目前提供两种接入方式：专线方式与虚拟拨号方式，可选择512kbit/s、1Mbit/s、2Mbit/s、4Mbit/s、8Mbit/s等不同的接入速率，速率根据用户的通信数据量来确定。专线方式即用户24小时在线，网络运营商为用户提供静态IP地址，可将用户局域网接入，主要面对中小型公司用户和网吧用户，价格较贵。虚拟拨号方式主要面对上网时间短、数据量不大的用户，如个人用户及中小型公司等，但与传统拨号不同，这里的"虚拟拨号"是指根据用户名与口令认证，接入相应的网络，并没有真正的拨电话号码，费用也与电话服务无关，这种方式价格较便宜。

　　下面以以太网接口外置式ADSL MODEM为例介绍个人用户的ADSL安装过程。

【施工拓扑】

　　如图3-1左图（用户端）所示。

【施工设备】

　　计算机1台，电话线路1条，ADSL宽带账号1个，ADSL Modem 1台，语音分离器1个，网线1条。

【操作步骤】

步骤1：硬件安装

使用ADSL接入Internet无须改动电话线，只需增加语音分离器、ADSL Modem和计算机网卡即可。安装过程中注意以下事项：

（1）语音分离器的Line口连接进户电话线，Phone口连接电话机，另一接口连接ADSL Modem。

（2）用双绞线连ADSL Modem和计算机网卡。

（3）网卡安装成功后，打开ADSL Modem电源，如果ADSL Modem上LAN-Link显示绿灯亮，表明ADSL Modem与计算机硬件连接成功。

步骤2：建立虚拟拨号连接

目前，国内的ADSL接入类型主要有专线方式（固定IP）和虚拟拨号方式两种。专线方式连接时计算机用服务商提供的静态IP地址。虚拟拨号方式连接时，在虚拟拨号接入ADSL接入服务器后，计算机自动获取服务商动态分配的IP地址。根据网络性质，有PPPOE和PPPOA两种虚拟拨号方式，PPPOE全称为基于以太网的点对点传输协议（Point-T0-Point Protocol Over Ethernet），PPPOA全称为基于ATM的点对点传输协议（Point-T0-Point Protocol Over ATM），目前国内向普通用户提供的是PPPOE虚拟拨号方式。常用的基于Windows的流行的PPPOE软件有EnterNet500、WinPOET和RASPPPOE等，Windows XP用户可用系统自带的针对ADSL的PPPOE拨号软件。

下面介绍安装Windows XP自带的PPPOE虚拟拨号软件和建立虚拟拨号连接的步骤。

（1）如图3-2所示：从"开始"→"所有程序"→"附件"→"通信"→"新建连接向导"进入如图3-3所示的"新建连接向导"对话框（也可用其他方式进入）。

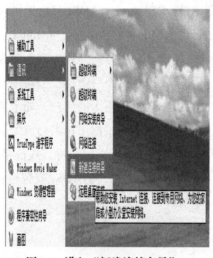

图3-2 进入"新建连接向导"

图3-3 新建连接向导

（2）单击"下一步"按钮，进入如图3-4所示对话框，然后选择"连接到Internet"。

（3）单击"下一步"按钮，进入如图3-5所示对话框，然后选择"手动设置我的连接"。

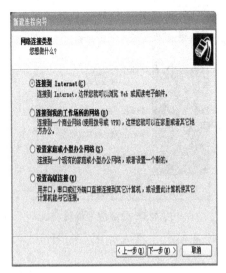

图 3-4　选择"连接到 Internet"　　　　**图 3-5　选择"手动设置我的连接"**

（4）单击"下一步"按钮，进入如图3-6所示对话框，然后选择"用要求用户名和密码的宽带连接来连接"。

（5）单击"下一步"按钮，进入如图3-7所示对话框，建立一个连接名，如"我的宽带"。

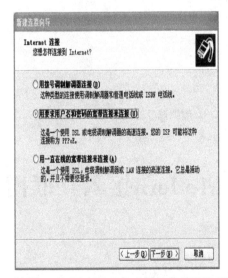

图 3-6　选择"用要求用户名和密码的宽带连接来连接"　　图 3-7　建立一个连接名

（6）单击"下一步"按钮，进入如图3-8所示对话框，然后输入自己的登录账号信息（用户名和密码），并根据向导的提示对这个上网连接进行Windows XP的其他一些安全方面设置。

（7）单击"下一步"按钮，进入如图3-9所示对话框，至此我们的ADSL虚拟拨号设置就完成了。

图 3-8 设置"用户名和密码" 　　　图 3-9 ADSL 虚拟拨号设置完成

（8）以后在"网络连接"中单击相应宽带连接名，进入如图3-10所示虚拟拨号连接对话框，单击"连接"按钮，即可通过ADSL上网。

图 3-10 ADSL 虚拟拨号连接上网

任务二　通过Cable Modem接入互联网

一、任务分析

为了解决终端用户通过普通电话线入网速率较低的问题，人们一方面通过xDSL技术提高电话线路的传输速率，另一方面尝试利用目前覆盖范围广、最具潜力、具有很高带宽的有线电视（CATV）网络。有线电视网络拥有庞大的用户群，同时它理论上可以提供极快的接入速度和相对低廉的接入费用。自从1993年12月，美国时代华纳公司在佛罗里达州奥兰多市的有线电视网上进行模拟和数字电视、数据的双向传输试验获得成功后，Cable Modem技术就已经成为最被看好的接入技术，目前在全球已形成ADSL和Cable Modem两大主流家庭宽带接入技术。

本任务主要学习Cable Modem接入Internet的主要特点及安装方法。

二、相关知识

（一）HFC 接入的主要特点

光纤同轴电缆混合网（HFC，Hybrid Fiber Coaxial），是以现有的CATV网络为基础，采用光纤到服务区，而在进入用户的"最后1公里"采用同轴电缆的新型有线电视网，HFC的高带宽为数据提供了传输空间。HFC能提供以下服务：传统业务如模拟广播电视、调频广播等；高速数据业务如基于IP技术的高速Internet接入；IP话音/IP视频业务；其他增值业务如虚拟专网（VPN）、视频点播（VOD）、电视会议、综合信息资源的共享通道等。

HFC以现有的CATV网络为基础，采用模拟频分复用技术，综合应用模拟和数字传输技术、射频技术和计算机技术所产生的一种宽带接入网技术。与光纤到路边（FTTC）不同的是，其同轴电缆采用树形结构，通过分支器连接到终端用户。光分配节点（ODU）到头端（HE）为星形拓扑结构，采用AN-SCM光波技术通过光缆传输信号，所有连接到光节点的用户共享一条光纤线路。

在HFC网络中，前端设备通过路由器与数据网相连，并通过局用数据端机与公用电话网（PSTN）相连。有线电视台的电视信号、公用电话网来的话音信号和数据网的数据信号送入合路器形成混合信号后，由这里通过光缆线路送至各个小区节点，再经过同轴分配网络送至用户本地综合服务单元。终端用户要想通过HFC接入，需要安装一个用户接口盒（UIB），它可以提供3种连接：使用CATV同轴电线连接到机顶盒（STB），然后连接到用户电视机；使用双绞线连接到用户电话机；通过Cable Modem连接到用户计算机。

由于现有的有线电视只提供单向下行广播业务，为实现双向通信必须对现有的有线电缆进行双向通信改造，需要有双向分配放大器、双向分离器和双向干线放大器等。其次，HFC接入系统为树形结构，同轴的带宽是由所有用户公用的，而且还有一部分带宽要用于传送电视节目，用于数据通信的带宽受到限制，目前一般一个同轴网络内至多连接500个用户。反向链路则由用户本地服务单元的Cable Modem将用户终端发出的信号调制送入反向信道，并由前端设备解调后送往网络。其中反向信道可以用电话拨号的形式，也可利用经过改造的HFC网络的反向链路。

由于树形结构使其上行信号存在噪声积累，多个用户共用一条共享链路，对线路要进行双向通信改造等，因此HFC网络的安全保密性、系统健壮性以及价格等问题有待进一步解决和完善。

（二）cable Modem 的种类

随着Cable Modem技术的发展，出现了不少的Cable Modem类型。

1. 从传输方式的角度，可分为双向对称式传输和非对称式传输。对称式传输速率为2Mbit/s~4Mbit/s、最高能达到10Mbit/s。非对称式传输下行速率为36Mbit/s，上行速率为

500kbit/s~10Mbit/s。

2.从接口角度分，可分为外置式、内置式、通用串行总线USB式和交互式机顶盒。外置Cable Modem的外形像小盒子，通过网卡连接计算机。内置Cable Modem是一块PCI插卡，这是最便宜的解决方案。USB式是通用串行总线USB与计算机相连。交互式机顶盒是真正Cable Modem的伪装。机顶盒的主要功能是在频率数量不变的情况下提供更多的电视频道。通过使用数字电视编码（DVB），交互式机顶盒提供一个回路，使用户可以直接在电视屏幕上访问网络，收发E-mail等。图3-11所示为一款带USB接口的外置式Cable Modem，不同品牌的产品可能有不同的指示灯。

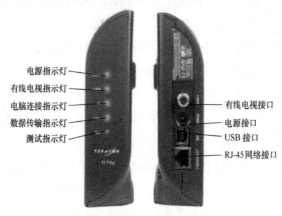

电源指示灯
有线电视指示灯
电脑连接指示灯
数据传输指示灯
测试指示灯

有线电视接口
电源接口
USB接口
RJ-45网络接口

图 3-11 Cable Modem

（三）Coble Modem 系统的配置、使用和管理

Cable Modem和前端设备的配置是分别进行的。Cable Modem设备有一个Consol接口，可通过VT终端或Windows系统的超级终端程序进行设置。

Cable Modem加电工作后，首先自动搜索前端的下行频率，找到下行频率后，从下行数据中确定上行通道，与前端设备CMTS建立连接，并交换信息，包括上行电平数值、动态主机配置协议（DHCP）、小文件传送协议（TFTP）和服务器的IP地址等。Cable Modem有在线功能，即使用户不使用，只要不切断电源，则与前端始终保持信息交换，用户可随时上线。Cable Modem具有记忆功能，断电后再次上电时，使用断电前存储的数据与前端进行信息交换，可快速地完成搜索过程。

因此，在实际使用中，Cable Modem一般不需要人工配置和操作。如果进行了设置，例如改变了上行电平数值，它会在交换过程中自动设置到CMTS指定的合适数值上。每一台Cable Modem在使用前，都需在前端登记，在TFTP服务器上形成一个配置文件。一个配置文件对应一台Cable Modem，其中含有设备的硬件地址，用于识别不同的设备。Cable Modem的硬件地址标示在产品的外部，有RF和以太网两个地址，TFTP服务器的配置文件需要RF地址。有些产品的地址需通过Consol接口联机后读出。对于只标示一个地址的产品，该地址为通用地址。

前端设备CMTS是管理控制Cable Modem的设备，其配置可通过Consol接口或以太网接口完成。通过Consol接口配置的过程与Cable Modem配置类似，以行命令的方式逐项进行，而通过以太网接口的配置，需使用厂家提供的专用软件。CMTS的配置内容主要有：下行频率、下行调制方式、下行电平等。下行频率在指定的频率范围内可以任意设定，但为了不干扰其他频道的信号，应参照有线电视的频道划分表选定在规定的频点上。此外，还必须设置DHCP、TFTP服务器的IP地址、CMTS的IP地址等。上述设置完成后，如果中间的线路无故障，信号电平的衰减符合要求，则启动DHCP、TFTP服务器，就可以在前端和Cable Modem间建立正常的通信通道。

三、任务实施

Cable Modem接入Internet的安装

【任务场景】

近几年，国内宽带接入市场正逐步迈向百花齐放的局面，全国各大中城市的有线宽带业务蓬勃发展。开通Cable Modem接入方式，首先必须是有线广播电视台的网络用户（安装了有线电视），第二必须是有线电视已经开通了双向回传功能的社区。

【施工拓扑】

如图3-12所示。

图 3-12　Cable Modem 安装图

【施工设备】

计算机1台，有线电视线路1条，Cable Modem宽带账号1个，Cable Modem 1台，网线1条。

【操作步骤】

步骤1：安装Cable Modem

（1）首先，将用作上网的CATV端口接上电视机，先查看有无电视信号且电视信号是否正常，若电视信号不正常，则表明该线路不通，需重新布线。

（2）连电视线。将随机所提供的专用连线（RG6闭路电视线），一头接上CATV端口，一头和Cable Modem连接。然后插上Cable Modem电源线，接通电源，Modem开始启动，启动过程结束后，可见到Power指示灯亮、Cable指示灯亮、Test指示灯暗。

步骤2：Cable Modem连计算机

待Cable Modem上的Power、Cable和Test灯显示正常后，用Cable Modem随机附带的网线或USB连线将Cable Modem与计算机上的网卡或USB接口连接。使用USB连接时，用Cable Modem随机配备的USB连线将Cable Modem和计算机连接，安装随机附带的USB驱动光盘。安装好USB Modem的驱动程序（使用网卡连接方式的用户不需此步），安装完成后重新启动计算机。

步骤3：配置TCP/IP协议及上网

（1）网卡或USB Modem协议配置，TCP/IP属性设置为自动获取IP地址，如果使用静态IP地址的用户，要在IP地址和子网掩码、默认网关、设置DNS配置相关位置填入用户申请登记表格中给出数据。经过以上的设置，完成上网配置。

（2）上网。计时制用户则需每次上网时进行登录，注册方法为用浏览器任意输入一网站地址，即会自动进入注册界面，按照提示输入用户名及密码。退出时单击"退出"按钮，关闭计时窗口即可正常下线。

任务三　光纤以太网接入互联网

一、任务分析

随着宽带业务的发展，人们越来越意识到网络的接入部分存在严重的带宽"瓶颈"。事实上，网络用户端以太网已进入100Gbit/s时代，接入部分另一端如城域网等网络传输速率也已达到2.5Gbit/s~10Gbit/s。它们的速率都比接入部分高出至少3个数量级。所以，只有突破接入部分的带宽"瓶颈"，才能使整个网络有效发挥宽带的作用，真正推动宽带业务的发展。

用xDSL和Cable Modem虽然在一定程度上拓宽了接入带宽，但是它们都先天不足，有很大的局限性，例如DSL的带宽和传输距离非常依赖于铜线的质量。许多宽带应用，特别是视频应用，用DSL或Cable Modem难以支持；当用城域网来为数据中心做异地备份时，接入带宽受限而使传送大文件所需时间过长是无法容忍的。

真正解决宽带接入的是FTTx（光纤到小区、到楼、到家等），FTTx是20年前人们就已认定的发展目标，随着城域网的快速发展和市场需求的驱动，FTTx已成为接入网市场的热点，企事业单位、住宅社区、网吧等单位和场所纷纷采用FTTx+LAN的互联网接入方式。

二、相关知识

（一）xPON 技术和 FTTx

xPON技术就是以光纤为传输媒质，采用波分复用技术，具备高接入带宽，全程无源分光传输的光接入技术。xPON作为新一代光接入技术，在抗干扰性、带宽特性、接入距离、维护管理等方面均具有巨大优势，其应用得到了全球运营商的高度关注，相比其他光接入技术具有明显的优势。

xPON主要分为BPON（Broadband PON）、EPON（Ethernet PON）和GPON（Gigabit PON）三种技术。BPON和GPON标准都由ITU制订，GPON为BPON的后续技术；而EPON由IEEE制订。BPON基于ATM协议，上下行速度分别为155 Mbit/s和622Mbit/s；EPON基于以太网和IP协议，上下行都是1.25Gbit/s；GPON可以支持ATM、TDM、SONET/SDH、以太网等多种协议，上下行分别为1.252.5Gbit/s和2.5Gbit/s。

业内普遍看好的xPON技术有EPON和GPON，两种技术的基本组网和构架完全相同，均是由局端OLT、用户端ONU/ONT和无源光分配网络ODN组网，从产业链发展、技术成熟度、芯片成熟度、设备成本等各方面比较，GPON市场进展大大慢于EPON，现阶段以EPON技术为主，同时兼顾未来向GPON演进的能力。

FTTx是xPON技术的典型应用。FTTx指光纤建网模式，根据光终节点的不同，主要有FTTCab（光纤到交接箱）、FTTB/C（光纤到大楼/分线盒）、FTTH（光纤到户）、FTTO（光纤到公司或办公室）等不同应用模式，FTTH是网络发展的目标。如图3-13所示是用户网络用FTTx接入城域网的示意图。

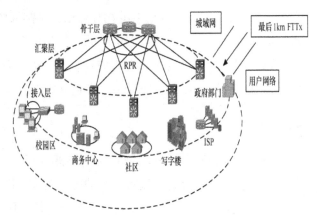

图3-13 用户网络用 FTTx 接入城域网示意图

（二）FTTx+LAN 接入

FTTx+LAN技术是利用光纤加五类双绞线方式实现宽带接入的方案，实现千兆光纤到小区（大楼）中心交换机，中心交换机和楼道交换机以百兆光纤或五类双绞线相连，楼道内采用综合布线，用户上网速率可达10Mbit/s，网络可扩展性强，投资规模小。另有光纤到办公室、光纤到户、光纤到桌面等多种接入方式满足不同用户的需求。FTTx+LAN方式采用星型网络拓扑，用户共享带宽。适用于住宅小区、智能大厦、现代写字楼等地点。

由于使用光纤传输信息，在传输两端必须有光收发装置，若传输两端的交换机或路由器带光纤模块接口，则安装如图3-14所示的光纤模块到交换机或路由器上，发送方的光纤模块负责将数据转换为光信号，发送到光纤上，接收方的光纤模块负责接收光信号，并将光信号还原为数据。若传输两端的交换机或路由器不带光纤模块接口，则需配置光电转换器。

图 3-14 光纤模块

任务四　DDN专线

一、任务分析

对于大型企业用户，可以采用DDN和帧中继的Internet的接入方式。数字数据网（Digital Data Network）是利用数字信道传输数据信号的数据传输网，它的传输媒介有光缆、数字微波、卫星信道以及用户端可用的普通电缆和双绞线。利用数字信道传输数据信号与传统的模拟信道相比，具有传输质量高、速度快、带宽利用率高等一系列优点。

二、相关知识

DDN是同步数据传输网，不具备交换功能。但可根据与用户所订协议，定时接通所需路由（这便是半永久性连接概念）。沿途不进行复杂的软件处理，因此延时较短，避免了分组网中传输时延大且不固定的缺点；DDN采用交叉连接装置，信道容量的分配和接续在计算机控制下进行，具有极大的灵活性，使用户可以开通种类繁多的信息业务，传输任何合适的信息。DDN有4个组成部分：数字通道、DDN节点、网管控制和用户环路。

DDN是采用数字传输信道传输数据信号的通信网，可提供点对点、点对多点透明传输的数据专线，为用户传输数据、图像、声音等信息。数字数据网是以光纤为中继干线的网络，组成DDN的基本单位是节点，节点间通过光纤连接，构成网状的拓扑结构，用户的终端设备通过数据终端单元（DTU）与就近的节点机相连。

DDN专线就是市内或长途的数据电路，电信部门将它们出租给用户做信息传输使用后，它们就变成用户的专线，直接进入电信的DDN网络，因为这种电路是采用固定连接的方式，不需经过交换机房，所以称之为固定DDN专线。现在我们常见的固定DDN专线按传输速率可分为14.4kbit/s、28.8kbit/s、64kbit/s、128kbit/s、256kbit/s、512kbit/s、768kbit/s、1.544Mbit/s（T1线路）、2Mbit/s（El线路）及44.763Mbit/s（T3）等类型，目前DDN可达到的最高传输速率为155Mbit/s，平均时延≤450μs。过去这种所谓专线的技术是单纯用来连接相隔两地的区域网络，现在利用它直接进入电信主干数据网的先天优势，使其应用范围获得了极大扩展。

由于DDN采用了同步转移模式的数字时分复用技术，用户数据信息根据事先约定的协议，在固定的时隙以预先设定的通道带宽和速率，顺序传输，这样只需按时隙识别通道就可以准确地将数据信息送到目的终端，而不必选择路由，由于信息是顺序到达目的终端，免去了目的终端对信息的重组，因此，减小了时延。因为DDN的主干传输为光纤传输，采用数字信道直接传送数据，所以传输质量高。采用点对点或点对多点的专用数据线路，特别适用于业务量大、实时性强的用户。

1. DDN业务种类

DDN网络业务分为专用电路、帧中继和压缩话音/G3传真3类业务。DDN的主要业务是向用户提供中、高速率，高质量的点到点和点到多点数字专用电路（简称专用电路）；在专用电路的基础上，通过引入帧中继服务模块（FRM），提供永久性虚电路（PVC）连接方式的帧中继业务；通过在用户入网处引入话音服务模块（VSM）提供压缩话音/G3传真业务。在DDN上，帧中继业务和压缩话音/G3传真业务均可看作在专用电路业务基础上的增值业务。对压缩话音、G3传真业务可由网络增值，也可由用户增值。

（1）专用电路业务

①基本专用电路。

DDN提供的基本专用电路是规定速率的点到点专用电路。

②特定要求的专用电路。

为了满足用户特殊需求，DDN网络还可提供特定要求的专用电路，例如：高可用度的TDM电路、低传输时延的专用电路、定时的专用电路和多点专用电路等。

（2）帧中继业务

①DDN内的等效帧中继网络。

DDN上的帧中继业务是通过在DDN节点上设置帧中继模块来实现的，帧中继模块（FRM）之间以及FRM和帧装/拆（FAD）模块之间通过基本专用电路互联。FRM、FAD和它们之间的专用电路专门为帧中继业务使用，它们的设置可独立于所依附的DDN网络，即可以根据帧中继用户的分布和帧中继业务量的需要，在选择的DDN节点处设置FRM、FAD和它们的容量；FRM、FAD之间的专用电路及其容量也是根据帧中继业务的需要设置，而不是每个DDN节点都必须设置FRM、FAD，不是每条数字通道上都必须有供帧中继业务使用的专用电路。这样，单从帧中继业务看，可认为在DDN内逻辑上独立地存在一个帧中继网络。

②帧中继用户接入网。

帧中继业务用户分为两类：一类是具有ITU-T建议Q.922"帧方式承载业务ISDN数据链路层规范"接口的用户，称为帧中继用户。另一类是不具有Q.922接口的用户，称为非帧中继用户。帧中继用户可直接与FRM连接，非帧中继用户经FAD与FRM连接。FAD执行帧的装拆、协议转换功能；FRM执行帧中继功能，即按照帧中继路由表和每个帧的帧头中数据链路连接标识符(DLCI)存储转发帧。

③帧中继PVC路由表。

帧中继PVC路由表是FRM上各物理通路及其传送的各帧中DLCI之间的对照表。帧中继PVC路由表由网管控制中心统一制定，并分别安装到各FRM中。

FRM之间所使用的DLCI数值由网管控制中心在PVC路由表中规定。各FRM按路由表进行DLCI的转换，构成用户之间的虚通道连接。

（3）压缩话音/G3传真业务

DDN上通过在用户入网处设置的话音服务模块（VSM）来提供这种业务。在VSM之间，DDN网络提供端到端的全数字连接，即中间不再引入话音编码和信令处理方面的数/模转换部件。VSM可以设置在DDN内的节点上，也可以由用户自行设置。

2. 用户入网速率

对上述各类业务，DDN提供的用户入网速率及用户之间的连接如表3-1所示。对于专用电路和开放话音/G3传真业务的电路，互通用户入网速率必须是相同的；而对于帧中继用户，由于DDN内FRM具有存储/转发帧的功能，允许不同入网速率的用户互通。

表 3-1　DDN 用户入网速率和用户之间连接表

业务类型	用户入网速率（kbit/s）	用户之间连接
专用电路	2048 N×64（N=1~31） 子速度：2.4、4.8、9.6、19.2	TDM 连接
帧中继	9.6、14.4、19.2、32、48 N×64（N=1~31）2048	PVC 连接
话音/G3 传真	用户 2/4 线模拟入网（DDN 提供附加信令信息传输容量）的 8kbit/s、16kbit/s、32kbit/s 通路	带信令传输能力的 TDM 连接

任务五　路由器共享接入互联网

一、任务分析

路由器的基本功能包括改进网络分段，相同类型的局域网互联，划分子网段，三层交换，避免"广播风暴"；不同局域网之间的路由，实现三层的数据报文的转换；连接WAN的路由等。路由器的功能决定了其是共享接入互联网的主要方式，特别是近几年兴起的宽带路由器，已成为家庭、网吧和企业接入互联网的主力军。

本任务主要学习NAT地址转换技术原理及配置方法。

二、相关知识

（一）NAT 地址转换技术

每个连接到Internet的计算机必须有唯一的IP地址，但是，随着Internet不断以指数级速度增长，一个重要而紧迫的问题出现了—IP地址空间迅速地枯竭，尽管IPv6是解决Internet长期发展的解决方案，但日前IPv6还处于试验阶段，因此，私有地址是解决地址问题的过渡方案。

私有地址只能用于局域网中，不能在Internet上使用，路由器不向Internet上转发带私有地址的数据包，如果使用私有地址的计算机需要和Internet通信，必须采用NAT地址转换技术。

1. NAT 地址转换技术的作用

NAT首先把内网中使用的私有地址转换为Internet上的公有地址，以解决Internet上地址不足的问题。随着对Internet安全需求的提升，NAT又逐渐演变为隔离内外网络，保障网络安全的基本手段。如图3-15所示。NAT技术无须额外投资，只需利用现有网络设备，即可达到网络安全的目的。

图 3-15 NAT 隔离内外网络

我们借助图3-16来了解NAT的地址转换。

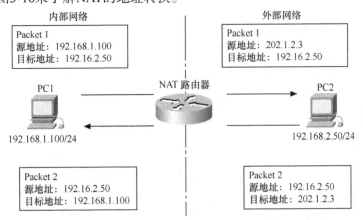

图 3-16 NAT 用一个公有地址 202.1.2.3 替换 PC1 的私有地址 192.168.1.100

图3-17描述了NAT技术在网络中的简单实现。PC1具有一个私有地址192.168.1.100，这个地址在互联网上是不被传输的，当PC1要访问远程主机PC2的时候，数据包要通过一个运行NAT技术的路由器。路由器把PC1的私有地址转换成一个可以在互联网上传输的公

有地址202.1.2.3。然后把数据包转发出去。当PC2应答PC1的时候，PC2数据包中的目标地址是202.1.2.3，当通过路由器接收到PC2的目标地址是202.1.2.3的数据包时，路由器会把数据包的目的地址转换成PC1的私有地址，完成PC1和PC2的通信。

在上面的例子中，对于PC1来讲，本身是不知道202.1.2.3这个公有地址的；对于PC2来讲，认为是与202.1.2.3这个地址的主机进行通信，并不知道PC1的真实地址。所以NAT技术对于网络上的终端用户是透明的。

下面的例子描述了NAT技术的双向性，如图3-17所示。

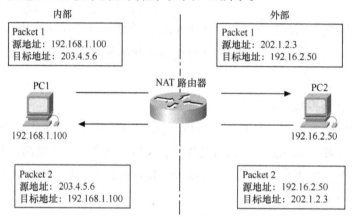

图 3-17 NAT 技术对于地址可以进行双向隐藏

在上面这个例子中，PC1的地址被转换成202.1.2.3，PC2的地址被转换成203.4.5.6。PC1认为PC2的地址是203.4.5.6，所以发往PC2的数据包的目标地址是203.4.5.6，PC2认为PC1的地址是202.1.2.3，所以应答PC1的数据包的目标地址是202.1.2.3。其实PC1和PC2真实的地址分别是192.168.1.100和192.16.2.50。

2. NAT 技术相关概念

NAT技术把地址分成两大部分，即内部地址和外部地址。内部地址分为内部本地地址和内部全局地址，外部地址分为外部本地地址和外部全局地址。这4个概念清楚地阐明了代表相同主机的不同地址在NAT技术中所处的位置。在这里注意，4个概念是相对于网络中某一台主机来讲的，因为主机处在不同的网络中NAT可以解释为不同的地址。下面我们来解释这4个基本概念。

内部本地地址：分配给网络内部主机的IP地址，一般为私有IP地址。

内部全局地址：合法的IP地址，是由网络信息中心（NIC）或者服务提供商提供，用以转换内网的一个或多个内部本地地址。

外部本地地址：出现在外部网络内主机的私有IP地址，该地址不一定是合法的地址，也可以在内网的地址空间进行分配。

外部全局地址：外部网络内主机连接到Internet的公有地址。

在上面的例子中以PC1为例，192.168.1.100是内部本地地址，202.1.2.3是内部全局地址，192.16.2.50是外部本地地址，203.4.5.6是外部全局地址。

3．NAT 技术的应用

下面重点讨论NAT技术中最常用的两种实现模式：静态NAT和动态NAT。

静态NAT是建立内部本地地址和内部全局地址的一对一的永久映射。静态NAT在现实应用中并不多见，因为对于内部网络而言，无法申请到很多的内部全局地址，在有限个内部全局地址下，需要采用动态NAT。只有当外部网络需要通过固定的全局可路由地址访问内部主机时，才会使用静态NAT。

动态NAT是建立内部本地地址和内部全局地址池的临时对应关系，建立一个地址映射池，进行随机映射。如果经过一段时间，内部本地地址没有向外的请求或者数据流，该对应关系将被删除，如图3-18所示。

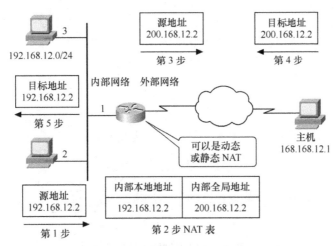

图 3-18　NAT 网络地址转换的过程

上图反映了内部源地址NAT的整个过程。

当内部网络一台主机访问外部网络资源时，详细过程描述如下。

（1）内部主机192.168.12.2发起一个到外部主机168.168.12.1的连接。

（2）当路由器接收到以192.168.12.2为源地址的第一个数据包时，引起路由器检查NAT映射表：如果该地址有配置静态映射，就执行第三步；如果没有静态映射，就进行动态映射，路由器就从内部全局地址池中选择一个有效的地址，并在NAT映射表中创建NAT转换记录，这种记录叫作基本记录。

（3）路由器用192.168.12.2对应的NAT转换记录中的全局地址，替换数据包源地址，经过转换后，数据包的源地址变为200.168.12.2然后转发该数据包。

（4）168.168.12.1主机接收到数据包后，将向200.168.12.2发送响应包。

（5）当路由器接收到内部全局地址的数据包时，将以内部全局地址200.168.12.2为关键字查找NAT记录表，将数据包的目的地址转换成192.168.12.2并转发给192.168.12.2。

（6）192.168.12.2接收到应答包，并继续保持会话。第一步到第五步将一直重复，直到会话结束。

4. NAPT 网络地址端口转换

NAT可在内部局部地址和外部全局地址之间建立映射，由于通常局域网络只能分配有限个公网地址，这就需要将多个内部局部地址映射为一个外部全局地址，为了区别不同设备的连接，引入了NAPT。网络地址端口转换NAPT（Network Address Port Translation)是把内部地址映射到外部网络的一个IP地址的不同端口上。NAPT普遍应用于接入设备中，它可以将中小型的网络隐藏在一个合法的IP地址后面。NAPT与动态地址NAT不同，它将内部连接映射到外部网络中的一个单独IP地址上，同时在该地址上加上一个由NAT设备选定的TCP端口号，如图3-19所示。

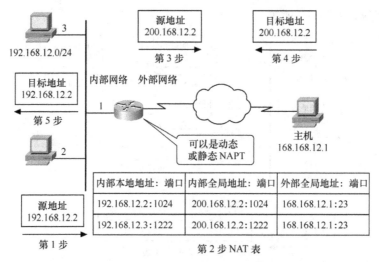

图 3-19 NAPT 网络地址转换过程

在Internet中使用NAPT时，所有不同的TCP和UDP信息流看起来好像来源于同一个IP地址。这个优点在小型办公室内非常实用，通过从ISP处申请一个IP地址，将多个连接通过NAPT接入Internet。实际上，许多SOHO远程访问设备支持基于PPP的动态IP地址。这样，ISP甚至不需要支持NAPT，就可以做到多个内部IP地址共用一个外部IP地址上。Internet，虽然这样会导致信道的一定拥塞，但考虑到节省ISP上网费用和易管理的特点，用NAPT还是很值得的。

NAPT也分为静态NAPT和动态NAPT。

（1）静态NAPT：需要向外网络提供信息服务的主机；永久的一对一"IP地址+端口"映射关系。

（2）动态NAPT：只访问外网服务，不提供信息服务的主机；临时的一对一"IP地址+端口"映射关系。

图3-19反映了内部源地址NAPT的整个过程。

（1）内部主机192.168.12.2发起一个到外部主机168.168.12.1的连接。

（2）当路由器接收到以192.168.12.2为源地址的第一个数据包时，引起路由器检查NAT映射表：如果NAT没有转换记录，路由器就为192.168.12.2作地址转换，并创建一条转换记录；如果启用了NAPT，就进行另外一次转换，路由器将复用全局地址并保存足够的信息以便能够将全局地址转换回本地地址。NAPT的地址转换记录称为扩展记录。

（3）路由器用192.168.12.2对应的NAT转换记录中的全局地址，替换数据包源地址，经过转换后，数据包的源地址变为200.168.12.2，同时附加一自定义的大于1023的随机端口号1024，内部局部地址源端口号是临时的，并且要保证是唯一的，然后转发该数据包。

（4）168.168.12.1主机接收到数据包后，将向200.168.12.2发送响应包。

（5）当路由器接收到内部全局地址的数据包时，将以内部全局地址200.168.12.2及其端口号（1024）、外部全局地址及其端口号（1024）为关键字查找NAT记录表，将数据包的目的地址转换成192.168.12.2并转发给192.168.12.2。

（6）192.168.12.2接收到应答包，并继续保持会话。第1步到第5步将一直重复，直到会语结束。

（二）NAT 的配置方法

1. 静态 NAT 的配置方法

在端口模式下，命令格式为：

ip nat inside　　（将端口指定为与内网相连的内部端口）

ip nat outside　　（将端口指定为与外网相连的外部端口）

ip nat inside source static inside-local-address inside-global-address

其中，参数inside-local-address指定内部本地地址，参数inside-global-address指定内部全局地址。

2. 动态 NAT 的配置方法

动态地址转换是从内部全局地址池中动态地选择一个未使用的地址对内部本地地址进行转换，其基本配置步骤为：

ip nat inside　　（将端口指定为与内网相连的内部端口）

ip nat outside　　（将端口指定为与外网相连的外部端口）

ip nat pool name start-ip end-ip {netmask netmask | prefix-length prefix-length}（定义内部全局地址池，相关参数说明如表3-2所示）

access-list access-list-number permit source source-wildcard（定义一个标准的access-list以允许哪些内部本地地址可以进行动态地址转换，相关参数说明如表3-3所示）

ip nat inside source list {access-list-number | name} pool name　　（在内部的本地地址与内部全局地址之间建立复用动态地址转换，具体命令格式如表3-4所示）

表 3-2 ip nat pool 命令的参数说明

参数	说明
name	地址池名字，地址池名在路由器上应是唯一的
start-ip	定义起始 IP 地址，地址池地址范围的起始 IP 地址
end-ip	定义终止 IP 地址，地址池地址范围的终止 IP 地址
netmask netmask	子网掩码，定义在地址池中地址的子网掩码
prefix-length prefix-length	定义在地址池中地址的子网掩码的位数，即前缀长度

表 3-3 access-list 命令的参数说明

参数	说明
access-list-number	访问控制列表号，其值为 1~99 或 1300~1999
source source-wildcard	源地址及其通配符，其中通配符用反码表示

表 3-4 ip nat inside source list 命令的参数说明

参数	说明
access-list-number	访问列表号，注意应与表 3-3 中的定义相同
{|name}	可选项，如果是命名访问控制列表，此处输入访问控制列表的名称
name	地址池的名字，注意应与表 3-2 中的命令相同

（三）宽带路由器接入互联网

除传统路由器采用NAT接入互联网外，近几年兴起的宽带路由器已成为SOHO网络、企业网络和网吧等场所接入互联网的主力军。宽带路由器分为SOHO宽带路由器和企业级宽带路由器。

1. SOHO 宽带路由器

SOHO路由器在构造、功能、价格等各方面，都与传统的路由器相去甚远，它是厂商专门针对SOHO网络研发的相应网络设备，以适应搭建小型网络和共享Internet接入的需求。它适用于ADSL、Cable Modem或小区宽带的Internet共享接入，基本功能是提供简单的路由服务，通常具有地址映射、端口映射、DHCP服务、动态DNS、网址过滤、防火墙、VPN、自动拨号等功能。

SOHO路由器产品很多，名称也很多，如宽带路由器、SOHO宽带路由器、家用路由器等。SOHO路由器通常有1~4个RJ-45以太网接口，兼具集线器的功能，现在的SOHO路由器大多集成了无线AP的功能，称为无线路由器、无线SOHO路由器或无线宽带路由器。SOHO路由器产品价格大多在一二百元左右，受成本的制约，SOHO路由器在CPU、内存、FLASH方面，甚至包括电源、体积诸因素，限制了其性能，一般只能支持几个到几十个用户的网络接入。

2. 企业级宽带路由器

随着宽带网络的发展，运营商为最终用户提供的大都是以太网协议的宽带线路，传统路由器在宽带接入上无法发挥多种协议转换和路由转换的能力，影响高速传输效率，成本也较高，于是催生了宽带路由器的诞生。

宽带路由器的设计初衷完全不同于传统路由器，它的接入方式更为简单，通常为光纤、ADSL、Cable Modem等运行以太网协议的接入终端。在功能方面，宽带路由器更强调NAT转换速度，所以其处理的CPU主频、RAM大小、嵌入式程序的高效性成为宽带路由器重要的硬性标准。和传统路由器相比，宽带路由器支持的接口种类和相关协议减少，一般只有以太网接口，没有窄带接口和模块插卡，从体系结构来看简单了，而这种变化正好能够满足目前应用的需求。宽带路由器工作在内部局域网是以太网、外部宽带也是以太网的环境下，本身就很少考虑路由和协议的问题，它主要解决接入方式、共享、安全、控制等方面的问题，以低成本方式承担了网吧、企业网与公网连接的接入任务。

企业级宽带路由器的名称叫法很多：企业宽带路由器、防火墙宽带路由器、VPN防火墙宽带路由器等。其广域网（WAN）接口一般为1~4个，以太网（LAN）接口2~8个，其产品价格在几百元到几千元甚至几万元不等，一般能支持几百到上千用户的网络接入。

企业级宽带路由器从诞生到现在，虽然只有短短5年左右的时间，但呈现出很活跃的市场态势，表现在：性能越来越强，功能越来越多，安全性越来越好，价格越来越低廉。在硬件配置方面，处理器主频越来越高，架构越来越好；存储路由器操作系统和配置文件的FLASH（闪存）越来越大，为实现可视方便的管理，目前都提供基于Web方式的漂亮界面，使非专业人员也可以设置路由器；系统内存很大，速度也越来越快，很多产品配置了DDR内存。在功能服务方面，企业级宽带路由器现在都在围绕着动态拨号IP接入的现实环境，如提供NAT、DDNS、VPN、PPPoE等；在安全性方面，多数企业宽带路由器都能提供状态防火墙、MAC、应用过滤、访问时间控制、病毒攻击危害阻隔等。

三、任务实施

（一）SOHO 网络用 SOHO 无线宽带路由器共享接入互联网

【任务场景】

王先生开办一家小公司，原有2台台式计算机，后又购置了1台笔记本电脑后，王先生添置了一台带4个RJ-45端口的无线宽带路由器构成无线宽带网络环境，不但计算机能上网，王先生的智能手机也能通过该网络上网。

【施工设备】

计算机2台，笔记本电脑1台，支持无线上网的手机1台，SOHO无线宽带路由器1台，ADSL宽带线路1条（实验中可用已与互联网相连的局域网接口替代），直通网线多条。

【施工拓扑】

网络连接如图3-20所示。

图 3-20 施工拓扑图

【操作步骤】

步骤1：如图3-20所示连接好SOHO网络和ADSL线路，其中连ADSL的网线连到无线宽带路由器的WAN口上。

步骤2：配置SOHO无线宽带路由器

以D-Link DI-624为例，安装配置无线宽带路由器。

（1）登录无线宽带路由器。该路由器初始IP地址为：192.168.0.1，将PC1或PC2的IP地址设置为192.168.0.X网段中的某个地址：如192.168.0.2。通过IE浏览器登录路由器的Web管理页面，首先弹出用户名和密码的对话框，默认用户名是Admin，默认没有密码，然后进入如图3-21所示的配置界面，以简单安装向导（Wizard）为例说明安装配置过程，单击"Run wizard"按钮。

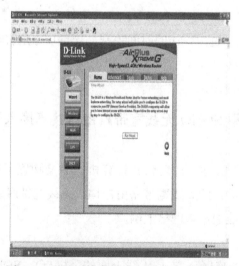

图 3-21 登录无线宽带路由器 Web 管理界面

（2）进入如图3-22所示对话框，该对话框介绍简单安装的5个步骤：设密码、设时区、设置Internet连接、设置无线连接、重启生效，单击"Next"按钮。

（3）进入如图3-23所示对话框，设置登录无线路由器Web管理页面的密码，再单击"Next"按钮。

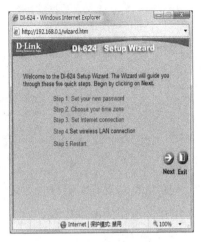

图 3-22 简单安装向导步骤　　　　　　　　　　图 3-23 设置密码

（4）进入如图3-24所示对话框，设置北京时区，再单击"Next"按钮。

（5）系统检测到PPPoE的ADSL连接，进入如图3-25所示对话框，设置ADSL账号和密码，再单击"Next"按钮。

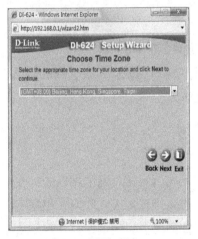

图 3-24 设置时区　　　　　　　图 3-25　设置 ADSL 账号和密码

（6）进入如图3-26所示对话框，设置无线网络的ID号和信道（默认为6），再单击"Next"按钮。

（7）进入如图3-27所示对话框，设置无线网络的安全方式，就是给自己的无线网络加个密码，这里是选择密码的开关或打开后的密码复杂程度。选择WEP安全方式，选64bit指的是要输入10位的密码，128bit要26位，选64bit足够了，再单击"Next"按钮。

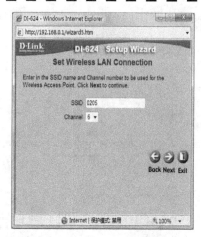
图 3-26 设置 SSID 和信道

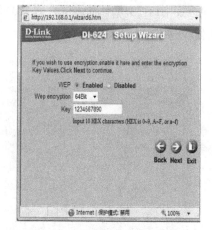
图 3-27 设置无线网络安全方式

（8）进入如图3-28所示对话框，单击"Restart"按钮使配置生效。

图 3-28 重启，配置生效

（9）对SOHO网络中的台式机、笔记本、手机进行测试，检查上网的情况。

（10）登录无线路由器对其进行更详细的配置。

（二）网吧用宽带路由器共享接入互联网

【任务场景】

网吧是宽带路由器共享接入互联网的重要应用场所。随着网吧规格的扩大，视频应用和大型网络游戏的增加，现在的网吧大多采用宽带路由器接入互联网，根据不同的规模采用不同档次的产品。宽带路由器产品很多，以锐捷网络公司为例，其宽带路由器产品线是NBR系列路由器，包括NBR200、NBR300、nhrl000E、nhrl200、NBR2000和NBR2500路由器等。这里介绍其中两款产品。

1. nhrl200

RG-nhrl200是锐捷网络公司针对有多个出口的中型网吧推出的电信级宽带路由器。RG-nhrl200采用RISC架构高性能通信专用网络处理器。固化带有2个百兆以太网WAN口。1个独立的光模块扩展插槽，插上模块就提供了3个WAN口，4个百兆以太网LAN口，一个Console配置口。RG-nhrl200拥有先进的硬件架构，出色的小包转发能力。内置高性能防火墙，具备防病毒、防攻击能力、丰富的内网安全特性和智能的带宽管理功能、人性化的

Web管理和监控界面。在网吧环境下，nhrl200的最大带机数为250台。

2．NBR2000

RG-NBR2000是锐捷网络公司针对大型网吧推出的一款吉比特核心宽带路由器，在网吧环境下，RG-NBR2000的带机数可达1000台。它采用64位高性能专用网络处理器，固化带有1个吉比特和1个百兆以太网WAN口，1个吉比特以太网LAN口，一个Console配置口，最大支持50万条的超大容量NAT并发会话。RG-NBR2000拥有先进的千兆硬件架构，业内最高的小包转发能力，内置高性能防火墙，具备超强防病毒、防攻击能力、丰富的内网安全特性和智能的带宽管理功能、人性化的Web管理和监控界面，以及专利的设备联动管理为大型网吧构建高速、安全、稳定、智能、易管理的吉比特网络提供了最佳的出口解决方案。

【施工拓扑】

网吧用宽带路由器共享接入互联网主要有以下3种网络结构。

1．单出口，如图3-29所示。作为单线路出口的网吧接入路由器，网吧规模可在200台以上；网络核心为3层交换机，内部划分不同网段，降低广播风暴；可防外网百兆线速DDOS攻击。

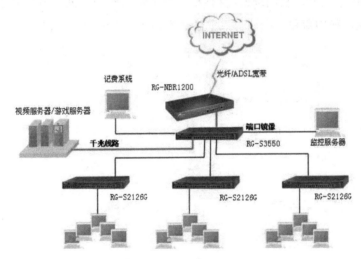

图3-29 网吧单出口宽带路由器接入互联网图

2．双出口，如图3-30所示。随着网吧规模的扩大，同时线路资费的下降，网吧要求稳定快速运行，可租用2条来自相同或者不同的运营商的宽带线路，接入到NBR2000路由器上，利用1000Mbit/s线路下联到内部网，网吧内部划分不同的网段，核心用3层交换机，内部3层转发由3层交换机来完成，出口的双线路的选择和自动备份功能由NBR2000来完成。和单出口相比特点是：多出口，提高线路速度；多出口，自动负载均衡和备份。

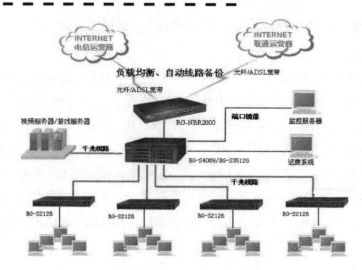

图 3-30 网吧双出口宽带路由器接入互联网

3. 双出口双路由器，如图3-31所示。现在网吧规模呈现出扩大的趋势，不少地方还推出了豪华网吧，这种网吧要求网络可靠稳定、速度高，在这种应用中，可以推双出口双路由结构，实现负载均衡和线路备份的功能。内部用锐捷S6506交换机作为核心，负载均衡由S6506交换机来完成，利用S6506交换机提供的策略路由功能，就是基于VLAN的缺省路由功能来实现负载均衡和备份。与双出口结构相比，上网速率更快，稳定性更高。

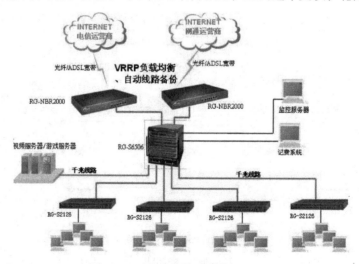

图 3-31 双出口双路由器接入互联网

【操作步骤】

宽带路由器大多是Web管理界面，网络管理人员可以根据安装指南很方便地配置路由器，在此不再一一介绍。

（三）园区网专线接入互联网

【任务场景】

光纤直接接入Internet是近年来园区网为获得较高的接入速度最常用的一种接入方式，

即将园区网通过路由器采用光纤直接接入Internet。王先生所在公司园区网接入Internet示意图如图3-32所示。内部网络有财务部、设计部、销售部三个部门，分别在不同的VLAN。连接到三层核心交换机，核心交换机连接到路由器，公司向电信局申请了一条100Mbit/s的光纤专线，通过在路由器上配置NAT技术接入Internet。为了解决公司网中Web服务器的问题，采用静态NAT技术，为使园区网用户访问Internet，采用动态NAT技术。

【施工拓扑】

如图3-32所示。在实训室完成本任务，用PC10和PC11模拟公司财务部，PC20和PC21模拟设计部，PC30和PC31模拟销售部，分别处于vlan0、VLAN20、VLAN30。假设学校的校园网为Internet。将自己模拟的园区网通过在路由器上配置NAT技术接入校园网。

路由器的地址为218.12.226.1，路由器通过f0/1端口与校园网连接，地址为218.12.226.2；通过f0/2端口与SW0连接，地址为192.168.1.1。核心交换机SW0与路由器的连接端口的地址为192.168.1.2、218.12.226.3和218.12.226.4这两个地址用来进行NAT转换，模拟园区网中三个子网192.168.10.0/24、192.168.20.0/24、192.168.30.0/24的主机都通过这两个地址上网。Web服务器地址为192.168.10.200，218.12.226.5用来一对一映射为Web服务器。

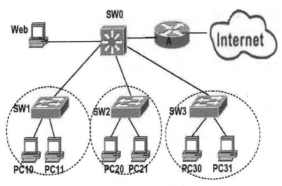

图3-32　网络拓扑图

【施工设备】

Cisco 2811路由器1台，Cisco 3560交换机1台，Cisco 2950交换机3台，计算机6台，双绞线若干根，配置线两根。

【操作步骤】

步骤1：硬件连接

按照图3-32所示连接硬件。

步骤2：组建三层交换园区网内部网络

在三层核心交换机上为财务部、设计部、销售部三个部门创建vlan0、VLAN20、VLAN30三个VLAN。设置各计算机IP地址、子网掩码、网关等信息。方法参见项目二，在这里不再详细介绍。

步骤3：路由器A基本配置

通过超级终端登录到路由器A进行配置与管理。

（1）配置路由器A主机名为routers。

（2）配置路由器A的f0/0地址为192.168.1.1，子网掩码为255.255.255.0。

（3）配置路由器A的口令，包括控制台登录口令、远程访问口令和特权模式口令。

（4）配置路由器A的f0/1地址为218.12.226.2，子网掩码为255.255.255.252。

步骤4：在三层核心交换机上配置静态路由

在三层核心交换机SW0上配置静态路由，实现内网计算机访问外网。

sw0# config t

sw0 (config)# ip route 0.0.0.0 0.0.0.0 192.168.1.1

sw0(config)# exit

sw0# write

sw0# show ip route

步骤5：在路由器A上配置静态路由

routers# config t

routers(config)# ip route 192.168.10.0 255.255.255.0 192.168.1.2

routers(config)# ip route 192.168.20.0 255.255.255.0 192.168.1.2

routers(config)# ip route 192.168.30.0 255.255.255.0 192.168.1.2

routers(config)# ip route 0.0.0.0 0.0.0.0 218.12.226.2

routers (config)# exit

routers # show ip route

步骤6：在路由器A上配置动态NAT实现访问外网

routers # config t

routers(config)# ip nat pool mynatpool 2l8.12.226.3 218.12.226.4 netmask 255.255.255.0

routers (config)# access-list 1 permit 192.168.10.0 0.0.0.255

routers (config)# access-list 1 permit 192.168.20.0 0.0.0.255

routers (config)# access-list 1 permit 192.168.20.0 0.0.0.255

routers (config)# ip nat inside source list 1 pool mynatpool

routers (config)# interface f0/0

routers (config-if)# ip nat inside

routers (config-if)# interface f0/1

routers (config-if)# ip nat outside

routers (config-if)# exit

routers (config)# end

routers# wr

routers# show ip nat translatoin

步骤7：在路由器A上配置静态NAT实现Web服务

routers # config t

routers (config)# ip nat inside source static 192.168.10.200 218.12.22 6.5

routers (config)# interface f0/0

routers (config-if)# ip nat inside

routers (config-if)# interface f0/1

routers (config-if)# ip nat outside

routers (config-if)# exit

routers (config)# end

routers# wr

步骤8：用ping命令进行连通性测试

实训项目

实训项目 1 计算机用 ADSL/Cable Modem 接入互联网

1. 实训目的与要求

学会局域网中用ADSL/Cable Modem接入互联网的方法。

2. 实训设备与材料

计算机1台，电话线路1条，ADSL Modem1台，ADSL账号1个，有线电视线路1条，Cable Modem宽带账号1个，Cable Modem 1台，网线1条。

3. 实训拓扑

如图3-1和图3-12所示。

4. 实训内容

（1）内容1为任务一中的任务实施内容。

（2）内容2为任务二中的任务实施内容。

5. 思考

用ADSL方式接入互联网，为什么需要安装拨号程序？

实训项目 2 局域网用 SOHO 无线宽带路由器共享接入互联网

1. 实训目的与要求

熟悉SOHO无线宽带路由器共享接入互联网的连接方法并掌握宽带路由器设备的配置方法。

2. 实训设备与材料

计算机2台，笔记本电脑1台，支持无线上网的手机1台，SOHO无线宽带路由器1台，直通网线多条。

3. 实训拓扑

实训拓扑如图3-20所示。

4. 实训内容

实训内容为任务五中任务实施（一）的内容。

5. 思考

使用宽带路由器共享接入互联网时，为什么在计算机上不需要安装拨号程序？

实训项目3 园区网专线接入互联网

1. 实训目的与要求

理解并掌握NAT技术的配置方法，进一步熟悉路由器和交换机的基本配置操作。

2. 实训设备与材料

Cisco 2811路由器1台，Cisco 3560交换机1台，Cisco 2950交换机3台，PC 6台，双绞线若干根，配置线两根。

3. 实训拓扑

实训拓扑如图3-32所示

4. 实训内容

实训内容为任务五中任务实施（三）的内容。

5. 思考

NAT和Internet共享有何异同？

习题

一、简答题

1. 试比较ADSL与Cable Modem两种网络接入方式的优缺点。

2. 局域网中共享接入互联网的方式有哪些？

3. 调查学校所在地一个家庭的互联网共享接入方式，列出所用设备，绘制出网络拓扑图。

4. 调查所在学校校园网接入互联网的方式，绘制出网络拓扑图。

5. 先对学校所在地互联网接入市场进行调查，然后写一篇本地互联网接入技术的调查报告。

二、实践题

某公司建设了自己的局域网，随着网络用户的增加网络速度越来越慢，公司领导决定升级单位网络出口，采用专线连入中国网络互联网，给公司分配了八个C类IP地址（218.81.192.0~218.81.199.0），路由器端的IP地址为211.207.236.100/23（ISP的IP地址为211.207.236.99/23)，公司又架设了自己的Web服务器，介绍自己的公司，现在需要实现公司网络采用专线连入Internet，同时Web服务器为公司内外用户提供信息浏览服务。内部网络有技术部、财务部、市场部三个部门，分别在vlan0、VLAN20、VLAN30。服务器群在VLAN50。连接到三层核心交换机，核心交换机连接到路由器。网络拓扑图如图3-33所示。

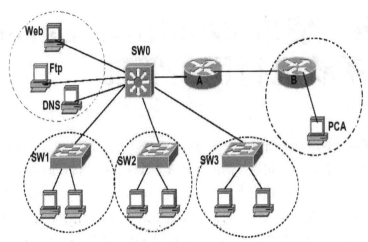

图3-33 网络拓扑图

请设计：

①按照图3-33所示进行硬件连接。

②用路由器B和PCA计算机来模拟Internet。

③在交换机上为财务部、技术部、市场部、服务器划分不同的VLAN。

④配置三层交换机，实现VLAN之间互连以及和出口路由器A的互联。

⑤配置路由器A，完成和三层交换机、路由器B之间的连接。

⑥配置路由器B完成与PCA计算机的连接，以及与路由器A之间的连接。

⑦配置路由，完成网络互联互通。

项目四 使用 Windows Server 2003 系统进行网络管理

　　网络操作系统（Network Operating System，NOS）是使网络上的计算机能方便而有效地共享网络资源、为网络用户提供所需的各种服务软件和相关协议的集合。网络操作系统运行在网络服务器上，在整个网络中占主导地位，指挥和监控整个网络的运转。如果说网络设备是构成网络的骨架，那么网络操作系统和相关的协议就是网络的灵魂。任何一个希望掌握网络技术的人，都应较好地掌握一到两种网络操作系统管理和使用，只有这样才能真正了解网络的含义，并享受到网络带来的方便、快捷和高效。

　　本项目以windows Server 2003为例，学习windows网络操作系统系统的安装、用户管理、文件系统管理等基本系统操作技能。

任务一　安装Windows Server 2003

一、任务分析

　　随着网络应用的日益广泛，各公司需要架设单位服务器，提供网络管理和服务的功能。本任务主要学习网络操作系统的基础知识和Windows Server 2003的安装方法。

二、相关知识

（一）网络操作系统的分类

网络操作系统可以按照适用范围或工作模式分类。

1. 按照适用范围分类

　　网络操作系统按照适用范围可以分为面向任务型与通用型两类。面向任务型网络操作系统是为某一种特殊网络应用要求而设计的；通用型网络操作系统能提供基本的网络服务功能，支持用户在各个领域应用的需求。

　　通用型网络操作系统又可以分为变形系统与基础系统两类。变形系统是在原有的单机操作系统基础上通过增加网络服务功能构成的；基础系统则是以计算机硬件为基础，根据网络服务的特殊要求，直接利用计算机硬件与少量软件资源专门设计的网络操作系统。

2. 按照工作模式分类

按照工作模式，网络操作系统可分为对等结构和非对等结构两类。

（1）对等结构网络操作系统

在对等结构网络操作系统中，所有的联网节点地位平等，联网计算机的资源在原则上都是可以相互共享的。每台联网计算机都是前后台式工作，前台为本地用户提供服务，后台为其他节点的网络用户提供服务。对等结构网络操作系统可以提供共享硬盘、共享打印机、电子邮件、共享屏幕与共享CPU服务。

对等结构网络操作系统的优点是：结构相对简单，网中任何节点间均能直接通信。对等结构网络操作系统的缺点是：每台联网节点既要完成工作站的功能，又要完成服务器的功能，除了要完成本地用户的信息处理任务，还要承担较重的网络通信管理与资源共享任务，这将加重联网计算机的负荷。对于联网计算机来说，由于同时要承担繁重的网络服务与管理任务，因而信息处理能力明显降低。因此。对等结构网络操作系统支持的网络系统一般规模比较小，例如由Windows XP所组成的小型网络，它们可以完成文件传输，资源共享等简单的网络功能，但如果计算机数目增多则网络性能将十分的不稳定。

（2）非对等结构网络操作系统

非对等结构网络操作系统将联网节点分为网络服务器（Server）和网络工作站（Workstation）两类。

在非对等结构的局域网中，联网计算机都有明确的分工。网络服务器采用高配置与高性能的计算机，以集中方式管理局域网的共享资源，并为网络工作站提供各类服务。网络工作站一般是配置比较低的微型机系统，主要为本地用户访问本地资源与网络资源提供服务。

非对等结构网络操作系统软件分为协同工作的两部分，一部分运行在服务器上，另一部分运行在工作站上。因为网络服务器集中管理网络资源与服务，所以它是局域网的逻辑中心。网络服务器上运行的网络操作系统的功能与性能，直接决定着网络服务功能的强弱以及系统性能与安全，是网络操作系统的核心部分。

（二）主要的网络操作系统

目前，主流的网络操作系统有Windows、NetWare、UNIX、Linux等几种。

1. Windows Server 2003

Microsoft公司的Windows系统不仅在个人操作系统中占有绝对优势，在网络操作系统中也具有非常强劲的力量。Windows系列网络操作系统主要有：Windows NT4.0 Serve、Windows 2000 Server/Advance Server、Windows Server 2003以及Windows Server 2008等。

2. NetWare

NetWare操作系统以对网络硬件的要求较低（工作站只要是286机就可以了）而受到一些设备比较落后的中小型企业、特别是学校的青睐。因为它兼容DOS命令，其应用环境与

DOS相似，经过长时间的发展，具有相当丰富的应用软件支持，技术完善、可靠。目前常用的版本有3.11、3.12和4.10、V4.11，V5.0等中英文版本，NetWare服务器对无盘站和游戏的支持较好，常用于教学网和游戏厅。目前这种操作系统有市场占有率呈下降趋势，这部分的市场主要被Windows网络操作系统系列和Linux系统瓜分了。

3. UNIX

UNIX操作系统支持网络文件系统服务，提供数据等应用，功能强大，由AT&T和SCO公司推出。这种网络操作系统稳定和安全性能非常好，但由于它多数是以命令方式来进行操作的，不容易掌握，特别对于初级用户更是如此，所以小型局域网基本不使用UNIX作为网络操作系统，UNIX一般用于大型的网站或大型的企、事业单位局域网中。UNIX网络操作系统历史悠久，其良好的网络管理功能已为广大网络用户所接受，拥有丰富的应用软件的支持。UNIX本是针对小型机环境开发的操作系统，是一种集中式分时多用户体系结构。因其体系结构不够合理，UNIX的市场占有率呈下降趋势。目前常用的UNIX系统版本主要有SUR4.0、HP-UX 11.0及SUN的Solaris8.0等。

4. Linux

这是一种新型的网络操作系统，它的最大的特点就是源代码开放，可以免费得到许多应用程序。目前也有中文版本的Linux，如REDHAT（红帽子），红旗Linux等。在国内得到了用户充分的肯定，主要体现在它的安全性和稳定性方面，它与UNIX有许多类似之处。但目前这类操作系统仍主要应用于中、高档服务器中。

总的来说，对特定计算环境的支持使得每一种操作系统都有适合于自己的工作场合。例如，Windows XP适用于桌面计算机，Linux目前主要适用于小型网络，而Windows网络操作系统和UNIX则适用于大型服务器。因此，对于不同的网络应用，需要选择合适的网络操作系统。

（三）准备安装 Windows Server 2003

1. Windows Server 2003 安装需求

为了避免安装时发生问题，安装前最好确定计算机的硬件配置是否符合要求，表4-1列出了安装Windows server 2003的系统需求，建议在安装时的硬件配置应高于此配置。

表4-1 Windows server 2003 对硬件环境的需求

硬件项目	Web 版	标准版	企业版	Datacenter 版
最低 CPU 要求	133MHz	133MHZ	133MHz（IA64 为 733MHz）	400MHz（IA64 为 733MHz）
推荐的 CPU	550MHZ	550MHz	733MHZ	733MHz
最小内存	128MB	128 MB	128MB	512MB
推荐的最低内存	256mib	256MB	256MB	1GB
最高内存支持	2GB	4GB	32GB（IA64 为 64GB）	64GB（IA64 为 512GB）
多处理器支持	1 或 2 个	1 或 2 个	最多 8 个	8~32 个，IA64 最多 64 个
所需的磁盘空间	1.5GB	1.5GB	1.5GB（IA64 为 2.0GB）	1.5GB（IA64 为 2.0GB）

2. 全新安装和升级安装

安装Windows Server 2003之前，必须确定计算机的状态。对于没有操作系统或要放弃原来的操作系统的计算机，执行全新安装。如果计算机上已经有某种Windows版本（如Windows NT或Windows 2000）可以执行升级安装或者全新安装。

（1）升级安装

执行升级安装时，在操作系统分区上，至少应该有1GB的剩余空间，如要计划通过网络升级，那么还需要增加400MB的空间来存储临时文件。当前系统分区无论是NTFS还是FAT，最好在升级之前进行一次彻底的磁盘碎片整理。如果系统分区当前采用的是FAT格式，应转换成NTFS格式（可以在升级之后再进行转换）。必须在服务器上具有管理员权限，才能执行升级操作。如果服务器是一个域的成员，则必须登录到该域再进行升级。

（2）全新安装

全新安装是在新的目录或新的分区上所进行的完全崭新的安装，主要应用于裸机、不能升级的系统和需要重新安装的系统。在进行全新安装时，用户可以创建新的分区，并在新的分区上安装Windows Server 2003；也可以在以前创建的分区上进行交装。后一种情况会覆盖所有的操作系统文件，并删除My Documents文件夹中的内容。两种情况中，所有的设置和安全性都将丢失，用户将用全新的Windows Server 2003启动。

三、任务实施

安装Windows Server 2003

【任务目标】

通过本任务实施，掌握全新安装Windows Server 2003。

【施工设备】

PC机1台，Windows Server 2003 Standard Edition简体中文标准版安装光盘。

【操作步骤】

步骤1：用光盘启动系统。启动计算机，设置计算机的BIOS，把光驱设置第一启动盘，保存设置并重启。将系统光盘放入光驱，从光盘引导系统。引导程序会自动载人相关程序，然后停在安装程序欢迎界面。按"Enter"键开始安装系统。接下来安装程序会询问用户是否接受授权协议。用户只能按"F8"键接受，否则将退出安装。

步骤2：创建或选择分区。在如图4-1所示的界面中用户要为磁盘进行分区，这是很重要的一步。按字符"C"键，并输入分区的大小创建分区。

为系统选择所在分区，按"Enter"键后会弹出如图4-2所示界面，完成磁盘格式化。

图 4-1 为磁盘分区

图 4-2 选择格式化分区方式

步骤3：复制文件。安装程序复制文件到磁盘上，如图4-3所示，系统自动将Windows Server 2003核心文件以及安装时所的其他件加载到内存或写入到硬盘。文件复制结束后，计算机会重新启动。蓝屏方式下安装结束，进入到图形界面下继续安装。如图4-4所示。

图 4-3 复制文件

图 4-4 开始图形界面下的安装

步骤4：安装程序要求选择地区和语言，这一步保持默认即可，单击"下一步"按钮。在要求提供个人信息的对话框中输入姓名和单位名称，单击"下一步"按钮。在要求提供产品密钥的对话框中输入产品密钥，单击"下一步"按钮。

步骤5：在选择"授权模式"的对话框中选择"每服务器"单选按钮，是指将访问许可证分配给当前的服务器，超过授权数量的连接将被拒绝；选择"每设备或每用户"单选按钮，访问许可证放在客户端。如果不知道该选哪项就选择前者，因为当系统安装完毕后有一次从"每服务器"到"每设备或每用户"的转换机会，并且这种转换不可逆。这里我们选择"每服务器"模式。单击"下一步"按钮。

步骤6：在图4-5所示的界面中输入计算机名称和管理员密码。然后，单击"下一步"按钮，管理员（Administrator）是系统在安装过程中自动建立的，具有管理本机的最高权限。此账户也是首次登录系统时可以使用的唯一账户。该账户的重要性决定了密码的安全性的要求，实际工作中应为Administrator账户设置一个较为复杂的密码。

图4-5 设置计算机名称和管理员密码　　　　图4-6 配置网络设置

步骤7：在如图4-6所示的界面中配置网络设置。在不清楚网络具体要求和参数时可以选择"典型设置"单选按钮，待系统安装完成后再做具体配置。单击"下一步"按钮。

当系统重新启动后，首先出现"欢迎使用Windows"的窗口，按Ctrl+Alt+Delete组合键将会出现如图4-7所示的系统登录界面。输入系统管理员的用户名和密码，单击"确定"按钮登录系统。系统的安装过程到此完成。

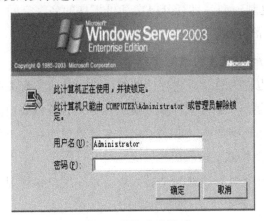

图4-7 系统登录界面

任务二　域控制器的安装

一、任务分析

公司网络中心机房4台服务器全部安装Windows Server 2003，其中1台（主机名为sxzy11）用于AD主域控制器，还有1台（主机名为sxzy12）用于备份域控制器。域控制器的安装、配置与管理是企业网络管理的核心工作。

本任务主要学习域控制器的安装方法。

二、相关知识

（一）Windows Server 2003 服务器角色

服务器在客户/服务器网络环境下承担着多种角色。有些服务器配置用来提供认证，有些用来运行应用程序，有些用来提供网络服务，从而使用户可以和网络中的其他服务器资源通信。

Windows Server 2003家族产品提供的服务器角色有文件服务器、打印服务器、应用程序服务器、邮件服务器、终端服务器、远程访问/VPN服务器、域控制器（Active Directory）、DNS服务器、WINS服务器、DHCP服务器、流媒体服务器。

（二）活动目录

活动目录（Active Directory）是Windows Server 2003使用的目录服务。活动目录存储着有关网络对象的信息，其中包括域节点、计算机账户、用户账户的信息（如名称、密码、电话号码等）、组、组织单位和共享的网络资源（如文件夹和打印机等）。Windows Server 2003使用多主复制模型，具有分层次和可扩展的名字空间、可调整性、与DNS集成、灵活的查询、在线备份和恢复、信息安全性等特征。

1. Windows Server 2003 目录服务功能

（1）数据存储，也称为目录，它存储着与活动目录对象有关的信息。这些对象通常包括共享资源，如服务器、文件、打印机、网络用户和计算机账户。

（2）制定一套规则，即架构，定义了包含在目录中的对象类和属性、这些对象实例的约束和限制及其名称的格式。

（3）包含目录中每个对象信息的全局编录。允许用户和管理员查找目录信息，而与目录中实际包含数据的域无关。

（4）建立查询和索引机制，可以使网络用户或应用程序发布并查找这些对象及其属性。

（5）通过网络分发目录数据的复制服务。域中的所有域控制器参与复制并包含它们所控制的域的所有目录信息的完整副本。对目录数据所做的任何更改都被复制到域中的所有域控制器。

（6）与网络安全登录过程的安全子系统的集成，以及对目录数据查询和数据修改的访问控制。

（7）为获得活动目录的所有功能，通过网络访问活动目录的计算机必须运行正确的客户软件。

2. 活动目录逻辑结构

在活动目录中，以逻辑结构组织资源，对逻辑资源的分组使用户能够通过名字而不是物理位置找到资源。活动目录的逻辑结构由森林、树、域组织单元和对象几个层次组成。

3. 域间信任关系

在域树中创建域时，相邻域（父域和子域）之间自动建立信任关系。如tgc.edu.cn是edu.cn的子域，它们之间自动建立信任关系。在域林中，在树林根域和添加到树林的每个域树的根域之间自动建立信任关系。因为这些信任关系是可传递的，所以可以在域树或域林中的任何域之间进行用户和计算机的身份验证。

所有域信任关系都只能有两个域：信任域和受信任域。域信任具有多种关系属性：单向、双向、可传递、不可传递、外部信任、快捷信任等。

4. 活动目录的物理结构

活动目录的物理结构依赖于域控制器和站点，站点是一个在物理位置上有密切关系的计算机的集合，具有快速、便宜和可靠的网络线路的子网必须组合到一个站点中。同一个域中所有的域控制器都包含了域的整个目录，它们的数据库是相同的。

三、任务实施

安装域控制器

【任务场景】

该公司用一个单域管理企业网络中的计算机用户，为安全起见需2台域控制器，一台主域控制器，一台备份域控制器，本任务实施示例安装主域控制器。

【施工设备】

安装Windows Server 2003操作系统的服务器1台以上，安装Windows XP的计算机若干台，交换机至少1台，网线若干条，由这些设备构成小型办公网环境。

【操作步骤】

在安装完Windows Server 2003并重新启动计算机后，系统会自动打开"管理您的服务器"，对话框。也可以执行"开始"→"控制面板"（或者："所有程序"）→"管理工具"→"管理您的服务器"命令打开"管理您的服务器"对话框，如图4-8所示。选择"添加或删除角色"，进入"配置您的服务器向导"窗口。

图 4-8　管理您的服务器窗口

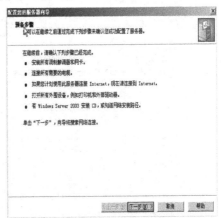

图 4-9　配置您的服务器向导第一步

另外，还可以通过"开始"→"控制面板"(或者："所有程序")→"管理工具"→"配置您的服务器向导"直接进入"配置您的服务器向导"窗口。

步骤1：进入"配置您的服务器向导"窗口，确认网络连接正常后，单击"下一步"按钮，进入如图4-9所示对话框。

步骤2：进行"服务器角色"选择，在这里单击"域控制器（Active Directory）"，如图4-10所示，然后单击"下一步"按钮，进入对服务器角色选择的确认窗口，进入有关操作系统兼容性对话框，再单击"下一步"按钮。

步骤3：进入图4-11所示窗口，选择域控制器类型，需要根据本服务器在网络中是新域的域控制器还是现有域的额外域控制器做出不同的选择。本任务实施中，由于是域中第1个域控制器，只能选择"新域的域控制器"项，单击"下一步"按钮。

图 4-10 选择服务器角色

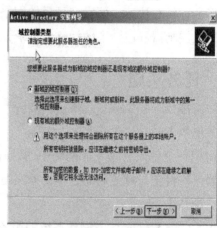
图 4-11 域控制器类型选择窗口

步骤4：进入图4-12所示对话框，为域控制器选择"在新林中的域"、"在现有域树中的子域"、"在现有的林中的域树"等3种域类型之一。由于我们现在安装的是第1个域，所以选择第一项"在新林中的域"。单击"下一步"按钮。

步骤5：在图4-13所示的"新域的DNS全名"对话框中输入本例的域名：tgc.edu.cn，单击"下一步"按钮。

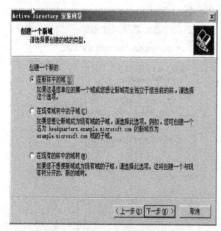
图 4-12 域类型选择窗口

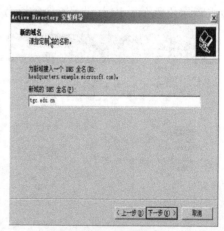
图 4-13 输入域名窗口

步骤6：进入图4-14所示的"NetBIOS域名"对话框，输入NetBIOS名。安装向导会自动将"TGC"作为域的NetBIOS名，也可以修改为其他名。单击"下一步"按钮。

步骤7：进入图4-15对话框，设置保存Active Directory数据库位置，本例取缺省值。单击"下一步"按钮。

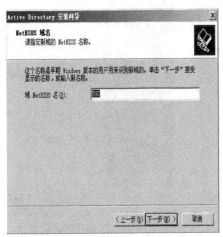

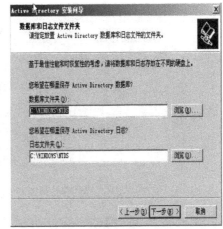

图4-14 输入 NetBIOS 域名窗口　　　　　图4-15 AD 数据库位置窗口

步骤8：进入图4-16对话框，输入SYSVOL文件夹的位置。本例取默认值。注意：SYSVOL文件夹必须放在NTFS卷上。单击"下一步"按钮。

步骤9：如果向导无法同DNS服务器取得联系，或者在网络中还没有安装配置DNS服务器，系统会弹出如图4-17所示窗口。本例中，选择以后通过手动配置DNS来更正这个问题。单击"下一步"按钮，为用户和组对象选择默认权限，本例选择第2项："只与Windows 2000或Windows Server 2003操作系统兼容的权限"。单击"下一步"按钮。

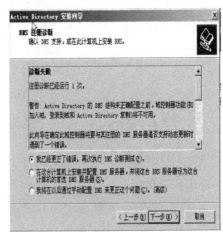

图4-16 输入 SYSVOL 文件夹位置窗口　　　图4-17 DNS 注册诊断窗口

步骤10：进入图4-18所示对话框，输入目录服务恢复模式的管理员密码。单击"下一步"按钮，在摘要窗口中，列出前面步骤中选定的选项，如果需要更改，可单击"上一步"按钮，到相应对话框进行更改。如果不需要更改，单击"下一步"按钮。

步骤11：进入"正在配置Active Directory"提示窗口，系统将根据选项自动安装和配置，这里需要几分钟配置时间。配置结束后，系统自动进入图4-19所示的完成窗口，单击"完成"按钮。重新启动计算机，整个安装和配置结束。

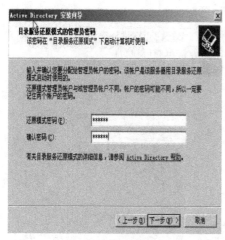

图 4-18 还原模式的管理员密码确认窗口

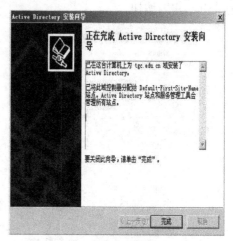

图 4-19 完成窗口

任务三 创建DHCP服务器动态管理IP地址

一、任务分析

网络管理时为每一台计算机分配静态的IP地址，尽管管理比较严格，但存在设置麻烦、容易引起IP冲突、容易遭受病毒袭击等缺点。使用DHCP服务可以自动为每台登录的计算机自动分配IP地址，用户不需要任何设置。

本任务主要学习动态主机分配协议（DHCP）的工作原理及DHCP服务器的安装方法。

二、相关知识

（一）DHCP 简介

动态主机分配协议（DHCP）是一个简化主机IP地址分配管理的TCP/IP标准协议。用户可以利用DHCP服务器管理动态的IP地址分配与其他相关的环境配置信息。DHCP提供自动指定IP地址给使用DHCP用户端的计算机，让管理人员能够集中管理IP地址的发放。手动设定IP地址可能遇到许多困难，另外，对一个普通计算机用户来说，配置TCP/IP也是一件比较复杂的事情，采用动态主机分配协议时，若一个用户的计算机要求一个IP地址，如果还有IP地址没有使用，则在数据库登记该地址已被该用户所使用，然后回应这个IP地址以及相关选项给这个用户。

在使用TCP/IP的网络中，每一台计算机都拥有唯一的计算机名和IP地址。IP地址及其子网掩码标识计算机及其连接的子网，将计算机从一个子网移到另一个子网时，必须改变该计算机的IP地址，如果采用静态IP地址，则无疑增加了网络管理员的工作负担。

从上面可以看出，采用DHCP后，无论对于网络管理员还是用户均非常方便，也不会像采用静态分配IP地址一样，经常由于不同用户使用同一个IP地址而发生地址冲突，避免了由于IP地址冲突造成的无法使用网络资源的情况。

正常情况下，DHCP服务器自动给客户端配置IP地址。但客户端跟DHCP服务器要求IP地址失败时，客户端可以从保留虚拟IP（169.254.0.0）当中取得并设定IP地址，作为临时地址使用，客户端定时尝试与服务器通信，如果可以从DHCP服务器再度取得IP地址，就会更新所取得的IP地址。

（二）DHCP 的工作过程

1. DHCP 客户首次获得 IP 租约

DHCP客户首次获得IP租约，需要经过4个阶段与DHCP服务器建立联系，如图4-20所示。

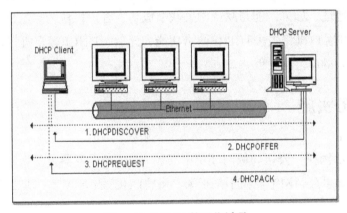

图 4-20 DHCP 的工作过程

（1）IP租用请求。DHCP客户机启动后，通过UDP的67号端口广播一个DHCPDISCOVER信息包，向网络上任意一个DHCP服务器请求提供IP地址的租约。

（2）IP租用提供。网络上所有的DHCP服务器均会收到此信息包，每台DHCP服务器通过UDP的68号端口给DHCP客户机回应一个DHCPOFFER广播包，提供一个IP地址。

（3）IP租用选择。客户机从不止一台DHCP服务器收到提供的IP租用之后，会选择第1个收到的DHCPOFFER包，并向网络中广播一个DHCPREQUEST消息包，表明自己已经接收了1个DHCP服务器提供的IP地址，该广播包中包含所接收的IP地址和服务器的IP地址。

（4）IP租约确认。被客户机选择的DHCP服务器在收到DHCPREQUEST广播后，会广播返回给客户机一个DHCPACK消息包，表明已经接受客户机的选择，并将这一IP地址的合法租用以及其他的配置信息都放入该广播包发给客户机。客户机在收到DHCPACK包后，会使用该广播包中的信息来配置自己的TCP/IP，租用过程完成。

2. DHCP 客户进行 IP 租约更新

取得IP租约后，DHCP客户机必须定期更新租约，否则当租约到期，就不能再使用此IP地址。每当租用时间到达租约的50%和87.5%时，客户机就必须发出DHCPREQUEST信息包，向DHCP服务器请求更新租约。在租约更新时，DHCP客户机是以单点传送方式发出DHCPREQUEST信息包，不再进行广播。

（1）在当前租约期已过去50%时，DHCF客户机直接向为其提供IP地址的DHCP服务器发送DHCPREQUEST消息包。如果客户机收到该服务器回应的DHCPACK消息包，客户机就根据包中所提供的新的租期以及其他已经更新的TCP/IP参数，更新自己的配置，完成IP租用更新；如果没有收到该服务器的回复，则客户机继续使用现有的IP地址。

（2）如果在租约期过去50%时未能成功更新，则客户机将在当前租期过去87.5%时再次向为其提供IP地址的DHCP服务器联系。如果联系不成功，则重新开始IP租用过程。

（3）DHCP客户机重新启动时，它将尝试更新上次关机时拥有的IP租用。如果更新未能成功，客户机将尝试联系现有IP租用中的默认网关。如果联系成功且租用尚未到期，客户机认为自己仍然位于与它获得现有IP租约时相同的子网上，即它认为自己没有被移走，继续使用现有IP地址；如果未能与默认网关联系成功，客户机认为自己已经被移到不同的子网上，则DHCP客户机将失去TCP/IP网络功能，此后，DHCP客户机将每隔5min尝试一次重新开始新一轮的IP租用过程。

三、任务实施

【任务场景】

本任务实施示例在一公司局域网环境中安装一DHCP服务器，实现对全网计算机IP地址的动态分配。如果公司网络规模不是很大，可将DHCP服务器与AD域控制器架设在同一台服务器上。

【施工设备】

安装Windows Server 2003操作系统的服务器1台以上，安装Windows XP的计算机若干台，交换机至少1台，网线若干条，由这些设备构成小型办公网环境。

【操作步骤】

步骤1：启动"配置您的服务器向导"，如图4-21所示，选择DHCP服务器，单击"下一步"按钮，进入DHCP新建作用域向导，再单击"下一步"按钮。

步骤2：进入图4-22所示对话框，输入DHCP作用域名称和描述，其中描述为可选项，单击"下一步"按钮。

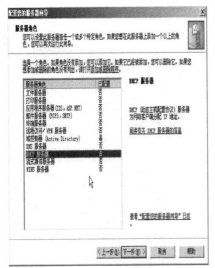

图4-21 服务器角色选择窗口

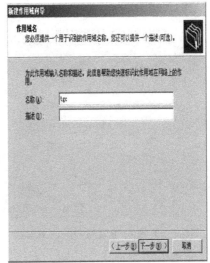

图4-22 输入作用域名窗口

步骤3：进入图4-23所示对话框，输入IP地址范围、子网掩码。根据网络实际情况确定IP地址范围和子网掩码。本例中IP地址设为192.168.1.10~192.168.1.254，单击"下一步"按钮。

步骤4：进入图4-24所示对话框，输入排除的IP地址（即DHCP不分配的IP地址），这里可以输入单个IP地址，也可以输入连续的地址段。本例没有排除的IP地址，单击"下一步"按钮。

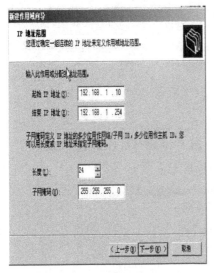

图4-23 输入IP地址范围窗口

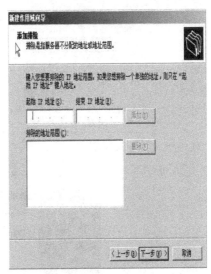

图4-24 输入排除的IP地址窗口

步骤5：进入图4-25所示对话框，输入IP地址租约期限，本地选择默认值（8天时间）。单击"下一步"按钮。

步骤6：进入图4-26所示配置DHCP选项选择窗口，本例选择第1项，配置DHCP选项。

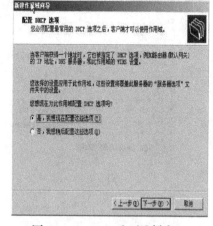

图 4-25 输入 IP 地址租约期限窗口　　　　图 4-26 DHCP 选项选择窗口

步骤7：单击"下一步"按钮，输入默认网关IP地址，如图4-27所示，单击"下一步"按钮。

步骤8：输入域名和DNS服务器名和IP地址。如图4-28所示，单击"下一步"按钮，添加WINS服务器地址（一般不用添加），单击"下一步"按钮。

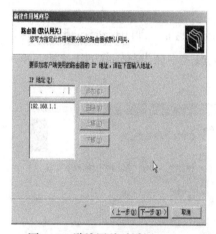

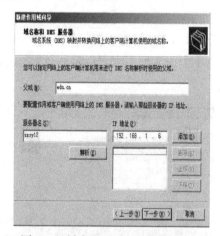

图 4-27 默认网关对话框　　　　图 4-28 域名和 DNS 服务器对话框

步骤9：进入如图4-29所示对话框，完成DHCP安装。

图 4-29 完成提示窗口

步骤10：测试DHCP服务器。首先配置客户机的TCP/IP协议为自动获得IP地址，然后在这台客户机上使用ipconfig/all命令查看是否使用了DHCP服务器所分配的IP地址。

任务四 账号和组的管理

一、任务分析

有一个小型公司，组建了单位的局域网，采用了Windows Server 2003操作系统，现需要根据公司人员身份的不同创建不同的用户账户，这些账户根据身份不同可使用的计算机不同，可访问的文件及文件夹的权限不同。

在一个网络中，用户和计算机都是网络的主体，两者缺一不可。拥有计算机账号是计算机接入Windows Server 2003网络的基础，拥有用户账号是用户登录到网络并使用网络资源的基础，而用户权利和权限的分配又依赖于组，因此用户和计算机账号的管理和组的管理是Windows Server 2003网络管理中最必要且最经常的工作。

本任务主要学习账号和组的管理方法。

二、相关知识

（一）用户账号

用户账号提供了个人用来登录本地计算机或者域所使用的用户名和密码。另外，在Active Directory中的用户账号还可以将用户和数据等联系在一起。同时，用户账号还是为用户授权、应用登录、分配配置文件和主目录以及为用户配置其他工作环境属性的一种方式。

用户账号可以分为本地用户账号和域用户账号两类，二者的区别如表4-2所示。

表4-2 本地用户账号和域用户账号的区别

账号类型	有效范围	创建位置	存储位置
本地用户账号	创建的计算机	计算机管理器	本地计算机
域用户账号	域模式	AD 的用户和计算机	活动目录

本地用户账号只允许用户登录到创建本地用户账号的计算机上，并只能访问该计算机资源。而域用户账号则允许用户登录并访问网络任意位置上的资源。

用户账号由一个"用户名"和一个"口令"来标识，需要用户在登录时输入。Windows Server 2003的域用户账号又可分为内置账号和自定义账号。内置账号包括管理员账号（administrator）和客户账号（guest）。内置账号是默认的用户账号，它用于使用户登录到本地计算机和访问其上的资源。这些主要是为初始登录和本地计算机配置而设计的。每个内置账号都有不同的权利和权限组合。管理员账号具有最广泛的权利和权限，而客户账号则只有有限的权利和权限，但通常出于安全考虑，客户账号是被禁用的。自定义账号可以根据用户的需要自行创建。

（二）计算机账号

每个加入域的Windows Server 2003计算机都具有计算机账号，否则无法进行域连接，实现域资源的访问。与用户账号类似，计算机账号也提供验证和审核计算机登录到网络以及访问域资源的方法。一台计算机要加入到域中，只能使用一个计算机账号，而一个用户可拥有多个用户账号，且可在不同的计算机上使用自己的用户账号进行网络登录。

（三）组

组是网络中对象的逻辑组织。通过将账号加入组，就可以对用户账号、计算机账号进行组织，以及对用户权利、权限进行分配。

三、任务实施

账号和组的管理

【任务场景】

使用"Active Directory用户和计算机"窗口来管理域用户、域计算机和域组，包括域用户的创建、删除和属性的修改，域组的创建、删除和向域组添加域用户，域计算机的创建、删除等操作。当创建一个域用户账号时，该账号会被建立在MMC控制台所找到的第一台域控制器内，然后该账号会被自动复制到其域内的其他域控制器内。

【施工设备】

安装Windows Server 2003操作系统的服务器1台以上，安装Windows XP的计算机若干台，交换机至少1台，网线若干条，由这些设备构成小型办公网环境。

1. 建立域用户账号

【操作步骤】

（1）在"开始"菜单中选择"管理工具"中的"Active Directory用户和计算机"。

（2）在"Active Directory用户和计算机"窗口的控制台目录树中，单击之后再双击域节点，展开该节点。

（3）如果要创建用户账号，在要添加用户的组织单元或容器上单击鼠标右键，从弹出的快捷菜单中选择"新建"→"用户"命令，打开"Active Directory用户和计算机"对话框，如图4-30所示。

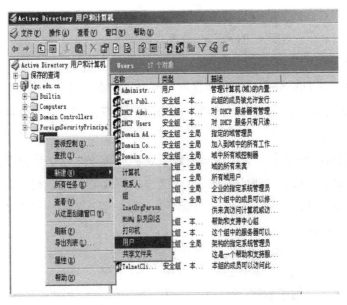

图4-30　新建用户

（4）在"姓"和"名"文本框中分别输入姓和名，并在"用户登录名"文本框中输入用户登录时使用的名字，如图4-31所示。

（5）单击"下一步"按钮，打开"新建对象"→"用户"对话框，在"密码"和"确认密码"文本框中输入要为用户设置的密码，如图4-32所示。如果希望用户下次登录时更改密码，可启用"用户下次登录时须更改密码"复选框，否则选择"用户不能更改密码"复选框。如果希望密码永远不过期，可选择"密码永不过期"复选框。如果暂不启用该用户账号，可选择"账号已停用"复选框。

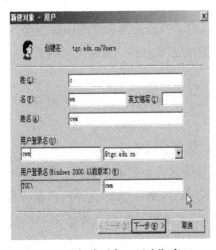
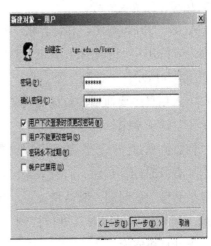

图4-31　"新建对象—用户"窗口　　　　图4-32　设置新用户密码

（6）单击"下一步"按钮，出现新建的用户信息，单击"完成"按钮即可完成创建。

2. 重设用户密码

用户密码是用户在进行网络登录时所采用的最重要的安全措施，所以当用户密码被别人盗用或者用户感到有必要修改自己的密码时，管理员可以通过Windows Server 2003提供的修改密码工具，对用户使用的旧密码进行重新设置。

【操作步骤】

（1）在"Active Directory用户和计算机"窗口的控制台目录树展开域节点。

（2）单击包含要重新设置密码的用户的组织单元或容器，使详细资料窗格中列出相应的内容。

（3）在详细资料窗格中，右击要重新设置密码的用户账号，从弹出的快捷菜单中选择"重设密码"命令，打开"重设密码"对话框，如图4-33所示，在"新密码"和"确认密码"文本框中输入要设置的新密码。如果不允许用户更改密码，可取消"用户下次登录时须更改密码"复选框。

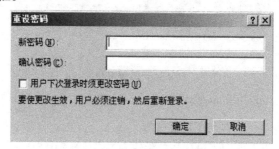

图4-33 "重设密码"对话框

（4）单击"确定"按钮保存设置。

3. 设置用户属性

在Windows Server 2003中，每个用户账号都有自己的属性，包括用户名、地址、单位、联系方式、登录设置等。

在"Active Directory用户和计算机"窗口中，打开控制台中的Users文件夹，然后在要进行属性设置的用户上单击鼠标右键，选择快捷菜单中的"属性"，打开"用户属性"对话框，如图4-34所示。

用户个人信息主要通过该对话框的"常规"选项卡、"地址"选项卡、"电话"选项卡和"单位"选项卡来设置。

账号信息则通过"账户"选项卡来设置，如图4-35所示。

单击"登录时间"按钮，打开登录时间对话框，如图4-36所示。使用该对话框可以控制用户登录到域上的时间。默认情况下，Windows Server 2003允许用户在任何时间都可以登录到域。但管理员可以对其进行控制，这样就减少了账号暴露给未经授权的访问的时间，有助于计算机安全。

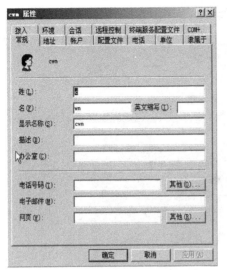

图4-34 "用户属性"对话框   图4-35 "账户"选项卡

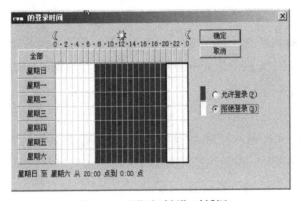

图4-36 "登录时间"对话框

在图4-36所示的对话框中，可用鼠标单击开始时间，拖动鼠标指针到结束时，然后选择右侧的"允许登录"或"拒绝登录"单选钮，即可设置允许登录或拒绝登录的时间。在对话框的时间表中，蓝色表示允许登录，白色表示拒绝登录。设置完后，单击"确定"按钮使设置生效。

单击"登录到"按钮，可以打开"登录工作站"对话框。在此对话框中可设置用户可以登录到哪些工作站。

4. 创建计算机账号

【操作步骤】

（1）在"Active Directory用户和计算机"窗口的控制台目录树中，展开该域节点。

（2）在添加用户的组织单元或容器上单击鼠标右键，从弹出的快捷菜单中选择"新建"→"计算机"。

（3）在"新建对象—计算机"对话框中输入计算机名，如图4-37所示。单击"下一步"按钮，再单击"完成"即可。

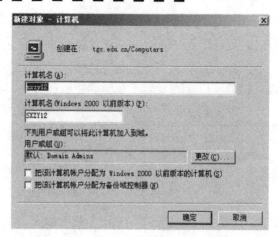

图 4-37　"新建对象—计算机"对话框

5. 删除用户和计算机账号

当系统中的某一个用户账号不再被使用或者作为管理员的用户不再希望某个用户账号存在于安全域中，可将该用户账号删除以便更新系统的用户信息。另外，在网络的使用中，当域中的某个计算机断开了与网络的连接，或者管理员不再希望某个计算机存在于自己的安全域中，可将该计算机的计算机账号从域控制器中删除，以防有其他计算机假借原来的计算机使用域中的网络资源。

【操作步骤】

（1）在"Active Directory用户和计算机"窗口的控制台目录树中，展开域节点。

（2）单击要删除的用户或者计算机所在的组织单元或容器，例如Users，使详细资料窗格中列出组织单元或容器的内容。

（3）在详细资料窗格中右击要删除的用户或者计算机，从弹出的快捷菜单中选择"删除"命令。

（4）出现信息确认框后，单击"是"按钮即可删除该用户或者计算机。

6. 禁用用户和计算机账户

如果某个用户的账户暂时不使用，可将其禁用，防止其他用户或者计算机使用其账号进行域登录。当用户或者计算机需要重新使用已被禁用的账号时，管理员可重新启用该账号以便用户或计算机使用。

【操作步骤】

（1）在"Active Directory用户和计算机"窗口的控制台目录树中，展开域节点。

（2）单击要停用的用户账号或者计算机所在的组织单元或容器，使详细资料窗格中列出该组织单元或容器的内容。

（3）然后在详细资料窗格中，右单击要停用的用户或者计算机账号，从弹出的快捷菜单中选择"禁用账户"命令，如图4-38所示。

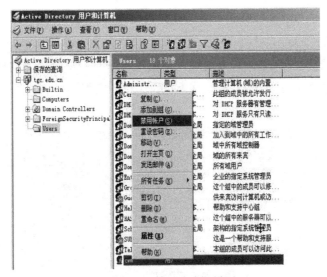

图 4-38　"禁用账户"设置

（4）出现信息确认框后，单击"是"按钮即可禁用被选用户或者计算机账号。要启用用户账号，只需在"Active Directory 用户和计算机"选中该账号，选择"启用账号"即可。

7.　移动用户和计算机账号

在一个大型网络中，为了便于管理，作为管理员的用户经常需要将用户和计算机账号移动到新的组织单元或容器中。例如，一名职员从工程部调到开发部，则应将其账号从工程部的组织单元中移动到开发部所在的组织单元中。账号被移动之后，用户和计算机仍可使用它们进行网络登录，不需要重新创建。不过，用户和计算机账号的管理人和组策略将随着组织单元的改变而改变。

【操作步骤】

（1）在"Active Directory 用户和计算机"窗口的控制台目录树中，展开域节点。

（2）单击要移动用户或者计算机账号所在的组织单元或容器，使详细资料窗格中列出相应的内容。

（3）在详细资料窗格中，右击要移动的用户账号，从弹出的快捷菜单中选择"移动"命令，打开移动对话框，在"将对象移动到容器"文本框中双击域节点，展开该节点。

（4）单击移动的目标组织单元，然后单击"确定"按钮即可完成移动。

8.　为用户和计算机账号添加组

为便于作为管理员的用户对众多的用户和计算机账号进行管理，Windows server 2003 继续沿用了 Windows 2000 系统中组的策略。通过将不同的计算机添加到具有不同权限的组中的方式，使该用户和计算机继承所在组的所有权限。同时作为管理员的用户也可以直接通过组来对多个用户和计算机账号进行管理，这便大大减轻了用户对计算机账号的管理工作。

【操作步骤】

（1）在"Active Directory 用户和计算机"窗口的控制台目录树中，展开域节点。

（2）单击Computers或者要加入组的计算机所在的其他组织单元及容器，使详细资料窗格中列出相应内容。

（3）在详细资料窗格中，右击要加入组的用户账号，从弹出的快捷菜单中选择"将成员添加到组"命令，在"选择组"对话框的在组列表框中选择一个要添加的组，如图4-39所示。

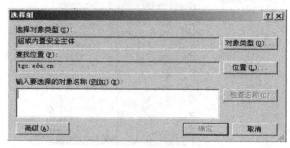

图4-39 "选择组"对话框

（4）单击"确定"按钮即可为用户添加组。

要将计算机账号添加组，可先在控制台目录树中，展开域节点，接着单击Computers或者要加入组的计算机所在的其他组织单元及容器，使详细资料窗格中列出相应内容。在详细资料窗格中，右单击要加入组的计算机账号，从弹出的快捷菜单中选择"属性"命令，打开该计算机的属性对话框。然后单击"成员属于"标签，打开"成员属于"选项卡，单击"添加"按钮，打开"选择组"对话框，选择要加入的组。要加入的组选择之后，单击"确定"按钮完成添加。

任务五　文件和磁盘的管理

一、任务分析

文件和磁盘管理是计算机的常规管理任务，Windows Server 2003在文件和磁盘管理方面提供了强大的功能。Windows Server 2003提供了一组磁盘管理实用程序，位于"计算机管理"控制台中，包括查错程序、磁盘碎片整理程序、磁盘整理程序等。

本任务主要学习Windows Server 2003环境中文件和磁盘的管理方法。

二、相关知识

（一）文件和文件夹的权限

Windows Server 2003主要通过使用NTFS 5.0文件系统提供如NTFS权限、文件压缩等特色服务。当选择NTFS作为自己的文件系统时，就可以在文件和文件夹上设置有关权限了。为需要访问某文件夹/文件的用户分配权限，这些用户就可以访问该文件夹/文件，没有被分配权限的用户则无法访问。

1. 文件和文件夹的权限

可以把文件夹或文件的权限分配给相关的用户，使得不同用户对文件夹和文件的访问权限不同。文件夹和文件的权限类型不同。

（1）文件夹的权限类型

① 完全控制：用户可以执行下列全部职责，包括两个附加的高级属性。

② 修改：用户可以写入新的文件，新建子目录和删除文件及文件夹。也可以查看哪些其他用户在该文件夹上有权限。

③ 读取及运行：用户可以阅读和执行文件。

④ 列出文件夹目录：用户可以查看在目录中的文件名。

⑤ 读取：用户可以查看目录中的文件和查看还有谁在这里有权限。

⑥ 写入：用户可以写入新文件并查看还有谁在这里有权限。

⑦ 特别的权限：与文件和文件夹的数据无关，与"安全"选项卡读取、更改相关。

（2）文件的权限类型：

① 完全控制：用户可能执行下列全部职责，包括两个附加的高级属性。

② 修改：用户可以修改、重写入或删除任何现有文件，用户也可以查看还有哪些其他用户在该文件上有权限。

③ 读取及运行：用户可以阅读文件，查看谁有访问权并运行可执行文件。

④ 读取：用户可以阅读文件和查看还有谁有访问权限。

⑤ 写入：用户可以重写入文件并查看还有谁在这里有权限。

另外，文件夹中的文件夹/文件可以继承所在文件夹的权限，例如假设一个名为ada的文件夹，该文件夹中有一个文件a.txt，如果一个用户对ada这个文件夹有完全控制的权限，那么对a.txt这个文件也有完全控制的权限。

如果要阻止继承现象的发生，可以在文件夹/文件的"安全"选项卡中选择阻止继承选项。

（二）磁盘类型

Windows Server 2003的磁盘管理支持基本和动态两种磁盘。动态磁盘是含有使用磁盘管理创建动态卷的物理磁盘。动态磁盘不能含有分区和逻辑驱动器，也不能使用MS-DOS访问。当安装Windows server 2003时，磁盘系统被初始化用作基本存储。使用更新向导可将它转变为动态的。在动态磁盘上，存储被分为卷，而不是分区。用户可以在任何时候将基本存储更新为动态存储。当更新为动态存储时，需要将现有的分区转换为卷。

在对磁盘进行格式化时，可以选择3种文件系统形式：FAT、FAT32、NTFS。FAT和FAT32文件格式彼此是相似的，唯一的差别是FAT32比FAT更适合于较大磁盘的应用。NTFS是一种最适合大磁盘使用的文件系统，始终比FAT和FAT32文件系统功能更强大。Windows Server 2003家族包含新的NTFS版本，此版本支持包括域、用户账户和其他重要的安全功能所需要的Active Directory在内的各种功能。

下面是选择NTFS后具有的一些优势。

（1）更好的伸缩性使分区扩展为大驱动器成为可能。NTFS的最大分区或卷比FAT的最大分区或卷大得多，当卷或分区大小增加时，NTFS的性能并不会降低，而在此情形下FAT的性能会降低。

（2）支持Active Directory。通过Active Directory可容易地查看和控制网络资源。使用域可以在保持管理简单的情况下微调安全选项。域控制器和Active Directory需要使用NTFS。

NTFS的功能主要特点表现为：支持压缩功能，包括压缩或解压缩驱动器、文件夹或者特定文件的功能；支持文件加密，极大增强了安全性；可以对单个文件而不仅仅对文件夹设置权限；支持远程存储，使可移动媒体更易访问，从而扩展了磁盘空间；支持恢复磁盘活动的日志记录，它允许NTFS在断电或发生其他系统问题时尽快地恢复信息；支持稀疏文件和磁盘配额。

三、任务实施

（一）设置 NTFS 权限、压缩文件和文件夹

1. 设置 NTFS 权限

【操作步骤】

（1）打开"我的计算机"可以看到驱动器的列表，选择一个具有NTFS分区的磁盘。

（2）右击想设置权限的文件夹，选择"属性"。

（3）在"属性"对话框中选择"安全"选项卡，就可以编辑或修改权限，还可以获取所有权的信息，如图4-40所示。

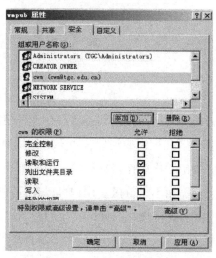

图 4-40 "安全"选项卡

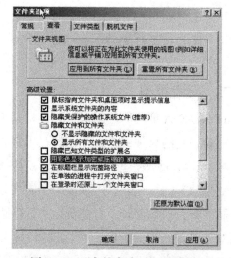

图 4-41 "文件夹选项"对话框

如果要移动文件夹/文件，其权限也会发生变化。

文件夹或文件在同一个NTFS卷内移动，则该文件夹或文件保持它自己原有的权限。

文件夹或文件被移动到其他NTFS卷，该文件夹或文件将会丢失其原有的权限，并继承目标文件夹的权限。

文件夹或者文件移动到非NTFS分区，所有权限将丢失。

2. 在NTFS上压缩文件和文件夹、

NTFS文件系统还提供了压缩文件夹和文件以节约磁盘空间的功能。这项操作对最终用户是完全透明的，用户使用文件（夹）时对其进行解压缩以备使用，在保存时，文件又自动被重新压缩。使用Windows资源管理器时，可以设置用不同颜色显示压缩文件夹和文件。

（1）设置用不同颜色显示压缩文件夹和文件

【操作步骤】

① 单击"开始"菜单，选择"设置"子菜单的"控制面板"。

② 双击"文件夹选项"选项。

③ 单击"查看"选项卡。

④ 单击"用彩色显示加密或压缩文件"复选框，如图4-41所示。

（2）压缩文件或者文件夹

【操作步骤】

① 在桌面或Windows Server 2003资源管理器内右击要压缩的文件，并从弹出的快捷菜单中选择"属性"命令。

② 单击"高级"按钮。

③ 单击选取"压缩内容以便节省磁盘空间"复选框，如图4-42所示。

④ 单击"确定"按钮，回到文件的"属性"页面，再单击"确定"按钮完成压缩。

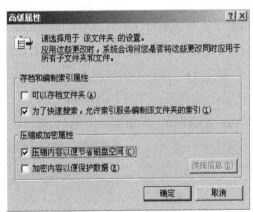

图4-42 "高级属性"对话框

压缩文件夹当中的文件夹/文件同样也会继承其父文件夹的压缩属性，如果想取消其继承属性，通过相关设置取消。

（二）磁盘管理

1. 更改驱动器名称和路径

【操作步骤】

（1）打开"开始"菜单，选择"程序"→"管理工具"→"计算机管理"命令，打开"计算机管理"窗口，如图4-43所示。

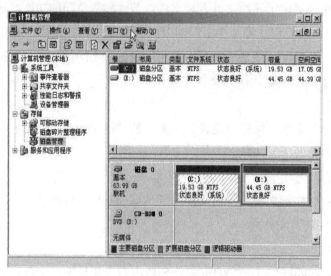

图4-43 "计算机管理"窗口

（2）在控制台目录树中双击"存储"节点，展开该节点。

（3）单击"磁盘管理"子节点，在"计算机管理（本地）\存储\磁盘管理"窗口右边的详细资料窗格中将显示本地计算机所拥有的驱动器的名称、类型、采用的文件系统格式和状态，以及分区的基本信息。

（4）在详细资料窗格中单击需要更改名称或路径的驱动器，这里选择E盘。

（5）打开"操作"菜单，选择"所有任务"→"更改驱动器名和路径"命令，打开"（E：）驱动器号和路径"对话框，如图4-44所示。

（6）如果用户需要将这个卷装入一个支持驱动器路径的空文件夹中，可单击"添加"按钮，打开"添加驱动器号或路径"对话框，如图4-45所示。

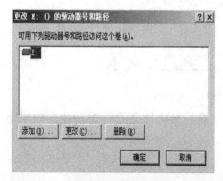 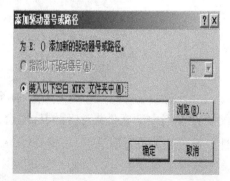

图4-44 "更改驱动器名和路径"对话框　　图4-45 "添加驱动器号或路径"对话框

（7）在"将这个卷装入一个支持驱动器路径的空文件夹中"文本框中输入合适的路径，然后单击"确定"按钮完成操作。也可单击"浏览"按钮，打开"浏览驱动器路径"对话框，　在支持驱动器路径的卷列表框中直接选择一个空文件夹以便装入该卷，也可通过单击"新文件夹"按钮来建立一个新的支持驱动器路径的文件夹作为选定卷的默认路径。最后单击"确定"按钮完成操作。

（8）在"（E：）驱动器号和路径"对话框中单击"更改"按钮，打开"更改驱动器号和路径"对话框，如图4-46所示。

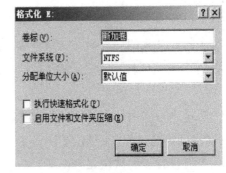

图4-46　"更改驱动器号和路径"对话框　　　图4-47　"格式化E："对话框

（9）在"指派以下驱动器号"下拉列表中可以选择合适的驱动器名称。

（10）单击"确定"按钮，完成更改驱动器名称的所有操作。注释用户还可通过单击"（E：）驱动器号和路径"窗口中的"删除"按钮来删除选定的驱动器的名称，不过该操作可能导致相关程序无法正常运行。

2. 转换磁盘分区的类型和重新格式化

通过"磁盘管理器"可转换磁盘分区的类型及重新格式化磁盘。

【操作步骤】

（1）打开"开始"菜单，打开"计算机管理（本地）"窗口。

（2）在控制台目录树中双击"存储"节点，展开该节点。

（3）单击"磁盘管理"子节点，打开"计算机管理（本地）\存储\磁盘管理"窗口。

（4）在详细资料窗格中单击需要更改名称或路径的驱动器，选择E盘。

（5）打开"操作"菜单，选择"所有任务"→"格式化"命令，打开"格式化E："对话框，如图4-47所示。

（6）在"文件系统"下拉列表中包含3个不同类型的文件系统：FAT、FAT32和NTFS。用户可以根据需要选择一种合适的文件系统。

（7）在"分配单位大小"下拉列表中，可以选择一种合适的存储文件的单位尺寸，通常系统默认选定"默认值"。

（8）在"卷标"文本框中用户可以输入自己喜欢的驱动器卷标名。

另外用户还可选定"执行快速格式化"复选框和"启动文件和文件夹压缩"复选框来启用快速格式化和磁盘压缩功能。

（9）单击"确定"按钮，完成修改磁盘驱动器文件系统类型和格式化磁盘操作。

在更改一个分区的文件系统之前，用户应该备份分区上的信息，因为对该分区的重新格式化将删除该分区中所有的数据。

3. 磁盘配额

所谓配额就是可以限制用户所能够使用的磁盘大小，Windows Server 2003能够限制用户可以使用多少磁盘容量。为用户设置配额时，首先要启用卷，再进行磁盘配额。

【操作步骤】

（1）以管理员身份登录。

（2）打开"我的计算机"，选择要启用磁盘配额的卷。右单击卷的驱动器字母，如"E"，并选取"属性"命令，打开"本地磁盘（E：）属性"对话框，单击"配额"选项卡。

（3）单击"启用配额管理"复选框，可启用配额管理。要设置强制配额，选取"拒绝将磁盘空间给超过配额限制的用户"复选框。

（4）要设置卷的默认磁盘配额，应确保选取了"将磁盘空间限制为"单选钮，输入相应数值，并使用下拉框选择单位，如图4-48所示。

（5）要为单个用户启用单个配额，单击"配额项"按钮，打开"本地磁盘的配额项目"对话框，如要授权给用户cwm不同的配额，可单击"配额"一菜单，并选择"新建配额项"，打开"选择用户"对话框，选取"cwm"并单击"确定"按钮。

（6）打开的"添加新配额项"对话框，可以清除某个用户的配额，或者给某个用户指定不同的配额。例如分配给用户cwm 500MB的配额，选取"将磁盘空间限制为"单选钮，并把值设置为500MB，设置警告级为450MB，如图4-49所示。

（7）单击"确定"按钮，弹出"本地磁盘的配额项目"对话框，显示cwm的项目。将来可以利用这个对话框来监视磁盘的利用。

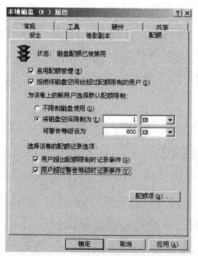

图4-48 "配额"设置对话框

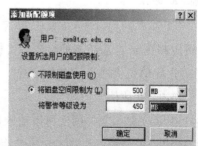

图4-49 "添加新配额项"对话框

（8）返回"本地磁盘属性"对话框，单击"确定"按钮可以启用配额。

当为某个用户设置配额警告后，用户使用磁盘接近配额时，会弹出一个对话框，通知用户已经接近配额限制。当达到该配额限制之后，用户就不能添加其他文件。

实训项目

实训项目 1Windows Server 2003 的安装与基本管理

1．实训目的与要求

（1）掌握Windows Server 2003系统的具体安装方法；

（2）掌握活动目录的安装与删除；

（3）掌握用户账号、计算机账号和组的管理；

（4）掌握Windows Server 2003环境下文件和磁盘的管理方法。

2．实训设备与材料

计算机若干台，局域网环境，Windows Server 2003系统软件1套。

3．实训内容

（1）内容1为任务一中的任务实施内容。

（2）内容2为任务二中的任务实施内容。

（3）内容3为任务四中的任务实施内容。

（4）内容4为任务五中的任务实施内容。

4．思考

用户、组和组织单元有何关系？

实训项目 2DHCP 服务器的安装与配置

1．实训目的与要求

（1）理解DHCP服务器的工作原理；

（2）掌握DHCP服务器的安装、配置和测试方法；

（3）掌握DHCP客户端的配置方法。

2．实训设备与材料

计算机若干台，局域网环境，Windows Server 2003系统软件1套。

3．实训内容

内容1为任务三中的任务实施内容。

4．思考

如何查看DHCP客户端从DHCP服务器中获取的IP地址配置参数？

习题

一、简答题

1. 网络操作系统的具体功能主要有哪几方面?

2. 主流网络操作系统主要有哪些,各有什么特点?

3. 域用户和本地用户有什么不同?

4. Windows Server 2003的用户管理一般都包含了哪些工作?

5. Windows Server2003的DHCP服务功能是什么?

6. Windows Server2003的DHCP服务租约的长短对网络功能有什么影响?

二、实践题

1. 安装Windows Server 2003。

2. 在Windows Server2003中完成新建、移动、更改密码、禁用、启用等用户账号管理任务。

3. 将任意一个分区转化成NTFS分区。

4. 配置一个DHCP区域,满足以下条件:

① DNS地址:192.168.1.101;

② WINS地址:192.168.1.102;

③ 网关地址:192.168.1.103。

项目五　使用 Windows Server 2003 建立 Internet 服务

Windows Server 2003除了具有强大的局域网管理功能外，还可以提供各种Internet服务，如DNS服务、Web服务、电子邮件服务等，使之成为提供Internet/Intranet资源服务的服务器。对一个小型部门的办公网络来说，网络服务器的作用是完成文件共享服务和打印服务。对于要求稍微复杂的办公网络来说，还需要其他更多类型的服务器支持各种不同类型的服务，如Web服务器、DNS服务器、FTP服务器，以满足网络内部人员对各种信息服务的需求。

通过本项目所有任务的实践，可以学会在局域网内使用Windows Server 2003构建Web服务器、FTP服务器、DNS服务器、流媒体服务器的配置与管理。

任务一　用IIS构建Web和FTP服务器

一、任务分析

用IIS构建Web服务对于企业应用来讲过于简单，微软公司的WSS和其他第三方软件如Serv-u更适于企业在IIS上构建Web和FTP服务，但我们希望通过对IIS的配置增强大家对Web应用的理解，为今后进一步学习打下坚实的基础。

本任务主要学习使用IIS构建Web和FTP服务器的安装与配置方法

二、相关知识

（一）IIS 简介

Internet信息服务简称为IIS，IIS6.0包含在Windows Server 2003服务器的各种版本之中。但在默认情况下，Windows Server 2003不安装IIS（除Windows Server 2003 Web版外），因此，要利用IIS构建服务器，须先安装IIS。

Web服务器是指计算机和运行在它上面的Web服务软件的总和，Web服务器使用超文本标记语言（HTML-Hyper Text Marked Language）描述网络的资源，创建网页，以供Web

浏览器阅读。不管是一般文本还是图形，都能通过文档中的链接连接到服务器上的其他文档，从而使客户快速地搜寻他们想要的资料。

1. Web 服务器的工作原理

当Web服务器接到一个对Web页面的请求，并找到相应的文件index.html，然后从宿主文件服务器上下载该文件并通过HTTP把它传输给Web浏览器（Web Browser）。

Web服务器的处理过程包括了一个完整的逻辑阶段。

（1）接受连接，产生静态或动态内容并把它们传回浏览器。

（2）关闭连接。

（3）接收下一个连接。

连接后，MIME（Multiple Purpose Internet Mail Extension，多用途因特网邮件扩展）会告诉Web浏览器什么样的文档将被发送，从而为Web服务器的Web浏览器提供相应内容。

2. Web 服务器与应用服务器

Web服务器需要同应用服务器协同工作，才能完成一个Web站点的功能。但是Web服务器同应用服务器是不同的。Web服务器专门用来向浏览器提供HTML文档和图像数据，Web服务器上的应用程序也是用来产生HTML文档和图像数据的；应用服务器只包含应用的业务逻辑，负责处理业务应用，而不包括数据库和用户界面程序。

多数情况下，应用服务器作为三层结构的中间层存在。在三层结构中，其他两层分别是用户界面和数据库/数据存储，随着数据标准技术的发展，特别是由于XML的出现，Web服务器和应用服务器都可以处理对方的数据，具有对方的功能。虽然应用服务器很容易具有提供Web网页的功能，但是却很难给应用服务器配置所有的Web功能。Web服务器要频繁、大量地传送HTML和图像数据，所以它一般都需要较高的I/O速度，而应用服务器要对数据做大量的处理，因此需要较大的CPU的处理能力。

3. FTP 服务器简介

Internet上应用最广泛的文件传输服务使用文件传输协议（FTP，File Transfer Protocol），作为一个通用的协议，FTP涉及前面讨论过的多种概念。FTP允许传输任意文件并且允许文件具有所有权与访问权限。更为重要的是，由于隐藏了独立计算机系统的细节，FTP适用于异构体系。

FTP是Internet中仍然在使用的最古老的协议之一。最初被定义的ARPAnet协议的一个组成部分，FTP的出现要早于TCP/IP。当TCP/IP创建后，开发了一个新版本的FTP用于新型的Internet协议。

一旦一个连接被打开，FTP就要求用户提供远程计算机的授权。为了做到这一点，用户必须输入一个登录名和口令，许多FTP版本提示输入登录名和口令。登录名对应于远程计算机上的一个合法的账户，决定哪些文件能被访问。如果用户提供的登录名是sxzy-a，那么该用户将同在远程机器上用sxzy-a登录的用户一样享有相同的文件访问权限。

尽管登录名和口令的使用可以帮助防止文件受到未经授权的访问，但是这种授权并不是很方便的。特别是要求每个用户都拥有一个合法的登录名和口令使得任意访问难以实现。为了允许任何用户都可以访问文件，在许多站点按惯例建立了一个只用于FTP的特殊计算机账户。该账户的登录名为anonymous，允许任意用户最小权限地访问文件。

（二）IIS 安装

在Windows Server 2003中，安装IIS有3种途径：利用"管理您的服务器"向导、利用控制面板"添加或删除程序"的"添加／删除Windows组件"功能，或者执行无人值守安装。以控制面板"添加或删除程序"的"添加／删除Windows组件"功能为例，说明安装过程。

第一步：进入控制面板，双击"添加或删除程序"，单击"添加/删除Windows组件"，如图5-1所示。

第二步：选择"应用程序服务器"，单击"详细信息"按钮。弹出"应用程序服务器"窗口，如图5-2所示，在其中选择"Internet信息服务（IIS）"，单击"确定"按钮。

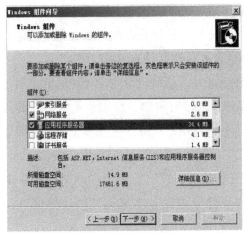

图 5-1 Windows 组件向导　　　　　　图 5-2 安装 IIS

三、任务实施

（一）创建和管理 Web 服务器

【任务场景】

王先生公司用Windows Server 2003自带的IIS6.0建立Web服务器，提供信息发布、内部论坛、电子商务等方面服务。

【操作步骤】

步骤1：启动IIS

单击Windows"开始"菜单→"所有程序"→"管理工具"→"Internet信息服务（IIS）管理器"，即可启动"Internet信息服务"管理工具，如图5-3所示。

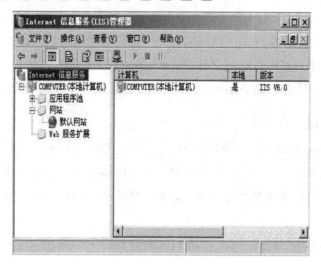

图 5-3 IIS 管理器

步骤2：Web服务实现准备

IIS安装成功后，自动产生一个默认的Web站点，为整个网络提供Web服务。在小型网络中往往只有一台Web服务器，但有时一个Web站点又无法满足工作要求，因此，可以在一台服务器上设置多个Web站点。为了实现这个任务，最好是在同一服务器上绑定多个IP地址。每个Web站点分别指定一个不同的IP地址，并采用默认TCP端口号80。

Windows Server 2003上，除网卡对应的IP地址外，还可以绑定多个IP地址，用于设置内部多个Web和FTP虚拟站点。对绑定的多个IP地址没有限制，可以是不同网段的，而所有的IP地址都可绑定在一块网卡上，在服务器上进行IP地址的设置及多个IP地址绑定的操作步骤如下。

（1）右单击"网上邻居"，在菜单项中选择"属性"，弹出"网络连接"窗口，继续右单击"本地连接"，在菜单项中选择属性，弹出"本地连接"属性窗口，选择"Internet协议（TCP/IP）"，单击"属性"按钮。

（2）在弹出的"Internet协议（TCP/IP）属性"对话框中，可以看到服务器的"IP地址"为192.168.1.3，"子网掩码"为255.255.255.0。要设置多个同时绑定在同一块网卡上的多个IP地址，需要单击"高级"按钮。

（3）在弹出"高级（TCP/IP）设置"对话框中，单击"添加"按钮，在弹出的"TCP/IP地址"对话框内输入要添加的口地址及子网掩码，子网掩码一律输入255.255.255.0，IP地址可以在192.168.1.1~192.168.255.254之间选择。这里新增两个IP地址：192.168.1.4、192.168.1.5，如图5-4所示。

（4）输入完毕单击"确定"按钮，再次单击"确定"按钮，使设置生效。

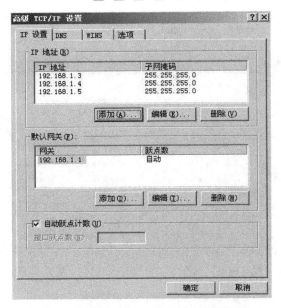

图5-4 "高级（TCP/IP）设置"对话框

如果要使用一个IP地址执行多个Web站点时，可以有两种方法实现。其一，用TCP端口号来区分各个不同站点，这时客户浏览时必须要在浏览器地址栏上输入完整的URL，即包括协议、IP地址（域名）、端口号，如：http://192.168.1.3:8080；其二，采用不同主机头名称，将多个站点对应到单一IP地址上，即通过指定主机头名称的方法来实现。所谓"主机头名称"，实际上就是指如"www.tgc.edu.cn和mail.tgc.edu.cn之类的网址，因此，在使用"主机头"标识不同的站点时，还必须先进行DNS解析。在DNS中将www.tgc.edu.cn和mail.tgc.edu.cn都指向同一IP地址。

步骤3："默认网站"的设置及访问

在完成上述准备工作后，接下来就通过IIS来实现Web服务的配置。首先通过对"默认Web站点"进行属性修改来实现Web服务。"默认网站"一般是用于向所有人开放的Web站点，局域网中的任何用户都可以无限地通过浏览器来查看它。该站点的主目录默认为C:\Inetpub\wwwroot。

（1）单击Windows"开始"菜单→"所有程序"→"管理工具"→"Internet信息服务（IIS）管理器"，即可启动"Internet信息服务"管理工具。

（2）用鼠标右键单击"默认网站"，在弹出的快捷菜单中选择"属性"，此时就可以打开站点属性设置对话框，如图5-5所示，在该对话框中，设置IP地址、TCP端口（默认80）等信息。

（3）设置主目录。单击"主目录"标签，切换到主目录设置页面，如图5-6所示，该页面可实现对主目录的更改或设置，本例中网页文件所在目录为E:\myweb。单击"配置"按钮，选择"选项"选项卡，进入如图5-7所示的对话框，注意检查启用父路径选项是否勾选，如未勾选将对以后的程序运行有部分影响。

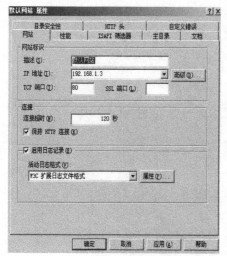

图 5-5 "默认网站"属性

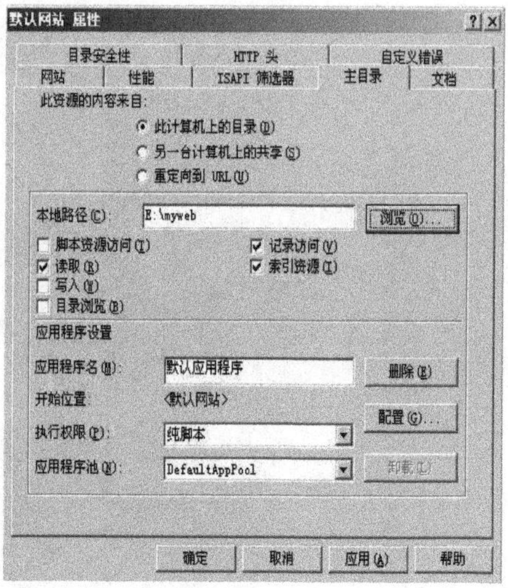

图 5-6 设置主目录

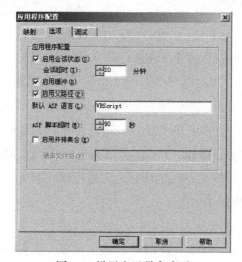

图 5-7 设置应用程序选项

（4）设置主页文档。单击"文档"标签，可切换到对主页文档的设置页面，主页文档是在浏览器中键入网站域名，而未制定所要访问的网页文件时，系统默认访问的页面文件。常见的主页文件名有index.htm、index.html、index. asp、index.php、index.nsp、default.htm、default.html、default.asp等。

IIS默认的主页文档只有default.htm和default.asp，根据需要，利用"添加"和"删除"按钮，可为站点设置所能解析的主页文档。

这样IIS默认的网站设置基本上完成了，在客户端可以通过IE浏览器访问该网站，既可以用服务器IP地址（如：http://192.168.1.3），也可以用服务器域名地址（要有DNS支持）。

步骤4："新建网站"的设置及访问

在IIS中通过创建虚拟站点，在同一台Web服务器上提供多个Web站点服务，满足人们建立多种不同网站的需要。下面以新建一个访问服务器的另一个IP地址192.168.1.4的站点为例进行说明。在这之前先创建一个"E:\web"文件夹，将相应的Web发布内容放至该文件夹。

（1）单击"Internet信息服务"窗口中的服务器名，执行"新建"→"网站"命令，如图5-8所示。

（2）在"站点描述"对话框中，输入站点说明，如图5-9所示，单击"下一步"按钮。

图5-8 新建网站　　　　　　　　图5-9 "站点描述"对话框

（3）在弹出的"IP地址和端口设置"对话框中，设置IP地址和端口，其中IP地址要在下接列表中选择，在此下拉列表中有该服务器上绑定的全部IP地址，这里选取192.168.1.4，如图5-10所示。端口采用默认值80，主机头为（默认：无）单击"下一步"按钮。

（4）将弹出"网站主目录"对话框，如图5-11所示，在Web站点主目录中输入选定的路径"E :oweb"，单击"下一步"按钮。

图5-10 "IP 地址和端口设置"对话框　　图5-11 "网站主目录"对话框

（5）将弹出"网站访问权限"对话框，如图5-12所示，在此对话框中可以设置访问权限，一般采用默认设置"读取"和"运行脚本"，单击"下一步"按钮。

（6）然后将弹出"完成创建"对话框，单击"完成"按钮，则完成了Web站点的创建。

（7）在"Internet信息服务"窗口中可以看到一个名为"技术部"的新的Web站点已被创建，如图5-13所示。要进一步修改其属性，具体方法请参见前文"默认Web站点"的设置。

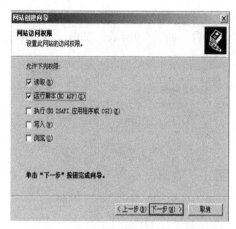

图 5-12 "网站访问权限"对话框 　　　　图 5-13 新创建的网站

步骤5：Web站点的管理与维护

在安装配置好Web站点后，只要将设计好的Web网页文件放入该服务器的正确目录中，就可以通过浏览器浏览Web站点。为了使Web站点能保持在良好的运行状态，我们还需经常对Web站点进行管理和维护。

（1）Web站点的启动、停止、暂停。在默认情况下，Web站点创建成功后，或者在计算机重新启动时都将自动启动。停止站点将停止Web服务，暂停站点将禁止Web服务接受新的连接，但不影响正在进行处理的请求。启动站点将重新启动或恢复Web服务。开始、停止或暂停Web站点的方法：在"Internet信息服务"窗口中，用鼠标右键单击想执行操作的Web站点，在快捷菜单中选择相应的命令。或者，也可以选择想执行操作的Web站点，再在工具栏中选择"开始"、"停止"或"暂停"按钮。

（2）删除Web站点。删除站点的操作方法如下：在"Internet信息服务"窗口中，选择想删除的Web站点，再在工具栏中单击"删除"按钮；也可以用鼠标右键单击准备执行删除操作的Web站点，在快捷菜单中选择"删除"命令即可。删除Web站点，其实并没有真正删除它们的主目录文件，而只是删除了从Web站点到主目录的逻辑映射。

（3）站点配置的备份与还原。无论是重新安装操作系统还是将IIS服务器中的配置应用到其他计算机，站点配置的备份和还原都十分有用。

配置的备份与还原的操作步骤如下。

① 在"Internet信息服务"窗口中，选中"服务器"图标；

② 在"操作"菜单中选择"备份/还原配置"，显示"配置备份/还原"对话框；

③ 单击"创建备份"按钮，显示"配置备份"对话框，键入该配置备份的文件名。接下来按提示操作即可。

（二）创建和管理 FTP 站点

【任务场景】

王先生公司用 Windows Server 2003 自带的 IIS6.0 建立 FTP 服务器，为员工提供文件的上传、下载服务。

【操作步骤】

步骤1：准备 FTP 文件所在的文件夹

在服务器C盘以外的硬盘分区上建立一个文件夹，如"E:\myftp"，然后将需要通过FTP提供下载的文件或文件夹复制到该文件夹中。

步骤2：创建 FTP 站点

（1）选择"开始"→"程序"→"管理工具"→"Internet信息服务（IIS）管理器"选项，打开IIS控制台，在控制台目录树中，展开"Internet信息服务"节点和服务器节点。

（2）在"FTP站点"上单击鼠标右键，选择"新建"→"FTP站点"命令，打开FTP站点创建向导，按照此向导可以完成FTP站点的创建。

（3）单击"下一步"按钮，在"描述"文本框中输入FTP站点的说明，如图5-14所示。

（4）单击"下一步"按钮，设置IP地址和端口号，如图5-15所示。本例中将FTP站点的IP地址设置为192.168.1.5。

图 5-14　FTP 站点描述

图 5-15　设置 IP 地址和端口号

考虑到FTP站点一般通过IP地址访问，所以此处不能使用"所有可用地址"，而必须选择一个IP地址。FTP服务默认的端口号为"21"，一般不用更改。

（5）单击"下一步"按钮，设置FTP用户隔离，如图5-16所示。

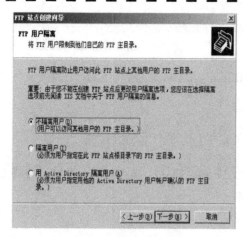 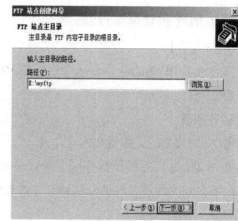

图 5-16 设置用户隔离　　　　图 5-17 设置 FTP 站点主目录

FTP用户隔离可以防止一个FTP站点的用户访问其他FTP站点的用户目录，有以下3种选择。用户隔离在站点创建完成后不能修改，所以要慎重选择。

① 不隔离用户：此站点的用户可以访问其他用户的FTP站点目录。

② 隔离用户：为每个需要访问此FTP站点的用户在站点根目录下设置允许访问的子目录，各个用户相互不能访问其他用户的目录。

③ 用Active Directory隔离用户：用户的FTP目录必须在活动目录中确认。

（6）单击"下一步"按钮，设置FTP站点主目录。输入主目录事先准备好的FTP站点文件夹，如图5-17所示。本例中站点主目录选择的是"E:\myftp"。

（7）单击"下一步"按钮，设置FTP站点访问权限，如图5-18所示。选中"读取"单选钮，用户只能通过此站点浏览和下载文件，不能上传文件。选中"写入"单选钮，用户既可以浏览、下载，也可以向此站点上传文件。

（8）单击"下一步"按钮完成设置。

步骤3：测试站点

在客户端通过IE浏览器访问该FTP站点。在IE浏览器地址栏中输入地址ftp://192.168.0.1后按回车键，就可以看到在IE浏览器窗口中打开FTP站点的情形，如图5-19所示。

图 5-18 设置 FTP 站点访问权限　　　　图 5-19 使用客户机浏览器访问站点

步骤4：管理FTP站点

（1）限制并发的连接数

为防止FTP流量过大，造成服务器瘫痪或网络堵塞，可以限制FTP站点的同时在线人数。在IIS控制台的FTP站点名称上单击鼠标右键，选择"属性"，打开站点属性对话框。在"FTP站点"选项卡的"FTP站点连接"区域选择"连接限制为"单选钮，并在文本框输入限制的最大并发连接数，如图5-20所示。当连接数到达最大连接数时，新访问本站点的计算机上会显示出错信息，提示连接数达到最大值，不能连接。

（2）限制访问网站的用户

在站点属性对话框中选择"安全账户"选项卡，可设置允许访问此站点的用户。选中"允许匿名连接"复选框，用户进入此站点不需要输入用户名和密码；否则需要授权的用户才能访问，如图5-21所示。

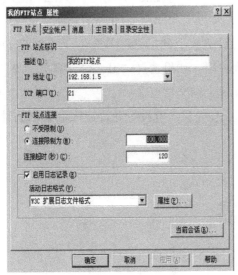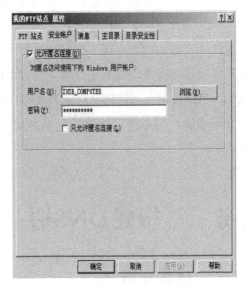

图5-20　限制访问网站的用户　　　　图5-21　限制访问网站的用户

（3）设置网站的消息

在站点属性对话框中选择"消息"选项卡，可设置用户进入FTP站点、退出站点、达到最大连接数几种情况出现时，FTP客户端出现的提示信息，如图5-22所示。提示信息可以使用变量和通配符，实现个性化提示。

（4）设置目录属性和目录安全性

在站点属性对话框中选择"主目录"选项卡，可设置站点主目录的路径，用户读取和写入的权限等，如图5-23所示。

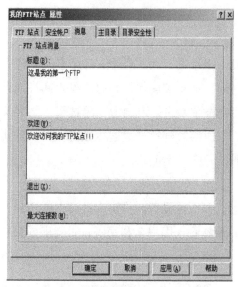

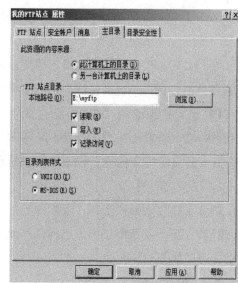

图5-22 设置网站的消息　　　　　　　　　　　　　　图5-23 设置目录属性

在"此资源的内容来源"区域中选择"此计算机上的目录"单选钮，可在"FTP站点目录"区域选择或修改站点主目录，设置访问权限。如果选择"另一台计算机上的目录"单选钮，可选择网上邻居的文件资源或者Internet上的文件资源。

在站点属性对话框中选择"目录安全性"选项卡，可设置允许或限制访问的计算机列表。

任务二　构建DNS服务器

一、任务分析

公司局域网架设了单位内部的Web服务器和FTP服务器，同时公司内部的计算机接入互联网，现需要一台DNS服务器为内网用户提供DNS服务，使内网用户能够使用域名访问单位的内部的Web服务器和FTP服务器以及互联网上的各个网站。

本任务主要学习DNS服务器的安装与配置方法。

二、相关知识

域名是用于在Internet上识别和定位计算机的一种地址结构，它提供一套容易记忆的Internet地址系统，并通过域名服务器DNS解释在网络上使用的IP地址。我们知道可以采用统一的IP地址来识别Internet上的主机，屏蔽底层的物理地址，给应用带来了很大的方便。然而，对于一般用户来说，以点分隔开的数字型的IP地址方式还是比较抽象，难于记忆和理解，于是TCP/IP专门设计了一种字符型的主机命名机制—域名系统（DNS）。

　　DNS是英文Domain Name System（域名系统）的缩写，域名系统使用层次型的名字来对网络上的每台计算机赋予一个直观的字符标识。其结构通常为：hostname.domain，即主机名+它所在的域名。当用户提出利用计算机的主机名称查询相应的IP地址请求的时候，DNS服务器从其数据库提供所需的数据。

　　创建DNS服务器，需要建立一个新的区域才能运行，该区域也就是一个数据库，代表了一个间隔的域空间，将一个域名空间分割成较小而容易管理的区段。在该区域内的主机数据就存储在DNS服务器内的区域文件中。该数据库提供DNS名称和相关数据间的映射，并存储了所有的域名与对应IP地址的信息，网络客户机正是通过该数据库的信息来完成从计算机名到IP地址的转换。

　　在DNS搜索中，用户通常要进行正向搜索，即把计算机DNS名称映射为IP地址。DNS也支持用户的反向搜索请求，允许用户根据主机的IP地址查询其名称。在DNS中需要为正向搜索和反向搜索分别创建正向搜索区域和反向搜索区域。

　　DNS是应用层协议，使用TCP和UDP作为传输协议，DNS服务使用53号端口。

　　从理论上来讲，可以只使用一台计算机作为域名服务器，在这台计算机中装入Internet上所有的主机名以及对应的IP地址，并回答整个Internet，对所有IP地址的查询任务，但是随着Internet规模的扩大，这样的域名服务器肯定会因过负荷而无法提供正常的服务，并且一旦这台域名服务器出现故障，整个Internet就会因为无法解析域名而导致整个网络的瘫痪。从1983年开始，Internet开始采用以层次结构的命名树作为主机的名字，并使用分布式数据库作为域名数据库存储机制的分布式域名系统。Internet的域名系统DNS被设计成为一个联机分布式数据库系统，并采用客户/服务器（C/S）结构。DNS使大多数名字都在本地解析，仅少量解析需要在Internet上通信，因此系统效率很高。由于DNS是分布式系统，即使某一个域名服务器出现故障，仅仅只影响其管辖域的域名解析，并且可以通过备用域服务器来提供更加可靠的域名解析服务。

三、任务实施

构建DNS服务器

【操作步骤】

步骤1：创建正向查找区域

　　（1）在"配置您的服务器"向导的"服务器角色"窗口选择：DNS服务器，如图5-24所示，单击"下一步"按钮。

　　（2）进入如图5-25所示的"配置DNS服务器向导"窗口，单击"下一步"按钮。

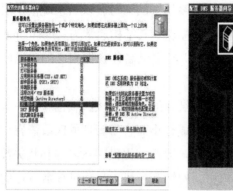

图 5-24 服务器角色选择窗口　　**图 5-25 配置 DNS 服务器向导**

（3）进入如图5-26所示的对话框，选择配置操作，由于业务需要，我们选择"创建正向和反向查找区域"，单击"下一步"按钮。

（4）进入如图5-27所示的对话框，创建正向查找区域，单击"下一步"按钮。

图 5-26 选择配置操作　　**图 5-27 创建正向查找区域**

（5）进入如图5-28所示的对话框，选择区域类型，这里选主要区域，单击"下一步"按钮。

（6）进入如图5-29所示的对话框，选择区域复制作用域，这里选域中的所有DNS服务器，单击"下一步"按钮。

图 5-28 选择区域类型　　**图 5-29 选择区域复制作用域**

（7）进入如图5-30所示对话框，输入区域名称（DNS名称空间），示例输入tgc.edu.cn，单击"下一步"按钮。

（8）进入如图5-31所示的对话框，选择更新选项，这里选"只允许安全的动态更新"，单击"下一步"按钮。

图5-30　输入区域名称

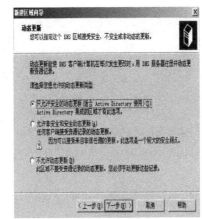
图5-31　选择更新选项

步骤2：创建反向查找区域

（1）进入如图5-32所示对话框，建立反向查找区域，单击"下一步"按钮。

（2）进入如图5-33所示的对话框，选择反向区域的类型：主要区域，单击"下一步"按钮。

图5-32　建立反向查找区域

图5-33　选择反向区域的类型

（3）进入如图5-34所示的对话框，选择反向区域的复制作用域（同正向区域选择），单击"下一步"按钮。

（4）进入如图5-35所示的对话框，输入反向区域网络ID。在网络识别码（网络ID）中要以DNS服务器所在网段的网络地址的相反顺序来设置反向搜索区域。例如，现在我们所使用的DNS服务器的IP地址为192.168.1.0，因此，在"网络ID"栏中就需依次填入192、168、1，然后系统会在"反向搜索区域名称"栏中自动设置好反向搜索区域名称，即"1.168.192.in-adar.arpa"，单击"下一步"按钮。

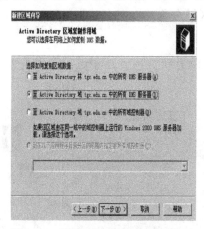
图 5-34 选择反向区域的复制作用域

图 5-35 输入反向区域网络 ID

（5）进入如图5-36所示的对话框，选择动态更新方式（同正向查找），单击"下一步"按钮。

（6）进入如图5-37所示的对话框，选择转发方式，由于企业内部要求，不转发无法答复的查询，单击"下一步"按钮。

图 5-36 选择动态更新方式

图 5-37 选择转发方式

（7）进入图5-38所示的完成配置对话框，完成配置，单击"完成"按钮。

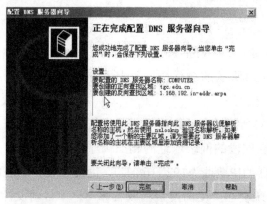
图 5-38 完成配置

步骤3：建立和管理DNS服务器的资源记录

（1）建立主机（A）资源记录。主机(A)资源记录在区域中使用，以将计算机（或主机）的DNS域名与它们的IP地址相关联，并能按多种方法添加到区域中。

并非所有计算机都需要主机（A）资源记录，但是在网络上共享资源的计算机需要该记录。共享资源并且需要用DNS域名进行识别的任何计算机，都需要采用A资源记录来提供对计算机IP地址的DNS名称解析。

向区域添加主机资源记录的步骤如下。

① 打开DNS控制台。

② 在控制台树中，单击相应的正向搜索区域。

③ 在"操作"菜单上，单击"新建主机"。

④ 在"名称"文本框中，键入新主机的DNS计算机名称。

⑤ 在"IP地址"文本框中，键入新主机的IP地址。

⑥ 选中"创建相关的指针（PTR）记录"复选框，可以根据在"名称"和"IP地址"中输入的信息在此主机的反向区域中创建附加的指针记录，如5-39所示。本例中主机名称输入"sxzy11"，IP地址输入192.168.1.3。

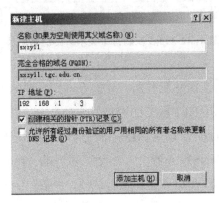 

图 5-39 "新建主机"对话框　　**图 5-40 DNS 控制台中显示新建主机记录**

⑦ 单击"添加主机"以向区域添加新主机记录，此时在"DNS"管理控制台中将显示新建主机记录，如图5-40所示。

（2）建立别名记录。别名（Alias）就是另外一个主机名称。在具体应用中一部主机可以同时拥有多个不同的主机名称。例如，IIS提供WWW、FTP等服务，如希望使用WWW服务时，能以"www.tgc.edu"来访问Web服务器；而使用FTP服务时，以"ftp.tgc.edu.cn"来连接FTP站点，而这时Web和FTP都在同一部主机上，此时则需要增加主机的别名记录。增加别名记录的具体步骤如下。

① 打开DNS控制台。

② 在控制台树中，单击相应的正向搜索区域。

③ 在"操作"菜单上，单击"新建别名"。

④ 在"别名"文本框中，键入别名。

⑤ 在"目标主机的完全合格的域名"文本框中，键入使用此别名的DNS主机的完全合格域名。可以单击"浏览"以搜索定义了主机（A）记录的域中的主机DNS名称空间，如图5-41所示。

⑥ 单击"确定"向该区域添加新别名记录，此时在"DNS"管理控制台中将显示新建别名记录，如图5-42所示。

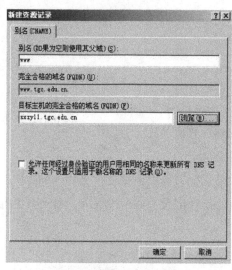

图 5-41 "新建资源记录（别名）"对话框

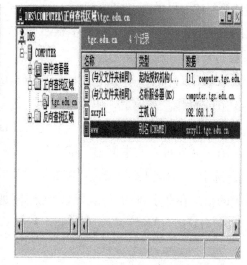

图 5-42 DNS 控制台中显示新建别名记录

步骤4：设置DNS客户端

设置了DNS服务器后，客户端必须正确指向该DNS服务器，才能查询到所要的地址。客户端有两种指向DNS服务器的方法。对于使用DHCP服务的网络，可由DHCP服务器统一指向DNS服务器，这样客户机自动分配IP地址时自动指向DNS服务器。客户端也可在"Internet协议（TCP/IP）属性"对话框中指定DNS服务器，方法是在客户端"Internet协议（TCP/IP）属性"对话框中选择"使用下面的DNS服务器地址"选项，并在"首选DNS服务器"栏后输入DNS服务器的IP地址。本例为：192.168.1.3。然后单击"确定"按钮完成DNS客户端的设置操作。

步骤5：DNS测试

DNS服务器配置完成后，可以对其进行测试。

（1）使用客户机测试

① 配置客户机的IP地址，将首选DNS设为DNS服务器地址，这里设为192.168.0.3。本例中，域控制器、Web服务器和DNS服务器均架设在同一台计算机上。

② 在客户机浏览器地址栏输入域名"www.tgc.edu.cn"，就可以访问服务器上的网站了。

（2）使用ping命令

使用ping命令可以测试DNS服务器是否工作正常工作，并且测出某个域名对应的IP地址。

① ping DNS地址。测试本机是否可以和DNS服务器通信，有时由于某些服务器采取了保护措施，可能ping不通。

② ping域名：测试DNS服务器是否工作正常，并且测出域名对应的IP地址。

（3）使用nslookup命令

nslookup命令可以测试DNS服务器正向、反向解析是否正常。

如C:\>nslookup www.tgc.edu.cn或C:\>nslookup 192.168.0.3

任务三 构建流媒体服务器

一、任务分析

随着Internet和Intranet的普及和广泛应用，视频点播开始被越来越多的人所接受。人们已不再满足于浏览文字和图片，而更喜欢在网上看电影、听音乐。普通格式的文件必须完全下载到本地硬盘后，才能够正常打开和运行。而由于多媒体文件通常都比较大，所以完全下载到本地往往需要较长时间的等待。而流媒体格式文件只需先下载一部分在本地，然后可以一边下载一边播放。

目前国内最流行的流媒体点播服务器有Microsoft公司的Windows Media和RealNetworks公司的Real System。

本任务主要学习Windows Media Service服务器的安装与配置方法。

二、相关知识

Windows Media Service的前身是Microsoft公司的Netshow产品，它是一个能适应多种网络带宽条件的流式多媒体信息的发布平台，包括了流式媒体的制作、发布、播放和管理的一整套解决方案，还提供了开发工具包（SDK）供二次开发使用。

Windows Media Service的核心是ASF（Advanced stream Format）。ASF是一种数据格式，音频、视频、图像以及控制命令脚本等多媒体信息通过这种格式，以网络数据包的形式传输，实现流式多媒体内容发布。其中，在网络上传输的内容就称为ASF Stream。ASF支持任意的压缩/解压缩编码方式，并可以使用任何一种底层网络传输协议，具有很大的灵活性。

1. Windows Media 服务器

通过Windows Media服务器进行流媒体的播放，这不仅可以做到流媒体的实况发布、实时监控，而且还可以对作品起到版权保护。Windows Media Server使用MMS协议，它是用来访问并流式接受Windows Media服务器中ASF文件的一种流式协议，使用该协议连接流媒体可以利用协议翻转技术获得最佳连接，并且还支持网络现场直播和智能型流转体。

2. Windows Media Player

Windows 98以上版本的Windows都有Windows Media Player程序，它可以独立使用，

也可以方便地以ActiveX控件的形式嵌入到浏览器或其他应用程序中。它既可以播Unicast Service提供的内容，也可以播放Station Service提供的广播内容。Windows Media Player还支持多种常见的多媒体文件格式，如AVI、QuickTime、MPEG等。

三、任务实施

设置流媒体服务

步骤1：安装Windows Media服务

Windows Media服务在默认情况下不会自动安装，需要用户手动添加。在Windows Server 2003中，可以使用"Windows组件向导"安装Windows Media服务，还可以通过"配置您的服务器向导"来进行安装。

（1）选择"开始"→"控制面板"→"添加/删除程序"选项，打开"添加/删除程序"窗口，单击"添加/删除Windows组件"。

（2）在打开的"Windows组件向导"对话框中，选中"Windows Media Services"就可安装Windows Media服务器，如图5-43所示。

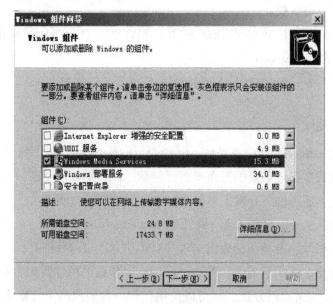

图5-43 "Windows 组件安装"对话框

步骤2：使用Media Server服务

安装完成后，其实Media Server已经启动了。

Media Server默认的发布目录在C:\WMPub\WMRoot，这个目录中已经安装了一些ASF、WMV文件。假设服务器的IP地址为"192.168.1.3"，在客户机的IE地址栏中上输入"mms://192.168.1.3/upgrade.asf"。就可以播放预置的流媒体电影。

步骤3：修改主内容目录

默认的流媒体发布目录是C:\WMPub\WMRoot，如果要添加电影、音乐等，都要复制到这个目录中。

改变发布主目录的方法如下。

（1）选择"开始"→"程序"→"管理工具"→"Windows Media服务"选项，打开"Windows Media Service"管理窗口，如图5-44所示。

图5-44 "Windows Media Service"管理窗口

（2）选择"发布点"→"<默认>(点播)"，再在右边选择"源"选项卡，可更改内容源的路径，如更改为"E:\VOD"。此时，如果E:\VOD目录下有一个1.asf文件，在客户机上输入mms://192.168.1.3/1.asf就可以播放这个文件。

步骤4：添加新的播放路径

如果还有媒体文件在其他目录，可以增加新的播放路径，方法如下。

（1）在"发布点"上单击鼠标右键，选择"添加发布点（高级）"，打开"添加发布点"对话框，如图5-55所示。

（2）在"发布点名称"文本框中输入发布点名称，如"music"。

（3）在"内容的位置"文本框中输入或选择要添加的实际路径，如"E:\music"。

（4）单击"确定"完成添加。此时，如果在E:\music目录下有文件one.smv，在客户机上输入"mms://192.168.0.3/music/one/smv"就可以播放。

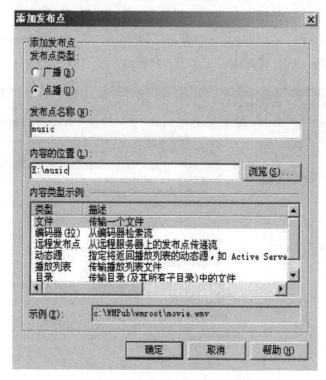

图 5-55 "添加发布点"对话框

实训项目

实训项目1用 IIS 构建 Web 和 FTP 服务器

1. 实训目的与要求

（1）掌握IIS的安装方法；

（2）学会Web服务器的配置与使用；

（3）学会FTP服务器的配置与使用。

2. 实训设备与材料

计算机若干台，局域网环境，Windows Server 2003系统软件1套。

3. 实训内容

实训内容为任务一中的任务实施内容。

4. 思考

（1）如果在客户端访问Web站点失败，可能的原因有哪些？

（2）在客户端访问FTP站点的方法有哪些？

实训项目2DNS 服务器的安装与配置

1. 实训目的与要求

（1）了解DNS正向查找和反向查找的功能；

（2）DNS服务器的安装与配置方法。

2. 实训设备与材料

计算机若干台，局域网环境，Windows Server 2003系统软件1套。

3. 实训内容

实训内容为任务二中的任务实施内容。

4. 思考

如何测试DNS服务是否成功？

习题

一、简答题

1. IIS都可以提供哪几方面的服务？

2. DNS服务的功能是什么？

3. 在DNS服务器中为什么要创建反向搜索区域？

4. 分析客户机上不能进行域名解析的原因？

5. 比较流行的流媒体技术软件有哪些？

二、实践题

某公司架设单位内部的局域网，但只有60个IP地址（地址范围为192.168.1.1~192.168.1.60），而公司内部有100台计算机。为了给公司内部客户机分配IP地址，需要架设DHCP服务器进行IP地址管理。为了让公司客户和员工共享文件，为此公司计划架设FTP服务器（单位内部的FTP服务器的地址为192.168.1.58，域名是ftp.test.net）。为了发布信息，需要架设Web服务器（单位内部的Web服务器IP地址为192.168.1.60，域名是www.test.net）。为了让公司内部员工通过域名访问公司站点，需要架设DNS服务器，进行IP地址解析。网络物理连接如图5-56所示。

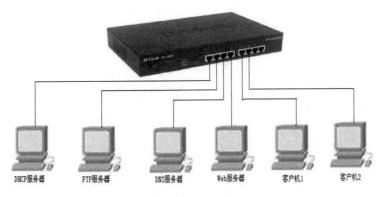

DHCP服务器　　FTP服务器　　DNS服务器　　Web服务器　　客户机1　　客户机2

图 5-56 网络拓扑图

请实现：

① 按照图5-56所示进行物理连接。

② 在充当DHCP服务器、FTP服务器、Web服务器和DNS服务器的计算机上安装

Windows Server 2003操作系统。

③ DHCP服务器、FTP服务器两台计算机需要使用静态IP地址，分别为192.168.1.57、192.168.1.58，另外192.168.1.59、192.168.1.60两个地址也预留给DNS服务器、Web服务器使用。

④ 配置DHCP服务器，能够为公司内部员工的计算机动态分配IP地址，并且可以自动分配IP地址、子网掩码、网关。

⑤ 配置FTP服务器，为公司内部用户提供匿名下载服务，上传文件需要用户名和密码。

⑥ 配置Web服务器，为公司内部用户提供信息发布服务。

⑦ 配置DNS服务器，能够为公司内部员工提供域名解析，将www.test.net与192.168.1.60、ftp.test.net与192.168.1.58分别对应起来。

项目六　构建 Linux 下的网络服务器

在以Internet技术为基础的计算机网络时代，如何在互联网上架设各种功能的服务器成为一项必需的技术。Linux作为一种免费的操作系统，以其稳定的性能、可靠的安全、丰富的网络功能、开源的理念逐步成为服务器操作系统的主流，因此需要在Linux下构建各种常见的网络服务。

本项目将主要学习Linux系统的基本操作以及基于Linux系统平台如何架设DHCP服务器、DNS服务器、Web服务器和FTP服务器。

任务一　Linux与网络管理

一、任务分析

Linux作为一种免费的操作系统，以其稳定的性能、较高的安全性、丰富的网络功能、开源的理念逐步成为服务器操作系统的主流。Linux最大的优点在于其作为服务器的强大功能。Linux沿袭UNIX系统，仍使用TCP/IP作为主要网络通信协议，内建ftp、telnet、mail和apache等各种功能，加上稳定性较高，因此被广泛用于架设服务器平台。

Linux作为网络服务器的平台，主要使用的是字符界面，配置过程比Windows平台下的图形界面配置要复杂，需要熟悉Linux的基本操作命令，熟悉与网络相关的基本配置文件的作用与功能，熟悉Linux下基本网络管理命令。

本任务将学习后续任务中将要用到的Linux系统的一些基本知识和基本操作，为后续的任务打下基础。

二、相关知识

（一）熟悉 Linux 的发行版本

Linux自诞生以来，发布了很多不同的版本，最常见的有：stackware、RedHat、Debian、suze等等。其中stackware是最早的Linux正式版本之一，它遵循BSD的风格，尤其是在系统启动脚本方面；RedHat Linux是Linux最早的商业版本之一，它在美国和其他英语国家市场上获得了较大的成功；Debian是一个开放源代码的操作系统，它由许多志愿者维护，是真正的非商业化Linux；suze由德国人开发出来，是在欧洲大陆最流行的版本之一。

RedHat分为两个系列，一个是桌面版RedHat Linux；一个是企业版RedHat Enterprise Linux。桌面版RedHat Linux自9.0以后，不再发布新的版本，而把这个项目与开源社区合作，从RedHat Linux发展出Fedora Core发行版本，Fedora和RedHat这两个Linux的发行版本联系很密切，Fedora可以说是RedHat桌面版的延续，取代了原来的RedHat Linux，因此桌面版RedHat Linux最高版本为9.0。今后与Red Hat公司相关的Linux发行版，将明确区分为免费、但不提供技术支持的Fedora Core，以及需要付费购买，有技术支持服务的RedHat Enterprise Linux。

本项目Linux操作系统平台下的网络服务的建立以RedHat 9.0为例来构建，其他发行版的Linux可能与此有些细微的差别。

（二）RedHat 9.0 Linux 的基本管理命令

为了构建Linux下的各种网络服务，需要一些常用的工具作为网络配置的预备知识。

1. vi 文本编辑器

Linux系统最常用的文本编辑工具就是vi文本编辑器，它以命令方式处理文本，是Linux网络配置最常用的工具。vi可以分为3种工作模式：一般模式、编辑模式和命令模式。

一般模式：输入vi命令进入vi文本编辑器的时候，就是一般模式，这个模式允许用户移动光标查看文本内容，对文本内容进行复制、粘贴操作，对文本内容进行搜索以及快速定位。

编辑模式：从一般模式下按i、o、a、r等字母键进入编辑模式，在此模式下可以对文本进行编辑，按Esc键则从编辑模式退回到一般模式。

命令模式：在一般模式按：、/、?等键进入命令模式，光标自动移到最底下一行，这种模式下可以实现文件的读取、存储、退出vi等操作。

2. 文件和目录

从RedHat Linux 7.2版本以后，默认的文件系统从ext2转变为ext3，ext3文件为ext2的一个增强版本，在可用性、数据完整性、速度和易于转换等方面，都有很大的进步。

现在RedHat Linux 9.0还支持其他多种不同的文件系统，几种常见的文件系统如下。

（1）ext2：即二级扩展文件系统类型，是Linux下的一种高性能文件系统。二级扩展是扩展文件系统（ext）的改进型，因为此文件系统性的高效，所以目前大多数Linux选择它作为默认的文件系统。ext2支持长达256字符的文件名，存储空间最大支持到4T。

（2）ext3：为ext2的改进型。

（3）MSDOS：是DOS、Windows和某些其他类型操作系统使用的文件类型。它的文件名采用"8.3"格式化，是最常用的一种简单的文件系统。

（4）fat：Windows 9X和Windows NT使用的文件系统类型，它在MSDOS文件系统的基础上增加了对长文件名的支持。

（5）NfS：网络文件系统，允许多台计算机之间共享文件的一种文件系统。

（6）iso9660：一种最常用的标准CD-ROM文件类型。

（7）Smb：支持Windows for Workgroups、Window NT和Lan Manager等系统中使用的SMB协议的网络文件系统类型。

文件是Linux用来存储信息的基本结构，它是被命名（称为文件名）的存储在某种介质上的一组信息的结合，Linux文件名是文件的标识，文件名由字母、数字、下划线和圆点组成的字符串构成，文件名的长度限制在255个字符以内。

Linux系统以文件目录的方式来组织和管理系统中的所有文件，整个文件系统有一个"根"，整个文件系统是一个"树形"结构。对文件进行访问时，要给出文件所在的路径。路径是指从树形目录中的某个目录层次到某个文件的一条道路，路径的主要构成是目录名称，中间用"/"符号分开。任意文件在文件系统中的位置都是由相应的路径决定的。

文件的路径分为相对路径和绝对路径，相对路径是指从用户工作目录开始的路径；绝对路径是指从"根"开始的路径。如：/home/abc就是绝对路径。

可以使用ls -l命令得到当前目录下的文件及其属性，如：

```
# ls  -l
总用量 3236
drwxrwxr-x  2  root     4096  10月7   15:34  apache
drwxrwxr-x  2  root     4096  10月14  11:39  eps
drwxrwxr-x  3  root     4096  10月14  11:39  jpg
-rw-rw-r--  1  root  3114118  10月20  15:15  linuxpaper.rar
```

Linux系统中的每个文件和目录都有访问许可权限，用它来确定用户能以何种方式对文件和目录进行访问和操作。文件或目录的访问权限分为只读、只写和可执行3种，有3种不同类型的用户可以对文件或目录进行访问：文件所有者、同组所有者和其他用户。

在用ls -l命令显示文件或目录的详细信息时，最左边的一列为文件的访问权限，其中第一个字母表示文件的类型：

b：表示块设备（比如一个硬盘）；

c：—表示字符设备（比如一个串行口）；

d：表示子目录（也是一种文件)；

l：表示符号链接（一个指向另外一个文件的小文件）。

后面9位表示不同用户对此文件的操作权限：

r：表示这个文件可以读；

w：表示这个文件可以进行写；

x：表示这个文件可以执行，或者对子目录来说是可以搜索。

每一文件或目录的访问权限都有3组，每组用3位标示。第一组的3个字符是针对这个文件的所有者的。文件的所有者一般是文件的创建者，文件被创建时，文件所有者自动拥有该文件的读、写和可执行权限，文件所有者可以将文件的访问权限赋予其他用户，根据需要设置访问权限，改变这几种权限的任何一种。第二组的3个字符是针对用户组。当账户第一次被建立的时候会被分配到两个组中：一个根据姓名而另外一个则用来面对用户组中的用户，第三组的3个字符是针对文件拥有者和其对应用户组之外的其他用户和用户组。

下面介绍Linux系统中常用的文件或目录操作命令。

（1）cp命令可以将给出的文件或目录复制到另一文件或目录中，例如下面的命令将file1.txt这个文件复制到/home/zhang目录下。

\# cp file1.txt /home/zhang

这里的filet.txt就是相对路径，是当前操作的目录，后面的/home/zhang是绝对路径。cp命令的参数-r提供目录复制的功能，如果cp命令给出的源文件是一个目录文件，-r参数要求系统递归复制该目录下所有的子目录和文件，此时目标文件必须是一个目录名，例如将wang这个目录复制到/home/Zhang目录下，可以使用下面的命令。

\# cp –r wang /home/zhang

如果，只需要将wang目录下的文件复制到/home/zhang目录下，而不需要将wang目录本身以及wang目录下的子目录一起复制到/home/zhang目录中，可以使用下面的命令。

\# cp wang/* /home/zhang

（2）mv命令可以将文件或目录改名或将文件由一个目录移动到另一个目录中。mv命令格式为

mv [options] source directory

mv命令中的第二个参数类型分为目标文件和目标目录两种情况，如果第二个参数类型为目标文件，mv命令将所给出的源文件或目录重新命名为给定的目标文件名，此时的源文件或源目录只能有一个，例如下面的命令将文件file1改名为file2。

\# mv file1 file2

如果第二个参数类型为已经存在的目录名称时，源文件或目录参数可以有多个，mv命令将各个参数指定的源文件或目录都移动到目标目录中，例如下面的命令将文件file1从当前目录移动到/home/zhang目录下，这相当于Windows下的剪切和粘贴操作。

\# mv file1 /home/zhang

mv命令中的可选参数[options]中，-i表示如果目的地已有同名文件，则先询问是否覆盖旧档。

（3）在Linux中，rm命令提供删除文件或目录的功能，命令格式为

rm [options] 文件或目录名

该命令可以删除一个目录中的一个或多个文件或目录，它也可以将某个目录及其下的所有文件及子目录全部删除。删除一个文件不用带任何参数，如下面的命令删除当前目录中的文件ciel2。

\# rm file2

如果是删除整个目录及目录下的所有文件，需要带-rf参数，例如下面的命令删除wang目录下的所有文件以及该目录本身。

\# rm　-rf　wang

参数选[options]是-i时，表示删除文件前逐一询问是否确认要删除。

（4）可以使用chmod命令改变文件的权限，这是Linux中很重要的命令，用来控制文件或目录的访问权限，它有两种用法：一种是包含字母和操作符表达式的文字设定法；另一种是包含数字的数字设定法。

文字设定法的格式为

chmod　[用户类型]　[符号] [属性] 文件名

用户类型有以下几种。

u：表示"用户"（user），即文件或目录的所有者；

g：表示"同组用户"（group），即与文件所有者同组的用户；

o：表示"其他"（other）用户；

a：表示"所有"（a11）用户，它是系统默认值。

符号有以下几种。

+：添加某个权限；

-：取消某个权限；

=：赋予给定的权限并取消其他所有权限。

属性有以下3种。

r：可读；

w：可写；

x：可执行。

其他常用的选项还有以下几种。

-v：显示权限变更的详细资料；

-R：对目前目录下的所有文件与子目录进行相同的权限变更（以递归的方式逐个变更）；

-help：显示辅助说明；

-version：显示版本。

例如：将文件mel.txt设为所有人皆可读取，使用下面的命令。

\# chmod　ugo+r　filet.txt

将文件filet.txt与file2.txt设为该文件拥有者，与其所属同一个群体者可写入，但其他以外的人则不可写入，使用下面的命令。

\# chmod　ug+w，o-w　filet.txt　file2.txt"

将文件exo.py设为只有该文件拥有者可以执行，使用下面的命令。

\# chmod　u+x　exo.py

将目前目录下的所有文件与子目录皆设为任何人可读取。

chmod -R a+r *

也可以用数字来表示权限如chmod 777 file。

chmod的数字设定法格式为

chnaod abc 文件名

其中a，b，c各为一个0~7的八进制数，分别表示User、Group及Other的权限。读权限r=4，写权限w=2，执行权限x=1。若要twx属性则权限值为4+2+1=7；若要rw-属性则权限值为4+2=6；若要r-x属性则权限值为4+1=5；依此类推。

例如：

chmod a=twx filet.txt和chmod 777 filet.txt效果相同；

chmod ug=twx，o=x file2.txt和chmod 771 file2.txt效果相同。

（5）Linux是多用户多任务操作系统，所有的文件都有拥有者，利用chon可以改变文件的拥有者。一般来说，这个命令只由系统管理者（root）使用，一般使用者没有权限可以改变别人的文件拥有者，也没有权限可以将自己的文件拥有者改设为别人，只有系统管理者才有这样的权限。命令的格式如下。

chon [options] [--help] [--version] user[:group] 文件名。

其中：user是新设定的文件拥有者，group为新设定的文件拥有者群体，常用的选项有以下几种。

-h：只对于连接（1ink）进行变更，而非该1ink. 真正指向的文件；

-v：显示拥有者变更的详细资料；

-R：对目前目录下的所有文件与子目录进行相同韵所有者变更；

--help：显示辅助说明；

--version：显示版本。

例如：将文件filet.txt的拥有者设为users群体的使用者zhang，可以使用以下命令。

chon zhang users filet.txt

（6）Linux中一般使用命令useradd来添加新用户，例如创建一个新用户jiang：

usersadd jiang

Linux中创建一个新用户时，系统完成了很多工作，该命令默认地在/home目录下为新用户jiang创建了用户的根目录；系统还将用户的口令等信息保存在/etc/passwd、/etc/shadow、/etc/group 三个文件中。root用户可以使用passwd命令改变新建用户的口令，也可以使用userdel命令删除用户，删除用户命令如果带参数-r，则连同用户的根目录也以其删除，例如下面的命令表示删除用户jiang，同时连同jiang的根目录也一起删除。

userdel -r jiang

（三）RedHat 9.0 Linux 网络相关的配置文件

1. 主机地址设置文件：/etc/hosts

Linux系统默认的通信协议是TCP/IP，而TCP/IP网络上的每台主机都是以IP地址来代表它的位置，不论主机位于局域网或是Internet中，只要使用TCP/IP为通信协议，则主机之间必须靠IP地址来互相识别。虽然IP地址可以很准确地辨别每一台主机，但是也产生了记忆地址困难的问题，如果采用一些一般人易记的名称，如：www.163.com，就可以降低用户记忆主机地址出错的机会，所以在TCP/IP网络上就出现一种利用中介机制来进行IP地址与易记的网络名称之间进行转换的解决方法。

进行地址转换的方法有两种，一种是使用DNS，它在名称解析的功能上较强；另一种是使用主机名文件/etc/hosts，虽然使用hosts文件功能不如DNS，也有很多的局限性，但它的设置简单，使用比DNS更为快捷。/etc/hosts文件进行名称解析的步骤如下。

（1）客户端在终端窗口或是浏览器等程序中输入目标主机名称后，系统会自动到/etc/hosts文件查询是否有目标主机的记录。

图6-1 利用 /etc/hosts 文件进行名称解析的流程

（2）若是在/etc/hosts文件中包含目标主机的记录，则可找出该主机的IP地址。

（3）工作站利用找出的主机IP地址，直接对此主机进行通信。

（4）若是/etc/hosts文件没有包含目标主机的记录，则此次连接会失败，并且停止指令或程序的运行，如图6-1所示。

下面是一个/etc/hosts文件的举例：

do not remove the following line, or various programs

that require network functionality will fail

127.0.0.1　　　localhost.localdomain　localhost　（缺省安装）

202.218.22.34　　hsl.php.edu.cn　（用户加入）

202.218.22.36　　ns2.php.edu.cn　（用户加入）

用户可以直接使用文本编辑器如vi修改这个文件，就可以完成简单的名称解析工作。

2. 网络服务数据文件：/etc/services

/etc/services是专为各种不同网络服务而准备的数据文件，在这个文件中包含Internet服务名称、使用的连接端口号（Port）与通信协议等信息。它允许使用连接端口号与通信协议来对应服务的名称，有一些程序必须使用这个文件以执行特定的功能。例如xinetd是一个功能强大的程序，它专门管理Internet上连接的要求，而当用户要求远程登录以及文件传输通信协议"FTP"时，它会自动检查/etc/services文件，并且找出对应的程序，以满足用户的要求。以下是/etc/services文件的部分内容举例。

```
ftp-data        20/tcp
ftp-data        20/udp
# 21  is  registered  to  ftp, but  also  used  by  fsp
ftp             21/tcp
ftp             21/udp
ssh             22/tcp
ssh             22/udp
telnet          23/tcp
telnet          23/udp
```

基本上每个服务都必须使用唯一的连接端口号/通信协议来对应，因此若两个服务需使用同一个连接端口号，则它们必须同时使用不同的通信协议。同样的，若是两个服务使用同一种通信协议，则它们使用的连接端口号一定不同，以便于区别。所有可用的端口号是0~65535，可以分为三种范围："Well-know"端口号（0~1023）、注册端口号（1024~49151）和动态端口号（49152~65535）。

3. xinetd 配置文件：/etc/xinetd.config

xinetd是Linux中一个非常重要的守护进程，它负责接受来自Internet客户端的请求，并且将客户端的请求传送至正确的服务程序，这样处理的优点在于由xinetd负责监听来自网络上的需求信息，而服务程序因为有xinetd帮助监听来自客户端的请求，所以他们不需要在每次启动时就加载大量的程序，这可避免系统资源的浪费。

以下是/etc/xinetd.config文件的内容。

```
# simple  configuration  file  for  xinetd
# some  defaults, and  include  /etc/xinetd.d/
Defaults
{
instances               =60      （同时运行的最大进程数）
log_type                =SYSLOG authpriv （设置日志文件的保存位置）
log_on_success          =HOST PID    （表示成功连接时记录的信息）
log_on_failure          =HOST RECORD （表示连接失败时记录的信息）
cps                     =25  30 （表示限制外部至内部网络的连接速度）
```

要注意的是，在每次修改 xinetd 或是任何一个看守进程的服务设置后，记得要重新启动 xinetd 才可使设置生效，启动命令如下：

/etc/rc.d/init.d/xinetd restart

4. 访问允许 / 禁止配置文件：/etc/hosts.allow 和 /etc/hosts.deny

除了可以将来自客户端的请求转送至指定的服务程序外，xinetd 还具备另一种功能，那就是可以集中式地管理客户端连接。当 xinetd 接受来自客户端的服务请求后，它会先检查 /etc/hosts.allow 文件中是否允许此客户端的访问，若是允许则会将此请求转送至指定的服务程序，同时忽略 /etc/hosts.deny 的检查。若在 /etc/hosts.allow 文件中没有此客户端可被允许的记录，接着 xinetd 会继续检查 /etc/hosts.deny 文件的内容，如果该客户端的数据出现在此文件中，则此请求会被拒绝，但若是没有出现，由此客户端的请求仍会被转送至指定的服务程序，如图 6-2 所示。

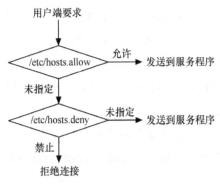

图 6-2　处理客户端请求的审核流程

因此通常会将需要提供服务的客户端记录在 /etc/hosts.allow 中，而在 /etc/hosts.deny 只写入简单的一行：

ALL: ALL

如果要增加额外的记录，可用以下的格式来设置：

Daemon: Address [:option[:option2]]

其中 daemon 表示在接受客户端要求后，必须执行的服务程序名称，例如 in.ftpd，或是使用 "all" 来代表所有服务程序名称。Address 代表某个客户端的 IP 地址、主机名称、URL，或是某一范围的 IP 地址、主机名称或 URL，但也可以使用如下所示的特殊字符串。

ALL：表示所有地址；

LOCAL：不包含小数点的主机名称（别名）；

UNKNOWN：代表所有名称或 IP 地址为未知的主机；

KNOWN：代表所有名称及 IP 地址均为已知的主机；

PARANOID：代表所有主机名称与 IP 地址不一致的主机。

[option] 是一个可选择的项目，并不一定需要设置，其含义如下所示。

allow：不论 hosts.allow 与 hosts.deny 的设置如何，符合此设置条件的客户端都可以进行连接要求，同时这个选项设置应该置于该行的最后面。

deny：不论hosts.allow与hosts.deny的设置如何，符合此设置条件的客户端都不可进行连接要求，同时这个选项设置应该置于该行的最后面。

spawn：当收到连接要求时会自动启动一个shell指令，此选项必须置于设置内容的最后。

twist：当收到连接要求时会自动启动一个shell指令，但是当shell指令执行完毕后，连接即告中断，此选项同样必须置于行的最后面。

5. 网络状态设置文件：/etc/sysconfi/network

/etc/sysconfig/network是TCP/IP网络的重要设置文件，它可以设置系统默认的网络参数，如下例所示。

NETWORKING=YES　　　　（表示开启Linux服务器的网络功能）

HOSTNAME=localhost.localdomain　（表示此台Linux的主机名称）

GATEWAY=192.168.2.1　　（本机使用的网关IP地址）

除了以上的设置项目以外，network文件还可以包含以下参数。

FORWARD_IPv4：设置此台服务器是否允许转送来自客户端的IPv4封包，若允许转送应加入FORWARD_IPv4=true；

DOMAINNAME：此台服务器所属的域名称；

GATEWAYDEV：连接网关的设备，通常设eth0表示以网卡当作网络连接设备，若是拨号用户则设为ppp0。

6. 主机搜寻设置文件：/etc/host.conf

对主机名的解析是先通过/etc/hosts文件还是由DNS解析，是由文件/etc/hos.conf来设置的，因此在这个文件中可以设置主机名称解析的顺序，其默认的内容很简单，如下所示。

order hosts, bind

这表示在进行解析时先使用/etc/hosts文件，然后才使用DNS。

但是/etc/host.conf文件还可以设置以下参数。

trim：指定默认的域名称，可以在此指定一个或多个默认的域名称，例如：abc.com，如此设置后，当要查询某一主机的信息时，只要输入主机名称，例如ns1，系统自然就会在主机名称加上默认的域名称，例如ns1.abc.com。

multi：是否在/etc/hosts文件中，允许一个主机名称对应到多个IP地址，例如若要将202.116.135.235和202.116.135.236都对应到主机ns1.abc.tom，可以加入以下记录：multi on。

nospoof：是否允许名称进行反向查询，这个功能可以提高主机名称的准确性，如果要开启这个功能，可以加入以下的记录：nopoof on。

7. DNS 服务器搜寻顺序设置文件：/etc/resol.conf

/etc/resol.conf文件的主要作用是用来设置DNS的相关选项，其常用的设置选项有3项。

nameserver：设置名称服务器的IP地址，此处所谓的名称服务器就是指DNS，最多可设置3个nameserver，而每个DNS的记录需自成一行，主机进行名称解析时会先查询记录中的第一台nameserver，如果无法成功解析，则会继续询问下一台nameserver。理论上可以使用Internet中的任何一部DNS服务器来进行名称解析，但由于效率的考虑，通常都会以距离最近的nameserver为第一优先顺序，如果主机本身就是DNS服务器，则可以使用0.0.0.0或是主机上的其他IP地址来表示，以下是一个DNS服务器的举例。

nameseryer　　0.0.0.0

nameserver　　202.116.135.235

nameseryer　　2 02.116.135.236

domain：指定主机所在的域名称；

search：在此处可以使用空格键来分隔多个域名称，而它的作用是在进行名称解析工作时，系统会自动将此处设置的域名称，自动加在欲查询的主机名称之后，可以加入最多6个域名称，但总长度不可超过256个字符。例如在此设置3个不同的域名称：hamel.com、name2.com、name3.com，当要查询的名称为host时，则系统会依次查询host.hamel.com、host.name2.com、host.name3.com。

（四）RedHat 9.0 Linux 的基本网络管理命令

1. 启动网络：network

/etc/rc.d/init.d/network是Linux系统中用来启动网络功能的Shell Script，在正常的状况下，每次开机都会自动启动，每当修改了系统中的网络状态，应该重新启动网络，而不需要重新开机reboot。命令格式：

\# /etc/rc.d/init.d/network　restart

2. 设置网卡状态：ifconfig 命令

ifconfig的参数非常多，其调用结构是：

ifconfig interface [[-net | -host] address [parameters]]

其中：

interface：是指接口名；

address：是指准备分配给这个接口的IP地址。它既可以是点分十进制的IP地址，也可以是ifconfig在/etc/hosts和/etc/networks文件内找出的接口名；

-net和-host：选项强制ifconfig将这个地址视作网络地址或主机地址。

如果ifconfig在调用时只有接口名，它就会显示出该接口的配置信息。如果调用ifonfig时不带任何参数，它就会显示已配置的所有接口；-a选项也将强制它显示所有非活动的接口。

ifconfig还能识别以下开关量，在前面加一破折号表示取消该功能。

up：启用指定的网卡。标志接口处于"up"状态，就是说IP层可以对其进行访问。这个选项用于命令行上给出一个IP地址之时，如果这个接口已被"down"选项临时性取消的话，还可以用于重新启用这个接口。

down：停用指定的网卡。标志接口处于"down"状态，就是说IP层不能对其进行访问，这个选项有效地禁止了IP通信流过这个接口。但是它并没有自动删除利用该接口的所有路由信息。如果永久性地取消了一个接口，就应该删除这些路由条目，并在可能的情况下，提供备用路由。

netmask：设置网络的子网掩码，供接口所用。要么给一个0 x开始的3 2位十六进制子网掩码，要么采用只适用于两台主机所用的点分十进制子网掩码。

pointtopoint address：这个选项用于只涉及两台主机的点到点链接，和指定的地址建立直接连接。

broadcast address：广播地址通常源于网络编号，通过设置主机部分的所有位得来。

metric number：这个选项可用于为接口创建的路由表分配度量值。

mtu bytes：这个选项用于设置网卡最大传输单元，也就是接口一次能处理的最大字节数。对以太网接口来说，MTU的默认设置是1500个字节。

arp：这个选项专用于以太网或包广播之类的广播网络。它启用ARP功能。

-arp：在接口上停用ARP功能。

promise：将接口置入promiscuous（混乱）模式。广播网中，这样将导致该接口接收所有的数据包，不管其目标是不是该主机，这个选项允许利用包过滤器和所谓的以太网窥视技术，对网络通信进行分析。

-promise：取消混乱模式。

allmulti：表示接收多播数据包，多播即是向不在同一个子网上的一组主机广播数据。

-allmulti：停止接收多播数据包。

下面是一些ifconfig命令使用的例子。

配置eth0的IP地址，同时激活该设备：

ifconfig eth0 192.168.1.18 netmask 255.255.255.0 up

停用指定的网络接口设备eth0：

ifconfig eth0 down

查看指定的网络接口设备eth0的配置，系统将显示以太网接口eth0的配置信息：

ifconfig eth0

查看所有的网络接口配置：

ifconfig

3. 显示网络统计信息：netstat 命令

netstat是一个非常有用的工具，通常它可以完成以下功能。

（1）显示网络接口状态信息

在随-i标记一起使用时，netstat将显示网络接口的当前配置状态。除此以外，如果调用时还带上-a选项，它还将输出内核中所有接口，并不只是当前配置的接口。

（2）显示内核路由表信息

命令格式：netstate -nr或者netstate -r

在随-r标记一起调用netstat时，将显示内核路由表，就像我们利用route命令一样。-n选项令netstat以点分十进制的形式输出IP地址，而不是象征性的主机名和网络名。

（3）显示TCP/IP传输协议的连接状态

netstat支持用于显示活动或被动套接字的选项集，选项-t、-u、-w和-x分别表示TCP、UDP、RAW和UNIX套接字连接。如果加-a标记，还会显示出等待连接，就是处于监听模式的套接字，这样可得到一份服务器清单，当前运行于系统中的所有服务器都会列入其中。

4. 侦测主机连接：ping 命令

最基本的查找并排除网络故障的工具是ping命令，ping发出数据包到另一个主机并等待回复。ping使用ICMP（网际控制报文协议）协议发出数据包到远程网络的主机，然后根据远方主机的响应消息来判断网络的情况。ping命令的最常用的方法是在命令后跟上主机名或地址，命令使用的格式为：ping主机名或主机域名。因为ping命令会持续地发送ICMP数据包，直到用ctrl+c中断ping命令为止，所以为了避免这种情况，可以在ping命令中加上-c+发送的数据包数这个参数来设置传送数据包的次数。如下面的ping命令将发送6个数据包。

ping -c 6 localhost.localdomain

5. 显示数据包经过历程：traceroute 命令

traceroute是TCP/IP查找并排除故障的主要工具。它不断用更大的TTL值发送UDP数据包并探测数据经过的网关的ICMP回应，最后能够得到数据包从源主机到目标主机的路由信息。traceroute通常使用和ping一样的方式，将目标地址作为命令参数。如上列命令将显示当前主机到达www.163.com服务器之间的路由信息。

traceroute www.163.com

6. arp 命令

arp命令可以用来配置并查看即缓存中的内容，下面是几种使用arp命令的例子。

查看arp缓存：

arp

添加一个IP地址和MAC地址的对应记录：

arp -s 192.168.33.18 00:60:08:27:CE:B3

删除一个IP地址和MAc地址对应的缓存记录：

arp -d 1 92.168.33.18

三、任务实施

Linux的基本网络管理

【任务场景】

要使用RedHat Linux 9.0构建网络服务，首先必须熟悉RedHat Linux 9.0中的基本网络配置文件，熟练掌握RedHat Linux 9.0中的基本网络管理命令，才能够在使用RedHat Linux 9.0构建各种网络服务时熟练使用这些配置文件和网络管理命令检查与验证各种构建的网络服务，才能保证能够正确配置各种网络服务。

【施工拓扑】

施工拓扑图，如图6-3所示。

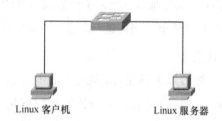

Linux 客户机   Linux 服务器

图 6-3 网络连接拓扑

【施工设备】

计算机2台，二层交换机1台，网络线若干根，RedHat 9.0 Linux 1套。

【操作步骤】

步骤1：按照网络拓扑图建立网络工作环境，安装连接设备。

步骤2：安装RedHat 9.0 Linux

（1）在安装RedHat Linux 9.0时，配置好本机的TCP/IP参数。

（2）在安装RedHat Linux 9.0过程中，选择安装DNS、DHCP、Web、FTP等服务。

步骤3：使用基本网络管理命令

（1）使用network命令停止和重新启用网络。

（2）使用ifconfig命令查看本机的网络接口。

（3）使用netstat命令查看网络统计信息。

（4）使用ping命令测试另一台计算机。

（5）使用traceroute命令显示数据包到达www.sina.com.cn经过的路径。

步骤4：查看并编辑基本网络配置文件

（1）使用vi查看并编辑主机地址设置文件/etc/hosts，在文件中加入www.sina.com.cn以及对应的IP地址的条目。

（2）使用vi查看本机的网络服务数据文件/etc/services。

（3）使用vi查看本机的xinetd配置文件/etc/xinetd-config。

（4）使用vi查看本机的访问允许/禁止配置文件/etc/hosts.allow和/etc/hosts.deny。

（5）使用Vi查看本机的网络状态设置文件/etc/sysconfig/network，修改其中的项目并验证修改的结果。

（6）使用vi查看本机的主机搜寻设置文件/etc/host.conf。

（7）使用vi查看本机的DNS服务器搜寻顺序设置文件/etc/resol.conf。

任务二 与Windows的资源共享

一、任务分析

某公司采用Linux操作系统组建了公司的网络服务，有部分职员办公时使用Linux操作系统，但是也有部分职员使用Windows操作系统，为了使得使用Windows操作系统和使用Linux操作系统的职员之间能共相互共享资源，要求让Windows主机和Linux主机之间能够相互访问。

本任务主要学习Windows主机和Linux主机相互访问的实现方法。

二、相关知识

（一）SMB 协议简介

在NetBIOS出现之后，Microsoft就使用NetBIOS实现了一个网络文件/打印服务系统，这个系统基于NetBIOS设定了一套文件共享协议，Microsoft称之为SMB（Server Message block，服务信息块）协议。SMB协议是一个高层协议，它提供了在网络上的不同计算机之间共享文件、打印机和不同通信资料的方法，这个协议被Microsoft用于它们Lan Manager和Windows NT服务器系统中，实现不同计算机之间共享打印机、串行口和通信对象。

SMB使用NetBIOS API实现面向连接的协议，该协议为Windows客户程序和服务提供了一个通过虚电路按照请求—响应方式进行通信的机制。SMB的工作原理就是让NetBIOS与SMB协议运行在TCP/IP上，并且使用NetBIOS的名字解析让Linux主机可以在Windows的网上邻居中被看到，从而和Windows 9X/NT/2000进行相互沟通，共享文件和打印机。因此，为了让Windows和Linux计算机相集成，最好的办法即是在Linux计算机中安装支持SMB协议的软件，这样Windows客户不需要更改设置，就能如同使用Windows NT服务器一样，使用Linux计算机上的资源。

（二）Samba 协议

Samba是用来实现SMB的一种软件，是一组软件包。它的工作原理也是让NetBIOS（Windows95网络邻居的通信协议）和SMB这两个协议运行于TCP/IP通信协议之上，并且使用Windows的NETBEUI协议让Linux计算机可以在网络邻居上被Windows计算机看到。

Samba协议是在TCP/IP上实现的，它是Windows网络文件和打印共享的基础，负责处理和使用远程文件和资源。在默认情况下，Windows工作站上的Microsoft Client使用服务消息块（SMB）协议，正是由于Samba的存在，使得Windows和Linux可以集成并互相通信。

Samba的核心是两个守护进程mbd和mbd程序，服务器启动到停止期间持续运行，mbd监听139 TCP端口，mbd监听137和138 UDP端口。mbd和mbd使用的全部配置信息都保存在smb.conf文件中。Smb.conf向mbd和mbd两个守护进程说明输出什么，共享输出给谁以及如何进行输出以便共享。mbd进程的作用是处理到来的SMB数据包，为使用该软件包的资源与Linux进行协商，mbd进程使其他主机能浏览Linux服务器。

1. Samba 软件的功能和应用环境

（1）Samba软件的功能

① 共享Linux文件系统给Windows系统。

② 共享Windows文件系统给Linux主机。

③ 共享Linux打印机给Windows主机。

④ 共享Windows打印机给Linux主机。

⑤ 支持Windows客户使用网上邻居浏览网络。

⑥ 支持SSL安全套接层协议。

⑦ 支持Windows域控制器和Windows成员服务器对使用Samba资源的用户进行认证。

⑧ 支持WINS名字服务器解析以及浏览。

（2）Samba的应用环境

图6-4所示是一个简单地使用Samba服务器的网络结构图。

图 6-4 使用 Samba 服务器的网络结构

图6-4所示是一个小型网络环境，在此环境中，运行Samba服务器的Linux系统为所有的Windows客户提供文件服务器和打印服务器的功能。当Samba服务器在Linux计算机上运行以后，Linux计算机在Windows上的网上邻居中看起来如同一台Windows计算机。

2. 安装 Samba 组件

（1）安装Samba组件

如果选择完全安装RedHat Linux 9.0，则系统会默认安装Samba组件。我们可以在终端命令窗口输入以下命令进行验证。

rpm -qa ｜ grep samba

如果结果出现以下所示的5个软件包，则表示已经安装。

samba-swat-2.2.7a-7.9.0

samba-2.2.7a-7.9.0

redhat-config-samba-1.0.4-1

samba-common-2.2.7a-7.9.0

samba-client-2.2.7a-7.9.0

如果没有安装过Samba软件包，则可以插入第1张安装光盘，然后鼠标依次单击"主菜单"→"系统设置"→"添加/删除应用程序"菜单项，打开"软件包管理"对话框，在该对话框中找到"Windows文件服务器"选项，确保该选项处于选中状态，然后单击"更新"按钮即可开始安装。

也可以把第1张安装光盘插入光驱，然后在终端命令窗口输入以下命令。

cd /mut/cdrom/redhat/dpms

rpm -ivy samba*

rpm -ivy redhat-config-samba-1.0.4-1.noarch.rpm

（2）RedHat Linux 9.0中Samba的配置文件

安装完成Samba组件后，在/etc/samba目录中有一些与Samba相关的文件，其中最重要的是smb.conf配置文件，其常用的有以下选项。

[global]：全局设置参数。

workgroup=mygroup：定义该Samba服务器所在的工作组或者域（如果下面的security=domain则表示域名）。

server string=my samba server：设置samba服务器名称，通过网络邻居访问的时候可以在备注里面看见这个内容，而且还可以使用samba设定的变量。

host allow=网络或者主机：设置允许访问的网络和主机ip，如允许192.168.1.0/24和192.168.2.1/24访问，就用host allow=192.168.1.0 192.168.2.1 127.0.0.1（网络注意后面加"．"号，各个项目间用空格隔开，本机也要加进去）。

printcap name=/etc/printcap：设置打印机配置文件的路径。

load printers=yes：允许共享打印机。

printing=printsystemtype：设置打印系统类型。

guest account=pcguest：定义游客账号，而且需要把这个账号加入/etc/passwd，不然它就用缺省的nobody。

log file=logfilename：设置日志文件LogFileName的路径（一般是用/var/log/samba/%m.log）。

max log size=size：定义日志文件的大小为size（单位是KB，如果是0的话就不限大小）。

security=security_level：设置Samba的安全级别（按从低到高分为share、user、server、domain四级）。

encrypt passwords=yes|no：设置是否对密码进行加密。

smb passwd file=smbPasswordFile：设置存放samba用户密码的文件smbPasswordFile（一般是/etc/samba/smbpasswd）。

Unix password sync=yes|no：设置Samba用户账号和Linux系统账号是否同步，一般同步，选项为yes。

passwd program=/usr/bin/passwd %u：设置本地口令程序。

obey pam restriction=yes：当认证用户时，服从PAM的管理限制。

ssl ca certfile=sslfile：当samba编译的时候支持SSL的时候，需要指定SS的证书的位置（一般在/usr/share/ssl/certs/ca.bundle.crt）。

username map=usermapfile：指定用户映射文件（一般是/etc/samba/smbusers），在这个文件里面指定一行root=administrator admin时，客户机的用户是admin或者administrator连接时会被当作用户root看待。

socket options=TCP_NODELAY SO_RCVBUF=8192 SO_SNDBUF=8192：设置服务器和客户之间会话的Socket选项。

dns proxy=no：是否为客户做DNS查询，选项为no时，不为客户做DNS查询。

interfaces=interface1 interface2：如果有多个网络接口，就必须在这里指定。如interface=192.168.12.2/24 192.168.13.2/24。

remote browse sync=host（subnet）：指定浏览列表同步信息从哪里取得，从host（例如192.168.3.25）还是整个子网取得。

以下代码设置每个用户的主目录共享。

[homes]

comment=Home directories

browseable=no

writable=yes

valid users=%s

create mode=0664

directory mode=0775：

以下代码设置全部打印机共享。

[printers]

Comment=all printers

Path=/bar/spool/samba

Browseable=no

Guest ok=no

Writable=no

Printable=yes

（三）windows 主机访问 Linux 主机

安装好Samba之后，就有了与Windows互相访问的基础。Windows主机要访问Linux主机，必须首先在Linux主机上对Samba服务的属性进行配置，例如指定Linux主机的共享目录、所在的工作组名称等，然后在Linux主机上启用Samba服务。

1. 配置 Samba 服务器

以前版本的RedHat Linux，必须直接修改Samba配置文件smb.conf，或者使用SWAT对Samba进行全方位的设置，很不方便。在RedHat 9.0 Linux中新引入了一个图形化的Samba服务器配置工具，可以很方便地对Samba服务器进行配置。以root用户身份登录系统，单击"主菜单"→"系统设置"→"服务器设置"→"Samba服务器"菜单项，即可打开Samba服务器配置对话框。也可以在终端命令窗口输入"redhat-config-samba"，来访问Samba服务器配置对话框。

首先对Samba服务器的基本设置和安全选项进行配置，单击配置对话框上的"首选项"→"服务器设置"菜单项，即可打开服务器设置对话框。

基本设置：在对话框的"基本"标签页，可以指定Linux主机所在的工作组名称，注意，此处的工作组名称不一定非得与Windows主机所在的工作组名称一致。

安全设置：然后进行Samba服务器安全设置，这里一共有4个选项。"验证模式"代表如果Windows主机不是位于NT域里，此处应该选择"共享"验证模式，这样只有在连接Samba服务器上的指定共享时才要求输入用户名、密码；"验证服务器"代表对于"共享"验证模式，无须启用此项设置；"加密口令"选项应该选择"是"，这样可以防止黑客用嗅探器截获密码明文；"来宾账号"代表当来宾用户要登录入Samba服务器时，必须被映射到服务器上的某个有效用户。选择系统上的现存用户名之一作为来宾的Samba账号。当用户使用来宾账号登录入Samba服务器，他们拥有和这个用户相同的特权。

添加共享目录：单击Samba配置对话框工具栏上的"增加"按钮。在打开的对话框中的"基本"标签页上，指定共享目录为某个存在的目录，例如可以指定/imp，再指定该目录的基本权限是只读还是读/写。在"访问"标签页上，可以指定允许所有用户访问，或者只允许某些用户访问。

用户可以在Linux下使用下面的命令检查服务器所共享的资源。

\# smbclient -L localhost

用户也可以在Linux下使用下面的命令查看Samba服务器资源被使用的情况。

\# smbstatus

2. 启用 Samba 服务器

打开终端命令窗口，输入"/shin/service smb start"命令，即可出现以下提示信息，表示Samba服务已经启动。

/shin/service smb star

启动SMB服务 [确定]

启动NMB服务 [确定]

3. 使用 Windows 主机访问 Linux 主机

在Windows环境下，打开"网络邻居"，查找Samba服务器，双击Samba服务器后进行用户验证，输入Samba用户和密码，可以看到在Linux服务器中设置的共享。

还可以通过映射网络驱动器访问Samba共享。在共享资源上右击鼠标，在弹出的快捷菜单中选择"映射网络驱动器"，在弹出的窗口中设置驱动器。完成了网络驱动器的映射之后，就可以在资源管理器中通过驱动器访问共享资源。

（四）Linux 主机访问 Windows 主机

当Linux主机作为Samba客户访问Windows的共享或其他Linux主机提供的Samba共享时，既可以使用IP地址访问，又可以使用NetBIOS名访问。如果使用NetBIOS名访问共享资源，需要在Samba客户上的/etc/samba/lmhosts文件中添加相应的记录，如同Linux系统中的/etc/hosts文件存放了TCP/IP主机名和IP地址的对应关系，Samba使用/etc/smb/lmhosts文件存放NetBIOS名与IP地址的静态映射表。可以使用vi查看并修改lmhosts文件。

1. 用字符命令方式访问 Windows 宿主机的共享资源

（1）查询宿主机的共享资源

使用"smbclient -L WindowsHostName或IP地址"命令查询Windows主机的共享资源，命令中的WindowsHostName用Windows主机名代替。例如：要查询Windows主机zhang上的共享资源，可以在终端窗口输入"smbclient -L zhang"命令，回车即可看到Windows主机的共享资源。

（2）连接宿主机的共享目录

使用"smbclient //WindowsHostName/ShareName"命令来连接Windows主机上的某个共享文件夹，如果该共享文件夹需要用户名和密码，则可以使用"smbclient //WindowsHostName/ShareName -U UserName"命令。例如：要连接Windows主机zhang上的共享目录Share，可以在终端窗口输入"smbclient //zhang/Share"命令。

如果连接成功，会出现"smb:>"提示符，在该命令提示符下输入适当的命令，即可对所连接的共享目录进行操作。Smb支持的命令有大约40个，可以很方便地对共享目录进行删除、重命名、切换目录等操作。例如：要列出共享目录"Share"下的具体内容，可以使用ls命令；要删除其下的test.txt文件，可以使用"del test.txt"命令。

（3）映射网络驱动器

Windows下可以将共享目录映射为网络驱动器，可以把共享目录当成本地文件夹使用。在Linux下同样可以用smbmount命令来实现类似的功能，使用远程挂载方法将远程共享挂载到本地。

具体的命令参数是"smbmount //WindowsHostName/ShareName/mut/smbdir"（此处的ShareName指代Windows共享资源名称，smbdir指代挂载点名称）。例如要将Windows主机zhang下的共享文件夹Share映射为/mut/WinShare目录，具体步骤如下。

① 首先在/mut目录下创建一个目录/mut/WinShare。

② 然后打开终端命令窗口，运行"smbmount //zhang/Share/mut/WinShare"。

③ 再在文件管理器里打开/mut/WinShare目录，就可以看到共享目录的内容。

④ 要卸载该映射目录，可以使用mount/mut/WinShare命令。

2. 在桌面环境下访问 Windows 主机

借助Gnome桌面下的文件管理器Nautilus，可以用图形界面来访问Windows主机，此时Nautilus只是提供访问Windows主机的图形界面，具体的底层操作还是借助于Samba客户端来完成。

在Gnome桌面环境下，单击"主菜单"→"网络服务器"菜单项，即可用Nautilus文件管理器查看工作组列表。双击工作组名称，即可看到其下的Windows主机。双击其中的某台Windows主机图标，即可看到该主机的共享文件夹，这和Windows下的网络邻居几乎一样。

由于Nautilus本身就是RedHat Linux的文件管理器，所以我们可以任意往Windows共享目录里拷贝文件、删除文件、创建目录等。但是对于Windows 2000/XP主机还需要考虑该共享资源的权限设置。

三、任务实施

Windows主机和Linux主机相互访问的实现

【任务场景】

使用RedHat Linux 9.0的Samba服务，实现Windows主机和Linux主机之间相互访问，共享彼此的资源。

【施工拓扑】

施工拓扑图，如图6-5所示。

Linux 客户机　　　Linux 服务器　　　Windows 客户机

图 6-5 网络连接拓扑

【施工设备】

计算机3台，二层交换机1台，网络线若干根，RedHat 9.0 Linux系统软件1套，Windows Server 2003 系统软件1套。

【操作步骤】

步骤1：按照网络拓扑图建立网络工作环境

步骤2：安装RedHat Linux 9.0和Windows 2003

① 在一台计算机上安装RedHat Linux 9.0时，配置好此机的TCP/IP参数。

② 在安装RedHatLinux 9.0时，选择安装Samba服务。

③ 在另两台计算机上安装Windows Server 2003，配置好此机的TCP/IP参数。

步骤3：查看RedHat Linux 9.0中Samba的默认配置文件

① 使用vi打开RedHat Linux 9.0中Samba的默认配置文件/etc/samba/smb.conf。

② 分析RedHat Linux 9.0中Samba的默认配置文件/etc/samba/smb.conf。

③ 修改其中的workgroup、server string等选项，观察结果。

步骤4：用Windows主机访问Linux主机

① 配置Samba服务器。

② 启用Samba服务器。

③ 从Windows主机访问Linux主机。

步骤5：用Linux主机访问Windows主机

① 配置/etc/samba/lmhosts文件。

② 在Linux桌面环境下访问Windows主机。

③ 在Linux中用命令方式访问Windows宿主机的共享资源。

任务三　构建DHCP服务器

一、任务分析

某公司共有办公计算机300台，建设了公司的内部网络，有一名网络管理员管理所有网络配置与设备维护。为了保证网络的畅通，必须保证计算机的TCP/IP配置正确，IP地址不冲突，如果由网络管理员手工配置，容易产生错误。使用DHCP服务器自动完成客户机的网络参数的配置，可以极大减轻网络管理员的负担，提高网络管理员的工作效率。本任务就是要在Linux下架设一台DHCP服务器。

本任务主要学习Linux环境中DHCP服务器的安装与配置方法。

二、相关知识

（一）安装 DHCP 服务器

DHCP可以在Linux初次安装时就选择安装，如果不能确认是否已经安装，则可以使用下面的命令检查系统是否已经安装了DHCP服务（RedHat Linux9.0默认情况下并没有自动安装DHCP服务）。

rpm -q chcp

如果显示"chcp-3.0pll-23"则表示已经安装，如果显示"package dcpd is not installed"表示DHCP服务没有被安装，可以从RedHat Linux 9.0的发行光盘上找到后进行安装。

DHCP的安装包主要包含：chcp、dhclient和chcp-devel 3个包，其中chcp包是DHCP服务器的安装包，而安装包dhclient是客户端的工具。安装包chcp-3.0p11-23.i386.rpm和安装包chcp-devel-3.0pll-23.i386.rpm在RedHat Linux 9.0发行光盘的第2张光盘上，而安装包dhclient-3.0p11-23.i386.rpm在RedHat Linux 9.0发行光盘的第1张光盘上。从安装光盘中找到服务器安装包文件，使用下面的命令即可安装成功。

rpm -ivy chcp-3.0p11-23.i386.rpm

（二）DHCP 服务器的配置

1. 与 DHCP 相关的文件

与DHCP相关的主要文件如表6-1所示。

表 6-1 与 DHCP 相关的文件

文件	说明
/etc/dcpd.conf	配置文件
/var/lib/chcp/dcpd.lease	客户租赁数据库（系统自动维护，不应该手工编辑）
/usr/shin/dcpd	执行文件
/etc/rc.d/init.d/dcpd	启动文件
/var/log/messages	日志文件
/etc/sysconfig/dcpd	定义 DHCP 广播网卡文件

2. DHCP 配置文件

DHCP服务器的运行参数，是通过修改其配置文件dcpd.conf来实现的。该文件通常存放在/etc目录下。由于dcpd.conf是一个文本文件，可以使用任何文本编辑器如vi来编辑它。每次修改配置文件的设置后，需重新启动DHCP服务后才能使新的配置生效。

初始安装dcpd服务时，不会自动创建配置文件/etc/dcpd.conf，需要手动生成，但是Linux操作系统提供一份样本，为了简化操作，可以在此样本的基础上进行修改，借助配置文件的范本完成配置文件。样本文件位置为：/usr/share/doc/chcp-3.0p11/dcpd.conf.sample。

先将样本文件复制到/etc目录中，然后进行修改。

cp /usr/share/doc/chcp-3.0pl1/dcpd.conf.sample /etc/dcpd.conf

缺省的样本文件的内容如图6-6所示。

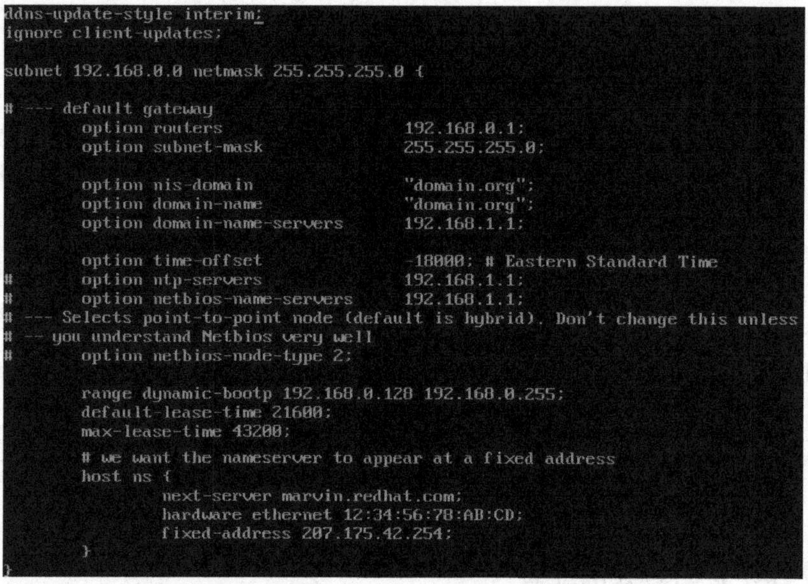

```
ddns-update-style interim;
ignore client-updates;

subnet 192.168.0.0 netmask 255.255.255.0 {

# --- default gateway
        option routers                  192.168.0.1;
        option subnet-mask              255.255.255.0;

        option nis-domain               "domain.org";
        option domain-name              "domain.org";
        option domain-name-servers      192.168.1.1;

        option time-offset              -18000; # Eastern Standard Time
#       option ntp-servers              192.168.1.1;
#       option netbios-name-servers     192.168.1.1;
# --- Selects point-to-point node (default is hybrid). Don't change this unless
# -- you understand Netbios very well
#       option netbios-node-type 2;

        range dynamic-bootp 192.168.0.128 192.168.0.255;
        default-lease-time 21600;
        max-lease-time 43200;

        # we want the nameserver to appear at a fixed address
        host ns {
                next-server marvin.redhat.com;
                hardware ethernet 12:34:56:78:AB:CD;
                fixed-address 207.175.42.254;
        }
}
```

图 6-6 chcpd.conf.sample 样本文件内容

第1行：设置实现动态DNS的方法，指明DNS更新方案，目前主要有两种特殊的DNS更新模式（dens-update-style ad-hoc）和过渡性DHCP-DNS互动草图更新模式（ddns-update-style interim）。

第2行：设置忽略客户端更新。

第3~4行：声明用于分配给客户机的子网号和子网掩码，在subnet内部的语句只对该subnet子网有效。必须为网络中的每个子网声明一个subnet，否则dhcp服务器可能无法启动。

第5行：设置默认网关的地址。

第6行：设置客户机的子网掩码。

第7行：设置所属的域名。

第8行：设置DHCP客户机所属的域名。

第9行：设置DNS服务的地址。

第10行：本地时间与格林尼治时间差（单位是秒）。

第11~14行：设置网络时间服务器和WINS服务器的地址，默认并没有启用。

第15行：设置客户机的节点模式。1为B节点，2为P节点，4为M节点8为H节点。

第16行：设置可分配给客户机的IP地址范围，在subnet语句中，最少需包含一个range语句，如果IP地址不连续，可以使用多个range语句。

第17行：设置IP地址缺省的租约期限（单位是秒）。如果租约申请没有指定时间，则使用该时间。

第18~19行：设置IP地址最长的租约期限（单位是秒）。

第20~24行：设置为DNS服务器绑定静态IP地址。指明分配固定IP地址的机器的硬件地址（MAC）和固定的IP地址信息。

通过修改DHCP服务配置样本文件，可以快速完成DHCP服务的配置。从Sample文件不难看出：在dcpd.conf配置文件中语句必须以分号结尾；选项通常以option关键字开头；需用花括号将容器指令（如subnet和host）中的语句和选项包含起来；被"{ }"包围的subnet声明之外的参数全部被当作全局参数。Sample文件中的语句和选项已经满足一般的应用需要，实际应用时，只需根据具体网络环境要求修改Sample文件中相应语句和选项即可。

3. 启动和停止 DHCP 服务

可以像其他的Linux服务一样启动和停止或者重启DHCP服务，如：

service dhepd start

或者使用启动脚本启动：

/etc/rc.d/init.d/dcpd start

如果系统连接了不止一个网卡，但是只想让DHCP服务器启动其中一块网卡，可以配置DHCP服务器只在那个设备上启动。在/etc/sysconfig/dcpd中，把接口的名称添加到DHCPDARGS的列表中：

command line options here

DHCPDARGS=eth0

如果希望系统启动时自动启动chcp服务，可以使用chkconfig将服务设置为自动启动。

/shin/chkconfig --level 345 dcpd on

/shin/chkconfig --list | grep dcpd

dcpd　　0：关闭 1：关闭 2：关闭3：启用 4：启用 5：启用6：关闭

也可以执行"ntsysv"命令启动服务配置程序，找到"dcpd"服务，然后在其前面加上"*"星号，确定即可实现自动启动chcp服务。

4. 测试 DHCP 服务

编辑好配置文件dcpd.conf后，执行命令"/etc/rc.d/init.d/dcpd start"启动DHCP服务。在Windows工作站中设置为自动获取IP地址，工作站如果能正确获取服务器分配的IP地址和各项TCP/IP参数。

5. 查看 IP 地址租用信息

DHCP服务器将IP地址租用信息保存在/var/lib/chcp/dcpd.1eases文件中，通过查看该文件得到IP地址的租用情况。

（三）DHCP 客户端的配置

1. Windows 客户机的配置

在Windows客户机TCP/IP参数设置中设置为自动获取IP地址即可。

2. Linux 客户机的配置

手工配置Linux下的DHCP客户机，需要手工修改/etc/sysconfig/network文件，并且修改/etc/sysconfig/network-scripts目录中每个网络设备的配置文件。在该目录中，每个设备都应该有一个叫作-eth0的配置文件，eth0表示是第一块网卡。

/etc/sysconfig/network配置文件应该设置以下行：

NETWORKING=yes

编辑/etc/sysconfig/network-scripts/ifcfg-eth0配置文件，应该设置以下几行：

DEVICE=eth0

BOOTPROTO=chcp

ONBOOT=yes

三、任务实施

在RedHat Linux 9.0中构建DHCP服务器

【任务场景】

使用RedHat Linux 9.0的DHCP服务，实现Windows客户机和Linux客户机自动获取IP地址、子网掩码、默认网关、DNS服务器的IP地址等相关的参数。

【施工拓扑】

施工拓扑图，如图6-7所示。

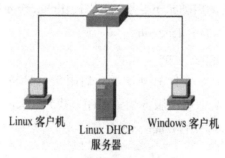

Linux 客户机　　　　Linux DHCP　　　Windows 客户机
　　　　　　　　　　服务器

图 6-7 网络连接拓扑图

【施工设备】

计算机3台，二层交换机1台，网络线若干根，RedHat 9.0 Linux系统1套，Windows XP系统1套。

【操作步骤】

步骤1：按照网络拓扑图建立网络工作环境

步骤2：安装RedHat Linux9.0和Windows XP

（1）在一台计算机上安装RedHat Linux9.0时，配置好此机的TCP/IP参数，作为DHCP服务器，并安装好DHCP服务器软件。

（2）在第二台计算机上安装RedHat Linux9.0，作为Linux客户机。

（3）在第三台计算机上安装Windows XP，作为Windows客户机。

步骤3：生成DHCP配置文件

（1）使用CP命令将样本配置文件拷贝到/etc目录中。

（2）修改/etc/dcpd.conf文件，设置DHCP自动分配的IP地址租约期为10天，IP地址范围为：192.168.100.1~192.168.100.200，子网掩码为：24位，默认网关为：192.168.100.254，DNS服务器的IP地址为：202.98.166.168。

（3）启动DHCP服务器

步骤4：在Windows客户机和Linux客户机上检查

（1）检查Windows客户机参数的获取情况。

（2）检查Linux客户机参数的获取情况。

步骤5：在DHCP服务器上检查

在DHCP服务器上检查IP地址的租约情况。

任务四　构建DNS服务器

一、任务分析

某公司有员工300人，计算机300台，已经建成了公司的内部网络，组建了公司的Web服务器发布公司信息、公司的邮件服务器收发电子邮件、公司的FTP服务器上传下载资料，为了使用容易记住的名称代替难以记忆的IP地址访问服务器，需要DNS服务器完成IP地址与网络名称的转换工作。

本任务就是要在Linux下架设一台DNS服务器。

二、相关知识

（一）安装 DNS 服务器

域名服务（DNS）是Internet和Intranet中重要的网络服务，通过它可以将域名解析为IP地址，从而使得人们能通过简单好记的域名来代替IP地址访问网络。Bind是目前使用非常广泛的域名系统服务器软件，Linux和Unix平台下通常使用Bind来实现DNS服务，并且Internet上绝大多数DNS服务器都是使用该软件实现的。Bind是Berkeley Internet Name Domain Service的简写，是实现DNS服务器的一种软件，它原本是伯克里大学（Berkeley）开设的一个研究生课题，后来发展成被广泛使用的DNS服务器软件。Bind经历了第四版、第八版和最新的第九版，第九版修正了以前版本的许多错误，提升了执行时的效能。目前Bind软件由ISC（Internet Software Consortium）这个非营利性机构负责开发和维护。

在Linux中DNS服务器的安装软件就是Bind，在安装RedHat Linux9.0时，可以选择安装Bind服务器；其内建的Bind服务器版本为Bind-9.2.1.16。表6-2列出了与服务器软件Bind和DNS服务软件相关的软件包。

表 6-2 与服务器软件 Bind 和 DNS 服务软件相关的软件包

安装包	rpm 包	说明	位置
Bind-9.2.1-16.i386.rpm	Bind	Bind 服务	ddl
Bind-utile-9.2.1-16.i386.rpm	Bind-utile	Bind 服务的工具包	ddl
Caching-nameserver-7.2-7.noarch.rpm	Caching-nameserver	DNS 高速缓存服务器软件包	CD2
redhat-config-bind-1.9.0-13.noarch.rpm	Redhat-config-bind	X-Window 下的 Bind 配置程序	ddl

1. 查询安装信息

在安装RedHat Linux9.0时，可以同时安装Bind，如果不知是否已安装此版本的Bind服务器软件，可以使用命令查询。有Bind版本信息显示则表示已经安装。

\# rpm -qa bind

bind-9.2.1-16

2. 安装

（1）Bind的安装

若是在RedHat Linux9.0安装时没有安装Bind服务器，此时需先找出第1张光盘中的Bind-9.2.1-16.i386.rpm文件，然后依次输入下面的命令即可完成Bind的安装。

\# mount /dev/cdrom /mut/cdrom

\# cd /mut/cdrom/RedHat/RPMS/

\# rpm -ivy bind-9.2.1-16.i386.rpm

（2）其他软件包的安装

对于Bind-utile工具和caching-nameserver服务，一般情况下都需要用到，因此需要安装，如果想在X-Window下配置Bind还需要安装redhat.config.bind工具。

安装Bind-utile，可以使用-U参数进行升级安装：

\# rpm -ugh bind-utile-9.2.1-16.i386.rpm

安装caching-narneserver服务（在第2张CD里）：

\# rpm -ivy caching-nameserver-7.2-7.noarch.rpm

安装redhat.config-bind图形化配置工具：

rpm -ivy redhat-config-bind-1.9.0-13.noarch.rpm

（3）启动

安装完成后，可以使用下面的命令来启动Bind服务器。

/etc/rc.d/init.d/named start

（二）DNS 服务器的配置

1. 配置文件

与DNS服务器配置相关的配置文件主要有：/etc/hosts，/etc/host.conf，/etc/resol.conf，/etc/named.boot，/etc/named.conf，在/var/named目录下还包含DNS区域和反向区域的一些配置文件：localhost.zone、named.ca和named.local。将这些配置文件分为两种类型：DNS主要的配置文件和DNS补充配置文件。

（1）DNS主要配置文件

表6-3列出了主要的配置文件以及它们的功能。

表 6-3 主要配置文件及功能

文件	说明
/var/named/localhost.zone	本机的区域文件
/var/named/named.ca	如果 DNS 服务器的数据库中没有包含所要的记录，则此服务器首先会根据根域的 DNS 服务器解析有关域的类型，/var/named/named.ca 文件用于保存相关信息的记录。
/var/named/named.local	指 "0.0.127.in-adar.arpa" 区域的反向解析记录文件。
/etc/resol.conf	resolve 的状态文件，该文件用于设置有关客户要求名称解析时所定义的各项内容，也就是说此时此台计算机的角色为担任 DNS 中的客户端。
/etc/named.conf	Bind 服务的主要配置文件，在这个文件中除设置 Bind 的一些重要参数外还会同时指出该服务管辖的区域名称，记忆相关文件的存放位置。

（2）DNS补充配置文件

没有在上表中列出的两个配置文件是DNS服务的补充，其作用如下。

① /etc/host.conf文件

/etc/host.conf文件确定主机查询域名的顺序，是首先查找HOSTS文件再通过Bind服务查询DNS数据库；还是先通过Bind服务查询DNS数据库再查找HOSTS文件。一般是先查询HOSTS文件，此时/etc/host.conf文件的内容如下：

order hosts，bind

② /etc/hosts文件

/etc/hosts保存少数主机名称到IP地址的匹配，包括本机的名称与IP地址的匹配信息，文件的格式如下：

IP地址 主机名称（域名）主机别名

2. 创建配置文件

创建DNS配置文件包括/etc/named.conf和目录/var/named/中的几个数据文件。

（1）建立主配置文件/etc/named.conf

Bind的主配置文件是named.conf，该文件通常存放在/etc目录下。Named.conf里面并不包含DNS数据，它只包括Bind的基本配置，DNS数据文件一般存放在/var/named/目录下。Named.conf文件的内容如下：

options{

directory "/var/named";

};

此段定义named要读写文件的路径，配置文件中后续的语句如果没指定文件的路径，默认为此处定义的路径。

zone "." {

type hint;

file "named.ca";

};

此段定义根区域".", 其区域类型为"hint"（只有"."区域才会使用"hint"类型）。该区域数据的文件名为named.ca。

zone "abc.com" {

type master;

file "abc.com.zone";

}

此段定义域abc.com，其类型为"master"（即主区域），主区域中的DNS数据保存在区域数据文件中，区域数据文件为abc.tom.zone。

zone "9.168.192.in-adar.arpa" {

type master;

file "192.168.9.arpa";

}

此段定义反向解析域"9.168.192"，它负责将IP地址解析成对应的域名，要注意的是".in-adar.arpa"是反向解析域的固定格式，不能改变。设定反向解析域时，需要将子网号反过来写，如子网"192.168.9.0/24"完整的反向解析域名为"9.168.192.in-adar.arpa"，子网"192.168.9.0/16"完整的反向解析域名为"168.192.in-adar.arpa"。type master说明其区域类型为主区域。file "192.168.9.arpa"定义保存区域数据的文件名。

zone "xyz.edu.cn" {

type slave;

file "xyz.edu.cn.zone";

masters {192.168.9.111; };

};

此段定义域"xyz.edu.cn"，其域类型为slave（即从区域）。从区域中的DNS数据是通过复制主区域中的数据生成，设置从区域的目的是为了加快查询速度、提供容错和均衡负载等。另外，还需要通过master指令指定主区域服务器的地址。Bind服务启动时会自动连接主区域服务器并复制其中的DNS数据。

```
zone "1.168.192.in-adar.arpa" {
type slave;
file "192.168.9.arpa";
masters {192.168.9.111；};
};
```

此段定义反向解析域"1.168.192"，其域类型为从区域。

从上面例子可知named.conf中语句必须以分号结尾；使用花括号将容器指令如options和zone中的语句和选项包含起来；可以使用C语言中的"/*…*/"、C++的"//"和shell脚本的"#"注释语句作为注释。

（2）建立区域数据文件

从DNS服务的主配置文件可知，abc.com的区域配置文件为abe.com.zone，主要配置参数为：

```
$ltl 38400
```

定义查询的数据缓存的默认时间，单位是秒。

```
abc.com.  IN  SOA  ddd.abc.com.  admin.abc.com.
```

"abc.tom."代表区域名，也可以使用符号"@"来代替；"IN"代表类型是属于Internet类（固定的格式不可改变）；"SOA"是Start of Authority（起始授权机构）记录的缩写；"ddd.abc.com."是指负责该区域的主服务器域名，在地址末尾要加上一个英文的句号，因为末尾没加句点号"."的名称都会被视为本区域内的相对域名，如"ddd.abc.com"会当成"ddd.abc.com.abc.com"解析；"admin.abc.com"是指负责该区域的管理员的E-mail地址，由于在DNS中使用符号"@"代表本区域的名称，所以在E-mail地址应使用句点号"."代替"@"。

```
www    IN    A    192.168.9.9
ftp    IN    A    192.168.9.8
mail   IN    A    192.168.9.6
```

A记录定义一些主机与IP地址的对应的关系，这是DNS地址解析的主要内容。

```
@  IN  MX  1  mail.abc.com i
```

MX记录定义邮件服务器的位置，DNS服务器把邮件都发往邮件服务器mail.abc.com。

（3）配置反向域名解析

/var/named/192.168.9.arpa文件的内容如下：

```
$ltl  38400
```

9.168.192.in-adar.arpa. IN SOA ddd.abc.com. admin.abc.com. （

1098259934

10800

3600

604800

38400）

9.168.192.in-adar.arpa. IN NS ddd.abc.com.

9.9.168.192.in-adar.arp. IN PTR www.abc.com.

该文件用于保存反向解析域的DNS数据，结构与abc.corn.zone类似。反向解析域数据文件主要由PTR记录构成，PTR记录和A记录正好相反，是将IP地址解析成域名用的记录。

（4）建立从区域文件

从区域文件是由Bind执行区域复制自动生成的，但为了Bind有在"/var/named"目录建立文件的权限，要执行以下命令：

chon named.named /vat/named

（5）建/var/named/named.ca

"named.ca"是一个非常重要的文件，该文件包含了Internet域名解析根服务器的名字和地址。Bind接到客户端主机的查询请求时，如果在Cache中找不到相应的数据时会通过根服务器进行逐级查询。"named.ca"可以到ftp://ftp.rs.interni.net/domain/named.root下载，下载后请将其改名并复制到"/var/named/"目录下。

（三）DNS 的测试

DNS服务配置完毕之后，还需要进行以下测试，验证DNS的配置是否正确。

1. 启动 DNS 服务

配置好DNS服务后，执行以下命令启动DNS服务：

/etc/rc.d/init.d/named start

2. 配置域名

设置/etc/resol.conf文件中内容如下：

domain abc.com

nameserver 127.0.0.1

3. 使用 nslookup 命令测试

借助nslookup命令测试DNS服务器，可以来查询DNS中的各种数据。

（1）测试SOA记录

执行以下指令测试SOA记录：

nslookup -querytype=soa abc.com

（2）测试NS记录

执行以下指令测试NS记录。目的是为了测试相应域的NS（Name Server）域名解析器是否被正确配置。

nslookup -querytype=ns abc.com

显示信息应该如下：abc.com   nameserver=ddd.abc.com.

（3）测试A记录和CNAME记录

测试主机和别名解析：

如果可以正确显示www.abc.com的IP地址，表示相应的A和CNAME记录配置正确。

Name: www.abc.com

Address: 192.168.9.9

（4）测试MX记录

执行以下指令测试MX记录：

nslookup -querytype=mx   169boy.com

（5）测试PTR记录

反向域名解析可以进行如下测试：

nslookup 192.168.9.9

正常情况下，显示信息应该是：

9.9.168.192.in-adar.arpa name=www.abc.com.

（6）使用ping命令可以简单地查看域名解析是否工作正常

（7）使用host命令可以查看域名和IP地址之间的对应

（四）DNS 客户端配置

1. Linux 客户端

在Linux系统中运行netconfig命令显示选择网络配置界面，填写相应的参数，DNS服务器的IP地址要填写正确。

2. Windows 客户端配置

在Windows系统中运行网卡的TCP/IP参数配置中正确填写DNS服务器的IP地址。

三、任务实施

在RedHat Linux 9.0中构建DNS服务器

【任务场景】

使用RedHat Linux 9.0的DNS服务，实现域名地址到IP地址的转换，使用Linux客户端和window客户端测试DNS的配置。

【施工拓扑】

施工拓扑图，如图6-8所示。

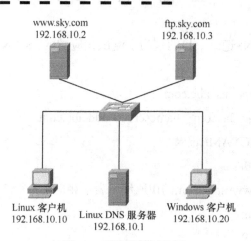

图6-8 网络连接拓扑图

【施工设备】

计算机5台，二层交换机1台，网络线若干根，RedHat Linux 9.0 系统1套，Windows XP系统1套。

【操作步骤】

步骤1：按照网络拓扑图建立网络工作环境

步骤2：安装RedHat Linux 9.0和Windows XP

（1）在一台计算机上安装Red Hat Linux 9.0时，配置好此机的TCP/IP参数，作为DNS服务器，并安装好DNS服务器软件。

（2）在第二台和第三台计算机上安装www服务和ftp服务。

（3）在第四台计算机上安装Windows XP，作为Windows客户机。

（4）在第五台计算机上安装RedHat Linux 9.0，作为Linux客户机。

步骤3：生成DNS配置文件

（1）创建/etc/named.conf文件。

（2）创建/var/named/skydev.net.zone文件。

（3）创建反向区域文件。

（4）启动DNS服务器。

步骤4：配置Windows客户机和Linux客户机

（1）配置Windows客户机的参数。

（2）配置Linux客户机的参数。

步骤5测试DNS服务器

（3）在Linux客户机上测试DNS服务器的工作。

（4）在Windows客户机上测试DNS服务器的工作。

任务五　构建Web服务器

一、任务分析

公司有员工300人，计算机300台，已经组建了公司内部网络。为了在公司内部发布信息，也为了向外界宣传公司的产品、介绍公司的情况，需要一个发布公司信息的平台。而Web服务器就是最好的信息发布平台。

本任务就是要在Linux下架设一台Web服务器。

二、相关知识

（一）Apache简介

Apache是世界使用排名第一的Web服务器软件。它可以运行在几乎所有广泛使用的计算机平台上。Apache源于NCSAhttpd服务器，经过多次修改，成为世界上最流行的Web服务器软件之一。Apache取自"a patchy server"的读音，意思是充满补丁的服务器，因为它是自由软件，所以不断有人来为它开发新的功能、新的特性、修改原来的缺陷。Apache的特点是简单、速度快、性能稳定，并可做代理服务器来使用。

本来Apache只用于小型或试验Internet网络，后来逐步扩充到各种Unix系统中，尤其对Linux的支持相当完美。Apache有多种产品，可以支持SSL技术，支持多个虚拟主机。Apache是以进程为基础的结构，进程要比线程消耗更多的系统开支，不太适合于多处理器环境，因此，在一个Apache Web站点扩容时，通常是增加服务器或扩充群集节点而不是增加处理器。到目前为止Apache仍然是世界上用得最多的Web服务器，市场占有率达60%左右。世界上很多著名的网站如Amazon、Yahoo!、W3 Consortium、Financial Times等都是Apache的产物，它的成功之处主要在于它的源代码开放、有一支开放的开发队伍、支持跨平台的应用（可以运行在几乎所有的Unix、Windows、Linux系统平台上）以及它的可移植性等方面。

RedHat Linux 9.0中包含了Apache 2.0版本，用户也可以自己升级到更新的版本。

（二）安装Apache服务器

1. 安装Apache服务器

在安装RedHat Linux 9.0时，会提示是否安装Apache服务器。如果不能确定是否已经安装，可以在命令窗口输入以下命令：

rpm -qa | grep httpd

如果结果显示为"httpd-2.0.40-21"，则说明系统已经安装Apache服务器。

如果安装RedHat Linux 9.0时没有选择Apache服务器，则可以在图形环境下单击"主菜单"→"系统设置"→"添加删除应用程序"菜单项，在出现的"软件包管理"对话框里确保选中"万维网服务器"选项，然后单击"更新"按钮，按照屏幕提示插入安装光盘即可开始安装。也可以直接插入第1张安装光盘，定位到/RedHat/RPMS下的httpd-2.0.40-21.i386.rpm安装包，然后在命令窗口运行以下命令进行安装。

\# rpm -ivy httpd-2.0.40-21.i386.rpm

2. 启动 / 重启 / 停止 Apache 服务

安装好Apache服务器，可以在命令窗口运行以下命令来启动Apache服务：

\# /etc/rc.d/init.d/httpd start

重新启动Apache服务：

\# /etc/rc.d/init.d/httpd restart

停止Apache服务：

\# /etc/rc.d/init.d/httpd stop

确认Apache服务已经启动后，可以在Web浏览器里输入"htpp://webserver的IP地址或者域名地址"，如果可以看到默认的Apache首页，则说明Apache服务器工作正常。

（三）Apache 服务器的配置

在早期Apache服务器版本里，其配置内容分散在httpd.conf、arm.conf、access.conf 3个文件里，而新版本的Apache服务器，则统一在httpd.conf里进行配置。对于默认安装的RedHat Linux来说，该配置文件位于/etc/httpd/conf目录下，如果安装的是tar.gz版本，则该文件位于/usr/local/apache/conf目录。

1. 配置 httpd.conf 文件

利用httpd.conf，可以对Apache服务器进行全局配置、主要为预设服务器的参数定义、虚拟主机的设置。httpd.conf是一个文本文件，可以用vi文本编辑工具进行修改。该配置文件分为若干个小节，例如Section 1：Global Environment（第一小节：全局环境）；Section 2：'Main' server configuration（第二小节：主服务器配置）等。每个小节都有若干个配置参数，其表达形式为"配置参数名称-具体值"，每个配置参数都有详尽的英文解释（用#号引导每一个注释行）。下面给出httpd.conf的最常用配置参数。

（1）DocumentRoot

该参数指定Apache服务器存放网页的路径，默认所有要求提供HTTP服务的连接，都以这个目录为主目录。以下为Apache的默认值：

DocumentRoot "/Var/www/html"

（2）MaxClients

该参数限制Apache同一时间连接的数目不能超过这个数值。一旦连接数目达到这个限制，Apache服务器则不再为别的连接提供服务，以免系统性能大幅度下降。下面是假设最大连接数是150个：

MaxClients 150

（3）Port

该参数用来指定Apache服务器的监听端口。一般标准的HTTP服务默认端口号是80。

（4）ServerName

该参数使得用户可以自行设置主机名，以取代安装Apache服务器主机的真实名字。此名字必须是已经在DNS服务器上注册的主机名。如果当前主机没有已注册的名字，也可以指定IP地址。下面将服务器名设为Zhang.abc.com：

ServerName zhang.abc.com

（5）MaxKeepAliveRequests

当使用保持连接功能时，可以使用本参数决定每次连接所能发出的请求数目的上限，如果此数值为0，则表示没有限制。建议尽可能使用较高的数值，以充分发挥Apache的高性能，下面设置每次连接所能发出的请求数目上限为100：

MaxKeepAliveRequests 100

（6）MaxRequestsPerChild

该参数限制每个子进程在结束前所能处理的请求数目，一旦达到该数目，这个子进程就会被终止，以避免长时间占据Apache，防止造成内存或者其他系统资源的超负荷。

需要注意的是，该参数的数值并不包括保持连接所发出的请求数目。举例说明，如果某个子进程负责某一个请求，该请求随后带来保持连接功能所需的10个请求，这时候对于该参数而言，Apache服务器会认为这个子进程只处理了1个要求，而非11个要求。以下设置最多可以处理10个要求：

MaxRequestsPerChild 10

（7）MaxSpareServers和MinSpareServers

提供Web服务的HTTP守护进程，其数目会随连接的数目而变动。Apache服务器采用动态调整的方法，维持足够的HTTP守护进程数目，以处理目前的负载，也就是同时保持一定的空闲HTTP守护进程来等候新的连接请求。Apache会定期检查有多少个HTTP守护进程正在等待连接请求，如果空闲的HTTP守护进程多于MaxSpareServers参数指定的值，则Apache会终止某些空闲进程；如果空闲HTTP守护进程少于MinspareServers参数指定的值，则Apache会产生新的HTTP守护进程。

这只是Apache的一些基本设置项，可以根据实际情况加以灵活的修改，以充分发挥Apache的潜能。如果修改配置文件之后没能立即生效，可以重启Apache服务。

2. 图形化配置界面

图形化配置直观、简单，足够应付Apache服务器的日常管理维护工作。通过单击"主菜单"→"系统设置"→"服务器设置"→"HTTP服务器"菜单项，或者直接在"运行命令"对话框里输入"apacheconf"命令并回车，来访问"Apache配置"对话框。可以看到该配置对话框共有4个标签页。

（1）主标签页

在"服务器名"框中可以输入服务器的名称，等同于httpd.conf文件里的"ServerName"字段。"电子邮件地址"框中可以输入管理员的邮件地址，等同于httpd.conf文件里的"ServerAdmin"字段。单击"可用地址"选项组中的"添加"（或者"编辑"）按钮，可以添加或者修改服务器的IP地址和端口。

（2）"虚拟主机"标签页

所谓的虚拟主机服务就是指将一台计算机虚拟成多台Web服务器。利用Apache服务器提供的"虚拟主机"服务，可以利用一台计算机提供多个Web服务。

用Apache设置虚拟主机服务通常可以采用两种方案：基于IP地址的虚拟主机和基于名字的虚拟主机。

（3）"服务器"选项卡

用于设置锁文件、PID文件、核心转储目录，以及http目录和文件所属的组与用户。其中锁文件LockFile作为Apache连接出现错误的记录文件，它会把进程的PID值自动加在该文件夹中，PidFile记录着每次服务器运行时的进程号。

（4）"性能调整"选项卡

用于设定服务器最多的连接数、连接超时和每个连接的请求数量。

三、任务实施

在RedHat Linux 9.0中构建Web服务器

【任务场景】

在RedHat Linux 9.0上安装配置Apache服务器，提供Web服务，使用Linux客户端和window客户端测试Web服务的功能。

【施工拓扑】

施工拓扑图，如图6-9所示。

Linux 客户机　　Linux Web 服务器　　Windows 客户机

图6-9 网络连接拓扑

【施工设备】

计算机3台，二层交换机1台，网络线若干根，RedHat Linux 9.0 系统1套，Windows XP系统1套。

【操作步骤】

步骤1：按照网络拓扑图建立网络工作环境

步骤2：安装Red Hat Linux 9.0和Windows XP系统

（1）在一台计算机上安装RedHat Linux9.0时，配置好此机的TCP/IP参数，作为Web服务器，并安装好Apache服务器软件。

（2）在第二台计算机上安装RedHat Linux9.0，作为Linux客户机。

（3）在第三台计算机上安装Windows XP，作为Windows客户机。

步骤3：配置Apache

（1）配置httpd.conf文件。

（2）重新启动Apache服务器。

步骤4：配置Windows客户机和Linux客户机

（1）配置Windows客户机的参数。

（2）配置Linux客户机的参数。

步骤5：测试Apache服务器

（1）在Linux客户机上测试Apache服务器的Web服务。

（2）在Windows客户机上测试Apache服务器的Web服务。

任务六　构建FTP服务器

一、任务分析

某公司有员工300人，计算机300台，已经组建了公司内部网络。为了在公司员工之间传送资料，在公司中设有一个资料保存中心，需要一个资料保存和交换中心。而FTP服务器就是最好的选择。

本任务就是要在Linux下架设一台FTP服务器。

二、相关知识

（一）FTP的工作端口

文件传输协议FTP是互联网上使用最为广泛的协议之一，FTP采用客户/服务器方式工作，可以消除不同操作系统下文件处理的不兼容性。目前在Linux上流行的FTP服务端软件有ProFTPd、vsftpd、wu-FTPd等。

FTP使用两个TCP连接来传输一个文件，使用20端口传送数据，21端口传送控制信息。进行文件传输时，FTP客户端和服务器之间要建立"控制连接"和"数据连接"两个连接，控制连接以客户/服务器方式建立，服务器以被动的方式打开21号端口，等待客户的连接，控制连接在整个会话过程中一直打开，FTP客户所发送的所有请求通过控制连接发送到FTP服务器端的控制进程，但是控制连接不传送实际的数据，数据通过20号端口进行传送，FTP服务器和FTP客户端之间通过20号端口可以进行双向数据传输。

（二）安装 vsftpd 服务器

vsftpd是Linux最好的FTP服务器工具之一，其中的VS是"Very Secure"的缩写，它的最大优点就是安全，此外，它还具有体积小，可定制强，效率高的优点。

如果选择完全安装RedHat Linux9.0，系统会默认安装vsftpd服务器。可以在命令窗口输入以下命令进行验证：

\# rpm -qa | grep vsftpd

如果结果显示为"vsftpd-1.1.3-8"，则说明系统已经安装vsftpd服务器。

如果安装RedHat Linux 9.0时没有选择vsftpd服务器，可以在图形环境下单击"主菜单"→"系统设置"→"添加删除应用程序"菜单项，在出现的"软件包管理"对话框里确保选中"FTP服务器"选项，然后单击"更新"按钮，按照屏幕提示插入第3张安装光盘即可开始安装。

也可以直接插入第3张安装光盘，定位到/RedHat/RPMS下的vsftpd-1.1.3-8.i386.rpm安装包，然后在终端命令窗口运行以下命令进行安装：

\# rpm -ivy vsftpd-1.1.3-8.i386.rpm

2. 启动 / 重新启动，停止 vsftpd 服务

从RedHat Linux 9.0开始，vsftpd默认只采用standalone方式启动vsftpd服务，在终端命令窗口运行以下命令启动vsftpd服务：

\# /etc/rc.d/init.d/vsftpd start

重新启动vsftpd服务：

\# /etc/rc.d/init.d/vsftpd restart

停止vsftpd服务：

\# /etc/rc.d/init.d/vsftpd stop

（三）vsftpd 服务器的配置

1. 配置文件

与vsftpd相关的进程、配置文件和目录如表6-4所示。

表 6-4　与 vsftpd 相关的进程、配置文件和目录

文件 / 目录	说明
/etc/rc.d/init.d/vsftpd	启动脚本
/etc/vsftpd.ftpusers	配置文件，设置不允许登陆的用户的列表
/etc/vsftpd.user_list	配置文件
/etc/vsftpd/vsftpd.conf	主配置文件
/usr/shin/vsftpd	守候进程
/usr/share/doc/vsftpd-1.1.3/	文档目录
/var/ftp/	匿名 FTP 目录

在RedHat Linux 9.0中vsftpd共有3个配置文件，将在下面进行介绍。

vsftpd.ftpusers：位于/etc目录下，指定哪些用户账户不能访问FTP服务器。

vsftpd.user_list：位于/etc目录下，该文件里的用户账户在默认情况下也不能访问FTP服务器，仅当vsftpd.conf配置文件里启用userlist_enable=NO选项时才允许访问。

vsftpd.conf：位于/etc/vsftpd目录下，是一个文本文件，可以用vi等文本编辑工具对它进行修改，用来自定义用户登录控制、用户权限控制、超时设置、服务器功能选项、服务器性能选项、服务器响应消息等FTP服务器的配置。

2. FTP 的访问控制

vsftpd服务器软件提供简单而且安全的方法设定访问权限，可以不使用FTP服务设置来防止对特定目录的下载和上传，而是使用标准的Linux系统文件和目录的访问权限来限制文件和目录的访问；但是也可以通过配置/etc/vsftpd/vsffpd.conf文件，使用户能够从vsftpd服务器下载文件以及将文件上传到vsftpd服务器上。

在默认的情况下，任何登录用户（匿名的或者真实的用户）可以从vsftpd服务器下载文件。如果root用户将具有600权限的文件放到/var/ftp/目录，即使/var/ftp/目录是匿名用户登录的主目录，匿名用户也不能下载该文件。

匿名用户（anonymous）的根目录是/var/ftp/，常规用户的根目录是整个计算机的根目录"/"，登录时进入用户的主目录/home/username/。这样匿名用户就只能访问/var/ftp/目录，而常规用户可以访问整个文件系统（当然必须具有相应的访问权限）。

可以使用chroot_local_user选项来更改常规用户的根目录，使其限制为他们的主目录，将所有的常规用户限制在他们的主目录下，需要在/etc/vsftpd/vsftpd.conf中增加以下一行内容：

chroot_local_user=YES

在默认的情况下，能够访问vsftpd服务的用户名为匿名用户和Linux系统的所有用户，可以通过以下两行来设置：

anonymous_enable=YES

local_enable=YES

其中：anonymous_enable=YES允许匿名用户登录服务器，local_enable=YES允许Linux本地账号登录服务器，但是在默认情况下，/etc/vsftpd.user_list文件中的用户账号被拒绝访问服务器。可以使用配置命令"local_enable=NO"禁止所有的本地账号登录。如果想使得/etc/vsftpd.user_1ist文件中的用户账号不能访问ftp服务器，可设置以下几行的内容：

userlist_file=/etc/vsftpd.user_list

userlist_enable=YES

userlist_deny= YES

如果想只允许/etc/vsftpd.user_list列表中的用户访问FTP服务，包括anonymous用户都不能访问FTP服务器，可设置以下几行：

userlist_file=/etc/vsftpd.user_list

userlist_enable=YES

userlist_deny=NO

/etc/vsftpd.ftpusers文件用户存放不允许登录的用户的列表，此列表中缺省值都是一些系统用户，建议保留这些用户在这个列表中，出于安全考虑root用户也加到这个列表中，不允许root用户通过ftp登录。

3. 配置文件

（1）用户登录控制

anonymous_enable=YES，允许匿名用户登录。

no_anon_password=YES，匿名用户登录时不需要输入密码。

local_enable=YES，允许本地用户登录

deny_email_enable=YES，可以创建一个文件保存某些匿名电子邮件的黑名单，以防止名单中人使用DoS攻击。

banned_email_file=/etc/vsftpd.banned_emails，当启用deny_email_enable功能时，所需的电子邮件黑名单保存路径（默认为/etc/vsftpd.banned_emails）。

（2）用户权限控制

write_enable=YES，开启全局上传权限。

local_mask=022，本地用户的上传文件的mask设为022（系统默认是077，一般都可以改为022）。

anon_upload_enable=YES，允许匿名用户具有上传权限，必须启用write_enable=YES，才可以使用此项，同时还必须建立一个允许ftp用户可以读写的目录。

anon_mkdir_write_enable=YES，允许匿名用户有创建目录的权利。

chon_uploads=YES，启用此项，匿名上传文件的属主用户将改为别的用户账户。

chon_username=whoever，当启用chon_uploads=YES时，所指定的属主用户账号，此处的whoever自然要用合适的用户账号来代替。

chroot_list_enable=YES，可以用一个列表限定哪些本地用户只能在自己目录下活动，如果chroot_local_user=YES，那么这个列表里指定的用户是不受限制的。

chroot_list_file=/etc/vsftpd.chroot_list，如果chroot_local_user=YES，则指定该列表（chroot_local_user）的保存路径（默认是/etc/vsftpd.chroot_list）。

nopfiv_user=ftpsecure，指定一个安全用户账号，让FTP服务器用作完全隔离和没有特权的独立用户，这是vsftpd系统推荐选项。

ascii_upload_enable=YES；ascii_download_enable=YES，默认情况下服务器会假装接受ASCⅡ模式请求但实际上是忽略这样的请求，启用上述的两个选项可以让服务器真正实现ASCⅡ模式的传输。启用ascii_download_enable选项会让恶意远程用户在ASCⅡ模式下用"SIZE/big/file"这样的指令大量消耗FTP服务器的I/O资源。这些ASCⅡ模式的设置选项分成上传和下载两个，可以允许ASCⅡ模式的上传（可以防止上传脚本等恶意文件而导致崩溃），而不会遭受拒绝服务攻击的危险。

（3）用户连接和超时选项

idle_session_timeout=-600，可以设定默认的空闲超时时间，用户超过这段时间不动作将被服务器踢出。

data_connection_timeout=120，设定默认的数据连接超时时间。

（4）服务器日志和欢迎信息

dirmessage_enable=YES，允许为目录配置显示信息，显示每个目录下面的message_file文件的内容。

ftpd_banner=Welcome to blah FTP service，可以自定义FTP用户登录到服务器所看到的欢迎信息。

xferlog_enable=YES，启用记录上传/下载活动日志功能。

xferlog_file=/var/log/vsftpd.log，可以自定义日志文件的保存路径和文件名，默认是/var/log/vsftpd.log。

三、任务实施

在RedHat Linux 9.0中构建FTP服务器

【任务场景】

在RedHat Linux 9.0上安装配置FTP服务器，提供文件传输服务，使用Linux客户端和window客户端测试文件传输服务的功能。

【施工拓扑】

施工拓扑图，如图6-10所示。

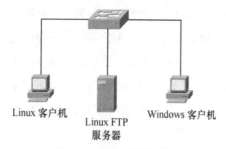

图 6-10 网络连接拓扑

【施工设备】

计算机3台，二层交换机1台，网络线若干根，RedHat Linux 9.0 系统1套，Windows XP系统1套。

【操作步骤】

步骤1：按照网络拓扑图建立网络工作环境

步骤2：安装RedHat Linux 9.0和Windows XP

（1）在一台计算机上安装RedHat Linux 9.0时，配置好此机的TCP/IP参数，作为FTP服务器，并安装好vsftpd服务器软件。

（2）在第二台计算机上安装RedHat Linux 9.0，作为Linux客户机。

（3）在第三台计算机上安装Windows XP，作为Windows客户机。

步骤3：配置vsftpd

（1）配置vsftpd.ftpusers、vsftpd.user_list、vsftpd.conf文件。

（2）重新启动Apache服务器。

步骤4：配置Windows客户机和Linux客户机

（1）配置Windows客户机的参数。

（2）配置Linux客户机的参数。

步骤5：测试FTP服务器

（1）在Linux客户机上用不同的用户访问FTP服务器。

（2）在Windows客户机上用不同的用户访问FTP服务器。

实训项目

实训项目构建Linux下的网络服务器

1. 实训目的与要求

（1）掌握Linux操作系统的安装并熟悉Linux操作环境；

（2）熟悉Linux各类命令的使用方法；

（3）学会Linux环境下Web服务器、FTP服务器、DNS服务器、DHCP服务器的安装、配置与测试方法；

（4）掌握Windows主机与Linux主机互访的实现方法。

2. 实训设备与材料

每组计算机5台，交换机1台，网络线若干根，RedHat 9.0 Linux系统1套，Windows XP系统1套。

3. 实训拓扑

如图6-11所示。本实训拓扑设计是模拟一家公司组建Linux网络应用系统，构建Web服务、FTP服务、DNS服务。为了方便客户机的配置，需要采用Linux架设一台DHCP服务器；为了客户机访问服务器可以采用域名而不是使用IP地址，需要采用Linux架设一台DNS服务器；为方便Linux与Windows系统相互访问，需要架设一台Samba服务器。公司的域名定为yoyo.com，Web服务的域名为：www.yoyo.com，FTP服务的域名为ftp.yoyo.com。

图6-11 网络连接拓扑

4. 实训内容与步骤

步骤1：按照网络拓扑图建立网络工作环境

步骤2：安装RedHat Linux 9.0和Windows XP

（1）在第一台计算机上安装RedHat Linux 9.0，配置好计算机的TCP/IP参数，作为DNS服务器。

（2）在第二台计算机上安装RedHat Linux 9.0，配置好计算机的TCP/IP参数，作为DHCP服务器和Samba服务器。

（3）在第三台计算机上安装RedHat Linux 9.0，配置好计算机的TCP/IP参数，作为Web服务器、FTP服务器。

（4）在第四台计算机上安装RedHat Linux 9.0，作为Linux客户机。

（5）在第五台计算机上安装Windows XP，作为Windows客户机。

步骤3：配置Apache，构建Web服务

（1）配置httpd.conf文件。

（2）重新启动Apache服务器。

（3）配置Windows客户机的参数。

（4）配置Linux客户机的参数。

（5）在Linux客户机上采用IP地址测试Apache服务器的Web服务。

（6）在Windows客户机上采用IP地址测试Apache服务器的Web服务。

步骤4：配置vsftpd，构建FTP服务

（1）配置vsftpd.ftpusers、vsftpd.user_list、vsftpd.conf文件。

（2）重新启动Apache服务器。

（3）配置Windows客户机的参数。

（4）配置Linux客户机的参数。

（5）在Linux客户机上采用IP地址用不同的用户访问FTP服务器。

（6）在Windows客户机上采用IP地址用不同的用户访问FTP服务器。

步骤5：生成DNS配置文件，构建DNS服务

（1）创建/etc/named.conf文件。

（2）创建/var/named/skydev.net.zone文件。

（3）创建反向区域文件。

（4）启动DNS服务器。

（5）配置Windows客户机的参数。

（6）配置Linux客户机的参数。

（7）在Linux客户机上采用域名测试DNS服务器的工作。

（8）在Windows客户机上采用域名测试DNS服务器的工作。

步骤6：配置Samba服务器，实现Windows主机与Linux主机互访

（1）使用vi打开RedHat Linux 9.0中Samba的默认配置文件/etc/samba/smb.conf。

（2）分析RedHat Linux 9.0中Samba的默认配置文件/etc/samba/smb.conf。

（3）修改其中的workgroup、server string等选项，观察结果。

（4）配置Samba服务器。

（5）启用Samba服务器。

（6）从Windows主机访问Linux主机。

（7）配置/etc/samba/lmhosts文件。

（8）在Linux桌面环境下访问Windows主机。

（9）在Linux中用命令方式访问Windows宿主机的共享资源。

步骤7：构建DHCP服务器

（1）使用CP命令将样本配置文件拷贝到/etc目录中。

（2）修改/etc/dcpd.conf文件，设置DHCP自动分配的IP地址租约期为10天，IP地址范围为192.168.10.1~192.168.10.200，子网掩码为24位，默认网关为192.168.10.254，DNS服务器的IP地址为192.168.10.1，排除地址为192.168.10.1~192.168.10.3。

（3）启动DHCP服务器。

（4）检查Windows客户机参数的获取情况。

（5）检查Linux客户机参数的获取情况。

（6）在DHCP服务器上检查IP地址的租约情况。

5．思考

Linux网络相关的配置文件有哪些？各有什么作用？

习题

一、简答题

1．为什么说Linux是自由软件？自由软件有何特点？

2．Linux的内核版和发行版的区别和联系是什么？

3．Linux操作系统有哪些特点？如何通过网络查找Linux资源？

4．分别简述目录/、/home、/etc、/var、/root的作用。

5．用户对自己的主目录的权限有哪些？

6．图形界面与文字模式之间如何转换？

7．简述Web服务器的构架？

二、实践题

1．练习安装RedHat Linux 9.0系统。

2．使用Linux创建www服务器。

3．使用Linux创建DNS服务器。

4．使用Linux创建FTP服务器。

5．使用Linux创建DHCP服务器。

项目七　网络中心建设

网络中心是网络的神经中枢，用于放置网络的核心设备、服务器等，连接骨干网络的所有线路和网络的外部线路。为了保证网络的良好运行，网络中心的各种设备必须正常工作。网络中心建设包括建设基础环境、安装服务器、交换机等设备。

通过对本项目的学习，可以了解常见的网络机房设备及技术，掌握常规的设备维护方面的基础知识和技能。

任务一　了解机房建设

一、任务分析

为了保证计算机系统稳定可靠运行，网络中心机房必须满足计算机系统以及工作人员对温度、湿度、洁净度、风速度、电磁场强度、电源质量、噪音、照明、振动、防火、防盗、防雷、屏蔽和接地等要求。以便计算机系统能够充分发挥其功能，延长机器寿命，确保工作人员的身心健康，并满足其各项要求。

本任务主要了解机房环境建设与常见的机房设备方面的基础知识。

二、相关知识

（一）机房基础环境建设

1. 机房环境建设的基本要求

网络中心的位置应该在设计楼房时同时设计，并且对一些基础设施同步施工，设计和施工时应满足以下基本要求：

（1）机房的主体结构应具有耐久、抗震、防火、防止不均匀沉陷等性能和变形缝、伸缩缝不应穿过主机房的规范要求；

（2）建成后的计算机中心网络机房净高不小于2.4m；

（3）窗户应满足防盗要求，并配备可遮光的窗帘；

（4）墙面、柱面上采用色彩柔和的环保型油漆或涂料，天花板一般用金属微孔板，地面使用防静电活动地板。

2. 地板、天花板、墙面

（1）抗静电活动地板

网络中心机房需要铺设电缆、网线、光缆等大量线路，一般采用抗静电活动地板，活动地板下面可以用作空调送风静压箱，也便于机房内电缆铺设，如图7-1所示。

图 7-1　抗静电地板

抗静电活动地板具有可拆卸的特点，因此，所有设备的导线电缆的连接、管道的连接及检修更换都很方便。活动地板下空间可作为静压送风风库，通过带气流分布风口的活动地板将机房空调送出的冷风送入室内及发热设备的机柜内。

防静电地板安装高度一般为150mm~450mm，板厚公差应在±0.2mm/m以内；常温常湿下地板绝缘电阻应大于100kΩ，小于100MΩ；地板的均匀荷载应在1000kg/m2左右，集中荷载应大于300kg/ m2。

（2）天花板

机房天花板装修多采用吊顶方式。吊顶以上到顶棚的空间可布置机房静压送风或回风的通风管道、安装照明灯具、走线、安装自动灭火探测器，还可防止灰尘下落等。机房吊顶应选择金属铝天花，铝板及其构件应具有质轻、防火、防潮、吸音、不起尘、不吸尘等性能。

（3）墙面

机房内墙装修的目的是保护墙体材料，保证室内使用条件，创造一个舒适、美观而整洁的环境。目前，在机房墙面装饰中最常见的是贴墙材料饰面（如铝塑板、彩钢板等），其特点是表面平整、气密性好、易清洁、不起尘、不变形。

墙体饰面基层要做防潮、屏蔽、保温隔热处理。

（4）隔断墙

为了保证机房内不出现内柱，机房建筑常采用大跨度结构。为满足计算机系统的不同设备对环境的不同要求，便于空调控制、灰尘控制、噪音控制和机房管理，往往采用透明玻璃隔断墙将大的机房空间分隔成较小的功能区域。隔断墙要求既轻又薄，还能隔音、隔热。

（5）门窗

机房外门窗多采用防火防盗门窗，机房内门窗一般采用无框大玻璃门，这样既保证机房的安全，又保证机房内有通透、明亮的效果。

3. 空调和新风系统

环境、温度、湿度、洁净度，以及工作人员和设备的散热量等都会对计算机及附属设备工作的稳定性、可靠性造成危害，所以国家规定机房室温应为22℃±2℃，湿度为40%~60%，尘埃粒度<18 000粒/dm3。为保证空气质量，机房中应安装空调系统、新风系统和空气过滤系统。

机房空调应使用机房专用空调系统，这种系统可保证机房设备能够连续、稳定、可靠地运行，排出机房内设备及其他热源所散发的热量，维持机房内恒温、恒湿状态，并控制机房的空气含尘量，具有送风、回风、加热、加湿、冷却、减湿和空气净化的能力。

机房新风换气系统可以给机房提供足够的新鲜空气，为工作人员创造良好的工作环境；还可以维持机房对外的正压差，避免灰尘进入，保证机房有更好的洁净度。

新风换气系统中应加装防火阀并能与消防系统联动，一旦发生火灾事故，便能自动切断新风进风。如果机房是无人值守机房则没必要设置新风换气系统。

（二）安全环境建设

为保证机房和各种设备的安全，需要在机房中完善各种防盗、防灾害、电源防护等安全系统。

1. 接地系统

接地系统是否良好是衡量一个机房建设质量的关键性问题之一。机房一般具有4种接地方式：交流工作地、安全保护地、直流工作地和防雷保护地。

在机房接地时应注意两点：一是信号系统和电源系统、高压系统和低压系统不应使用共地回路；二是灵敏电路的接地应各自隔离或屏蔽，以防止大地回流和静电感应而产生干扰。

机房接地宜采用综合接地方案，综合接地电阻应小于1Ω。

2. 防雷系统

机房雷电分为直击雷和感应雷。对直击雷的防护主要由建筑物所装的避雷针完成；机房的防雷（包括机房电源系统和弱电信息系统防雷）工作主要是防感应雷引起的雷电浪涌和其他原因引起的过电压。需要在电源入口处增加避雷设施。

3. 监控系统

在机房安装监控系统，并将监控中心连接到全天候有人值守的房间中。监控系统是建立机房安全防范机制不可缺少的环节，能24h监视并记录下机房内发生的任何事件。

4. 门禁系统

机房门禁系统多采用非接触式智能IC卡综合管理系统。该系统可灵活、方便地规定进入机房的人员、时间、权限，防止人为因素造成的破坏，保证机房的安全。

5. 漏水检测系统

机房的水害来源丰要有：机房顶棚屋面漏水；机房地面由于上下水管道堵塞造成漏水；空调系统排水管设计不当或损坏漏水；空调系统保温不好形成冷凝水。机房水患影响机房设备的正常运行甚至造成机房运行瘫痪。

机房漏水检测是机房建设和日常运行管理的重要内容之一。除施工时对水害重点注意外，还应安装漏水检测系统。

6. 机房环境及动力设备监控系统

机房环境及动力设备监控系统主要是对机房设备（如供配电系统、UPS电源、防雷器、空调、消防系统、保安门禁系统等）的运行状态、温度、湿度、洁净度、供电的电压、电流、频率、配电系统的开关状态、测漏系统等进行实时监控并记录历史数据，实现对机房遥测、遥信、遥控、遥调的管理功能，为机房高效的管理和安全运营提供有力的保证。

7. 消防系统

机房应设气体灭火系统，气瓶间宜设在机房外，为管网式结构，在天花顶上设置喷嘴，火灾报警系统由消防控制箱、烟感、温感联网组成。

机房消防系统应采用气体消防系统，常用气体为七氟丙烷和SDE两种气体。

8. 屏蔽系统

机房屏蔽主要防止各种电磁干扰对机房设备和信号的损伤，常见的有两种类型：金属网状屏蔽和金属板式屏蔽。依据机房对屏蔽效果的要求大小不同，屏蔽的频率频段的高低不同。

任务二　认识网络中心设备

一、任务分析

服务器是网络中提供各种信息、进行各种管理活动的主要设备，用于提供WWW服务、邮件服务、信息存储、网络管理等，服务器一般都集中存放在网络中心。网络中心机房除了拥有用途各异的服务器外，一般还配置机柜、UPS电源等设备。

二、相关知识

（一）网络服务器

1. 服务器按照不同的分类方法可以分为以下类型。

（1）按应用层次划分

根据服务器在网络中应用的层次（或服务器的档次来）可分为入门级服务器、工作组级服务器、部门级服务器和企业级服务器。

① 入门级服务器

入门级服务器是最基础的一类服务器，也是最低档的服务器。随着PC技术的日益提高，现在许多入门级服务器与PC的配置差不多。

这类服务器通常有一些基本硬件的冗余，如硬盘、电源、风扇等；通常采用SCSI接口硬盘，也有采用SATA串行接口的；部分部件支持热插拔，如硬盘和内存等；通常只有一个CPU；内存容量一般在1GB左右，采用带ECC纠错技术的服务器专用内存。

入门级服务器主要采用Windows或者NetWare网络操作系统，可以充分满足办公室型的中小型网络用户的文件共享、数据处理、Internet接入及简单数据库应用的需求。

② 工作组服务器

工作组服务器是一个比入门级高一个层次的服务器，只能连接一个工作组的用户（50台左右），网络规模较小。

工作组服务器通常仅支持单或双CPU结构的应用服务器；可支持大容量的ECC内存和增强服务器管理功能的SM总线；功能较全面、可管理性强，且易于维护；采用Intel服务器CPU和Windows/NetWare网络操作系统，但也有一部分是采用UNIX系列操作系统的；可以满足中小型网络用户的数据处理、文件共享、Internet接入及简单数据库应用的需求。

③ 部门级服务器

这类服务器属于中档服务器，一般都是支持双CPU以上的对称处理器结构，具备比较完全的硬件配置，如磁盘阵列、存储托架等。

部门级服务器除了具有工作组服务器全部服务器特点外，还集成了大量的监测及管理电路，具有全面的服务器管理能力，可监测如温度、电压、风扇、机箱等状态参数；结合标准服务器管理软件，使管理人员及时了解服务器的工作状况；大多数部门级服务器具有优良的系统扩展性，使用户在业务量迅速增大时能够及时升级系统，充分保护了用户的投资。

部门级服务器一般采用IBM、SUN和HP公司各自开发的CPU芯片，这类芯片一般是RISC结构，所采用的操作系统一般是UNIX系列操作系统，现在的Linux也在部门级服务器中得到了广泛应用。

部门级服务器可连接100个左右的计算机用户，适用于对处理速度和系统可靠性高一些的中小型企业网络。

④ 企业级服务器

企业级服务器属于高档服务器，企业级服务器最起码是采用4个以上CPU的对称处理器结构，有的高达几十个。另外一般还具有独立的双PCI通道和内存扩展板设计，具有高内存带宽、大容量热插拔硬盘和热插拔电源、超强的数据处理能力和群集性能等。

企业级服务器产品除了具有部门级服务器全部服务器特性外，最大的特点就是具有高度的容错能力、优良的扩展性能、故障预报警功能、在线诊断和RAM、PCI、CPU等，还具有热插拔性能。有的企业级服务器还引入了大型计算机的许多优良特性。

企业级服务器所采用的芯片也都是几大服务器开发、生产厂商自己开发的独有CPU芯片，所采用的操作系统一般也是UNIX（Solaris）或Linux。

企业级服务器适合运行在需要处理大量数据、高处理速度和对可靠性要求极高的金融、证券、交通、邮电、通信或大型企业。企业级服务器用于联网计算机在数百台以上、对处理速度和数据安全要求非常高的大型网络。

（2）按处理器架构划分

① x86架构

绝大多数处理器厂商为了保持与Intel的主流处理器兼容，都采用x86架构，有些在此架构基础之上作了一些扩展，以支持64位程序的应用，进一步提高处理器的运算性能。Intel的32位服务器Xeon（至强）处理器系列、AMD的全系列，还有VIA的全系列处理器产品都属于x86架构。

② IA-64

IA-64架构是Intel公司为了全面提高以前IA-32位处理器的运算性能，和HP公司共同开发的64位CPU架构，是专为服务器市场开发的一种全新的处理器架构，它放弃了以前的x86架构，认为它严重阻碍了处理器的性能提高。最初应用是Intel公司的titanium（安腾）系列服务器处理器，现在titanium 2系列处理器也采用了这一架构。

③ RISC架构

RISC也是一种主流的处理器架构，采用这一架构的仍是IBM、SUN和HP等公司。不过近几年由于这一处理器架构标准没有完全统一，处理器的发展和应用非常缓慢，采用的厂家越来越少。

（3）按处理器的指令执行方式划分

服务器处理器的指令执行方式主要有RISC、CISC、VLIW、EPIC等几种，有人把Intel的EPIC归为VLIW。

① CISC架构服务器

在CISC（complex Instruction Set computer，复杂指令系统计算机）微处理器中，程序的各条指令是按顺序串行执行的，每条指令中的各个操作也是按顺序串行执行的。顺序执行的优点是控制简单，但机器各部分的利用率不高，执行速度慢。

自PC诞生以来，32位以前的处理器都采用CISC指令集方式。

CISC架构服务器CPU主要有Intel的32位及以前Xeon（至强）的PⅢ、PⅡ处理器等，AMD的全系列等。

② RISC架构服务器

由于RISC（Reduced Instruction Set computing，精简指令集计算）处理器指令简单，采用硬布线控制逻辑，处理能力强，速度快，世界上绝大部分UNIX工作站和服务器厂商均采用RISC芯片作CPU用，如原DEC公司的Alpha21364、IBM公司的Power PC G4、HP公司的PA-8900、SGI公司的R12000A和SUN Microsystem公司的Ultra SPARC Ⅱ。这些RISC芯片的工作频率一般较低，功率消耗少，温升也少，机器不易发生故障和老化，提高了系统的可靠性。

③ VLIW架构服务器

VLIW（Very Long Instruction Word，超长指令集字）是美国Multiflow和Cydrome公司于20世纪80年代设计的体系结构，目前主要应用于Trimedia（全美达）公司的Crusoe和Efficeon系列处理器中。AMD的Athlon 64处理器系列也是采用这一指令系统，Intel的IA-64架构中的EPIC（清晰并行指令计算）也是从VLIW指令系统中分离出来的。

④ EPIC

EPIC（清晰并行指令计算）的思想就是"并行处理"。以前处理器必须动态分析代码，以判断最佳执行路径。而采用并行技术后，EPIC处理器可让编译器提前完成代码的排序，代码已明确排布好了，直接执行便可。这种处理器需要采用多个指令管道，一般还需要多个寄存器、很宽的数据通路以及其他专门技术（如数据预装等），确保代码能顺畅执行。

（4）按服务器用途划分

按照服务器用途可分为通用型服务器和专用型服务器。

① 通用型服务器

通用型服务器是可以全面提供各种基本服务功能的服务器。当前大多数服务器都是通用型服务器。

② 专用型服务器

专用型（或称"功能型"）服务器是专门为某一种或某几种功能专门设计的服务器，如Web、FTP、E-mail、DNS服务器等。

专用型服务器根据不同的应用具有不同的特点，如光盘镜像服务器主要是用来存放光盘镜像文件的，需要配备大容量、高速的硬盘以及光盘镜像软件；FTP服务器要求服务器在硬盘稳定性、存取速度、I/O带宽方面具有明显优势；E-mail服务器要求服务器配置高速带宽上网工具，硬盘容量要大等。

（5）按服务器的外观结构划分

按服务器的机箱结构来划分，可以把服务器划分为"台式服务器"、"机架式服务器"和"机柜式服务器"3种，如图7-2所示。

台式服务器也称为"塔式服务器"。有的台式服务器采用大小与立式PC台式机大致相当的机箱，有的采用大容量的机箱，像一个硕大的柜子一样。

机架式服务器有1U（1U=1.75英寸）、2U、4U等规格，便于在机架中与其他网络设备一起安装。机架式服务器安装在标准的19英寸机柜里面。

一些高档企业级服务器中由于内部结构复杂，内部设备较多，有的还具有许多不同的设备单元，所以服务器的机箱就需要做得很大，整个机箱就像一个大柜子，这就是机柜式服务器。

台式服务器　　　　　　机架式服务器　　　　　　机柜式服务器

图 7-2 台式、机架式、机柜式服务器外观

（6）刀片式服务器

刀片服务器是一种高可用性、高密度的低成本服务器平台，是专门为特殊应用行业和高密度计算机环境设计的，目前最适合群集计算和ISP提供互联网服务。其中每一块"刀片"实际上就是一块系统主板，外观如图7-3所示。它们可以通过本地硬盘启动自己的操作系统，如Windows NT/2000/2003/2008、Linux、Solaris等，类似于一个个独立的服务器。在这种模式下，每一个主板运行自己的系统，服务于指定的不同用户群，相互之间没有关联。不过可以用系统软件将这些主板集合成一个服务器集群。

刀片服务器近几年才刚刚兴起，用户数量还不是很多，但由于符合未来计算模式的发展方向，国内外重要的服务器厂商Dell、HP、IBM、浪潮、联想、曙光等在国内都已纷纷推出了刀片式服务器产品。

图 7-3 刀片式服务器

2. 服务器的日常维护

为了能更好地使用和延长服务器的使用寿命，定期对服务器进行维护是非常必要的。

（1）硬件维护

① 储存设备的扩充

当资源不断扩展的时候，服务器就需要更多的内存和硬盘容量来储存这些资源。所以，内存和硬盘的扩充是很常见的。

· 213 ·

增加内存前需要认定与服务器原有的内存的兼容性，最好是同一品牌规格的内存。如果是服务器专用的ECC内存，则必须选用相同的内存，普通的SDRAM内存与ECC内存在同一台服务器上使用很可能会引起系统严重出错。

在增加硬盘以前，需要确定服务器是否有空余的硬盘支架、硬盘接口和电源接口，确认主板是否支持这种容量的硬盘。

② 设备的卸载和更换

卸载和更换设备时需要注意的是，有许多品牌服务器机箱的设计比较特殊，需要特殊的工具或机关才能打开。在卸机箱盖的时候，需要仔细看说明书，不要强行拆卸。另外，必须在完全断电、服务器接地良好的情况下进行，即使是支持热插拔的设备也是如此，以防止静电对设备造成损坏。

③ 除尘

尘土是服务器最大的杀手，因此需要定期给服务器除尘。对于服务器来说，灰尘甚至是致命的。除尘方法与普通PC除尘方法相同，尤其要注意的是对电源的除尘。

（2）软件维护

① 操作系统的维护

操作系统是服务器运行的软件基础，多数服务器使用windows 2000 Server或windows server 2003作为操作系统，维护起来还是比较容易的。

打开事件查看器，在系统日志、安全日志和应用程序日志中查看有没有特别异常的记录。现在网上的黑客越来越多了，因此需要到Microsoft公司的网站上下载最新的Service Pack（升级服务包）安装，将安全漏洞及时补上。

② 网络服务的维护

网络服务有很多，如WWW服务、DNS服务、DHCP服务、SMTP服务、FTP服务等，随着服务器提供的服务越来越多，系统也容易混乱，此时可能需要重新设定各个服务的参数，使之正常运行。

③ 数据库服务的维护

数据库经过长期的运行，需要调整数据库性能，使之进入最优化状态。数据库中的数据是最重要的，这些数据库如果丢失，损失是巨大的，因此需要定期来备份数据库，以防万一。

④ 用户数据

经过频繁使用，服务器可能存放了大量的数据。这些数据是非常宝贵的资源，所以需要加以整理，并刻成光盘永久保存起来，即使服务器有故障，也能恢复数据。

（3）多电脑切换器（Keyboard/Video/Mouse，KVM）

网络中心使用许多服务器时并不需要为每一台服务器安装显示器、键盘和鼠标，因为服务器并不需要经常进行操作。目前，大多数网络中心都使用多电脑切换器来进行服务器操作控制。

多电脑切换器为电脑主机资源分享的外围设备，只需通过一组共用的键盘、鼠标及显示器，可同时控制2台、4台、8台、16台甚至更多主机，许多多电脑切换器可实现矩阵连接，可同时控制几千台主机，输出多路信号。

一般的多电脑切换器提供8个与16个电脑端连接端口，并仅占用1U机架空间。即可与PC、Mac、Sun及序列装置兼容连接。配合专用的机架专用笔记本电脑，网管人员则可使用前端面板的连接端口按键、热键等轻松切换连接的服务器，如图7-4所示。

图 7-4 多电脑切换器和机架专用笔记本电脑

（二）标准机柜

网络中心的交换机、服务器等设备一般都安装在标准机柜中。

1. 标准机柜

标准机柜广泛应用于计算机网络设备、有/无线通信器材、电子等设备的叠放。机柜具有增强电磁屏蔽、削弱设备工作噪音、减少设备地面面积占用的优点。对于一些高档机柜，还具备空气过滤功能，提高精密设备工作环境质量。

很多工程级的设备的面板宽度都采用19英寸，所以19英寸的机柜是最常见的一种标准机柜。19英寸标准机柜外形有宽度、高度、深度3个常规指标。虽然对于19英寸面板设备安装宽度为465.1mm，但机柜的物理宽度常见的产品为600mm和800mm两种。高度一般从0.7m~2.4m，常见的成品19英寸机柜高度为1.6m和2m。图7-5所示为几种常见的标准机柜。

图 7-5 标准机柜

机柜的深度一般从400mm~800mm，根据柜内设备的尺寸而定，通常厂商也可以定制特殊深度的产品，常见的成品19英寸机柜深度为500mm、600mm、800mm。

19英寸标准机柜内设备安装所占高度用一个特殊单位"U"表示，1U=44.45mm。使用19英寸标准机柜的设备面板一般都是按nU的规格制造。对于一些非标准设备，大多可以通过附加适配挡板装入19英寸机箱并固定。

标准机柜的结构主要包括基本框架、内部支撑系统、布线系统和通风系统。图7-6所示为大型机房使用的组合标准机柜。

根据各种设备的特点，目前还有专门的服务器机柜、交换机机柜，以适应不同设备的尺寸和安装、维护的需要。有些大型的交换机、路由器、服务器集群本身就配备了专门的标准机柜。

图7-6 组合标准机柜

2. 机柜电源

由于IT设备日益小型化，机柜内设备安装的密度不断增加，以1台7U的刀片式服务器为例，1台大约需要3kVA的配电，而1台42U高的机柜可能安装多达8台这样的服务器，其配电总需求量将达到24kVA。

机柜电源系统应安装避雷设施和防电源浪涌装置。

3. 线缆布局

机柜必须提供充足的线缆通道，能从机柜顶部、底部进出线缆。在机柜内部，线缆的敷设必须方便、有序，保证设备在安装、调整、维护过程中，不受布线的干扰，并保证散热气流不会受到线缆的阻挡；同时，在故障情况下，能对设备布线进行快速定位。

在机柜中应安装理线器，以方便线缆整理和区分。

所有线缆应该有明显的、编排合理的标记，以便进行区分。图7-7所示为在机柜中线缆布局的实例。

图 7-7　机柜中线缆布局的实例

（三）不间断电源

保证任何情况下的正常供电，是网络中心安全运转的重要基础。一个理想的交流电源，应该满足连续供电、频率稳定、电压稳定（±5%以内）、不含谐波失真（<5%）、没有噪声干扰、低输出阻抗等要求。当市电发生异常，可能会造成网络中断、计算机死机、甚至造成硬件故障，因此需要在网络中心配备不间断电源（UPS）以保证交流供电的稳定。

UPS主要起到两个作用：一是为了应急使用，防止突然停电而影响正常的工作；二是稳压、滤波，提高供电质量。

1. UPS 的工作原理

UPS（Uninterruptible Power supply），就是当停电时能够接替市电持续供应电力的设备，它的动力来自电池组，由于电子元器件反应速度快，停电的瞬间在4ms~8ms内或无中断时间下继续供应电力。

当市电正常时（指UPS可以接受、认可的电压幅值、频率和波形比负载接受的范围要大），由市电通过UPS给负载供电。UPS对市电进行滤波、稳压和稳频调整后，提供给负载。同时，UPS通过充电器把电能转变为化学能储存在电池中。当UPS侦测到市电异常时，切换到电池供电，通过逆变器把化学能转变为交流电能，供给负载，以保证对负载的不间断电力供应。UPS还有一种旁路（Bypass）工作状态，它在刚开机或机器故障时，可以把输入经高频滤波后直接输出，保障对负载的供电。

2. UPS 的分类

（1）按照工作原理分类

UPS从工作原理上可分为后备式（OFF LINE）、在线式（ON LINE）以及在线互动式几种。

后备式UPS在有市电时仅对市电进行稳压，逆变器不工作，处于等待状态；当市电异常时，后备式UPS会迅速切换到逆变状态，将电池电能逆变成为交流电对负载继续供电。因此后备式UPS在由市电转逆工作时会有一段转换时间，一般小于10ms。

在线式UPS开机后逆变器始终处于工作状态，因此在市电异常转电池放电时没有中断时间，即0中断。在线式UPS不论市电电力品质如何，其输出稳定性不受任何影响。

在线互动式UPS具有较强的软件功能，可以方便地上网进行UPS的远程控制和智能化管理。

（2）按照备用时间分类

UPS按照备用时间分为标准型和长效型两种。

标准机用内置电池，后备供电时间较短，一般在5min~15min。

长效机则可根据用户需要，增大电池容量配置，延长后备时间。

（3）按照输出容量大小分类

UPS按照输出容量大小划分为小容量（3kVA以下），中小容量（3kVA~10kVA）和中大容量（10kVA以上）。

（4）按照输入/输出方式分类

UPS按输入/输出方式可分为3类：单相输入/单相输出、三相输入/单相输出、三相输入/三相输出。中、大功率UPS多采用三相输入/单相输出或三相输入/三相输出的供电方式。

网络中心一般使用负载功率在3kVA以上的在线互动式UPS，后备时间在8h以上。图7-8所示为几种UPS的外观图片。

图7-8 UPS的外观

3. UPS的选配

选配UPS需要考虑以下因素。

（1）确定所需UPS的容量。UPS一般以VA（伏安）为容量单位。确定容量需要先计算所有的负载总和S=S1+S2+…+Sn。考虑UPS的抗冲击能力及扩容需要，UPS的容量应大于S÷0.8。

（2）确定所需UPS的类型。根据负载对输出稳定度、切换时间和输出波形确定是选择在线式、在线互动式、后备式以及正弦波、方波等类型。在线式UPS的输出稳定度、瞬间响应能力比另外两种强，对非线性负载及感性负载的适应能力也较强。对一些较精密的设备、较重要的设备要求采用在线式UPS。在一些市电波动范围比较大的地区，避免使用互动式和后备式。

如果要使用发电机配短延时UPS，推荐用在线式UPS，因为普通发电机的电压及频率的稳定性较差。

（3）根据后备时间确定所需电池数量。长延时型的电池其成本可能超过UPS主机本身。由于电池的高价值，出现较多的仿冒品，要选择信誉度高的供货商，这对UPS系统的可靠性很关键。

（4）附加功能。为了提高系统的可靠性，建议采用UPS热备份系统，可以考虑串联热备份或并联热备份。

小容量的UPS（1kVA~2kVA）还可以选用冗余开关。选用可以具有控制功能的UPS，通过控制软件，可以实现在远端监视和控制UPS的工作。选用监控软件，可以实现计算机和UPS之间的智能化管理。选用网络适配器，可以实现UPS基于SNMP的网络化管理。在多雨多雷地区，可以配用防雷器。

（5）售后服务。由于UPS较重，而且大容量机型接线较复杂，需要上门维护，所以要选择售后服务质量较好的供货商。一般可以从信誉度、技术实力、服务机构、维修备件等多方面对供应商进行考察。

4. UPS 的使用和维护

UPS的合理使用和良好维护可以保证系统稳定工作，延长使用寿命。

UPS主机使用应注意以下几点。

（1）UPS的使用环境应注意通风良好，利于散热，并保持环境的清洁。

（2）UPS输出插座应明确标识，勿使其加入无关负载或短路。

（3）切勿带感性负载，如点钞机、日光灯、空调，以免造成损坏。

（4）若用户在市电停电期间使用发电机供电，应保证发电机功率大于两倍UPS额定功率。必须在发电机启动稳定后才能接入UPS。

（5）开启UPS负载时，一般遵循先大后小的原则。

（6）UPS输出负载控制在60%左右为最佳，可靠性最好。

5. UPS 电池的维护

UPS电池是UPS最重要的组成部分，在UPS应用中的电池共有3种，包括开放型液体铅酸电池、免维护电池和镍铬电池。

开放型铅酸电池投资较少，寿命较免维护电池长，温度要求较低，缺点是维护较复杂，需专门的电池间，有腐蚀性气体排出，必须现场初始充电50h~90h，需专人维护。

免维护电池不需加液等维护，可在满充状态下运输，不需专人维护；缺点是不及时恢复性充电会损害电池，对温度较敏感，寿命较短，比铅酸电池价格高。

镍铬电池维护要求较低，寿命较长，对温度不敏感，无有害气体排放；缺点是价格较高。

现在网络中心一般多数选用免维护电池，维护较方便，但也需进行下列工作。

（1）建议电池在+5℃~+30℃（最好25℃）温度条件下使用，高温会缩短电池使用寿命，低温会使电池容量降低。

（2）不同品牌、不同容量、不同新旧的电池严禁混合使用。

（3）电池使用中会产生氢气，所以要远离火源，保持通风，防止爆炸。

（4）保持环境清洁，过多的灰尘可导致蓄电池短路。

（5）电池放电后应及时再充电，未充饱的电池再放电，会导致电池容量降低甚至损坏，所以必须配置适宜的充电器。

（6）UPS带负载过轻（如1kVAUPS带150VA负载）有可能造成电池的深度放电，应尽量避免。

（7）适当的放电，有助于电池的激活，如长期不停市电，应人工将电池放电，每年2~4次，可利用现有负载放电，时间为l/4~1/3后备时间。

（8）长期停用的电池（UPS）应充电后储存，而且每半年需要对电池进行充放电一次，一般对电池进行浮充4h~10h，并在电池逆变状态下工作2min~3min。

（9）电池使用3年后需及时检查更换。

三、任务实施

了解网络中心机房及设备

【任务目标】

通过参观学校或某公司网络中心，熟悉机房布线、拓扑结构，认识及了解网络中心相关设备的型号、性能和功能等。

【任务现场】

学校或某公司网络中心机房

【任务内容及要求】

1．记录网络中心机房的房间大小及功能区分布情况。

2．了解并画出机房线路拓扑图，并说明使用的传输媒介及其性能。

3．了解并记录机房的新风系统、空调系统、接地、地板、机柜、网络设备安装等情况。

4．了解并记录机房使用的UPS电源的相关情况。

5．记录机房实用的设备及型号，上网查找这些设备的名称、厂商、性能、价格、性能价格比等信息。

6．了解机房在建设和管理中所采用的主要技术和标准。

7．完成详细的参观报告。

任务三　实现Windows Server 2003 网络负载均衡

一、任务分析

公司局域网的应用除了用于信息发布、公共信息共享等外，还承担着公司内外信息交流、电子邮件、公告、新闻发布，以及各种公共网络口的访问等任务。由于在网络上传输的信息不只是数字、文字和图形，还会随应用水平的提高，逐步增加语音、活动图像及视频图像等高带宽的应用。因此，网络的建设，尤其是主干网要求高带宽与高速度，在公司网络的服务器中应用负载均衡技术不失为一种廉价的解决方案。

本任务主要学习Windows Server 2003环境中网络负载均衡的实现方法。

二、相关知识

（一）负载均衡概念

由于目前现有网络的各个核心部分随着业务量的提高，访问量和数据流量的快速增长，其处理能力和计算强度也相应地增大，使得单一的服务器设备根本无法承担。在此情况下，如果扔掉现有设备去做大量的硬件升级，这样将造成现有资源的浪费，而且如果再面临下一次业务量的提升时，这又将导致再一次硬件升级的高额成本投入。负载均衡技术就是针对此情况而衍生出来的一种廉价、有效、透明的方法。负载均衡可以扩展现有网络设备和服务器的带宽、增加吞吐量、加强网络数据处理能力、提高网络的灵活性和可用性。

网络负载平衡允许将传入的请求传播到最多达32台的服务器上，即可以使用最多32台服务器共同分担对外的网络请求服务。网络负载平衡技术保证即使是在负载很重的情况下它们也能做出快速响应。

如果网络负载平衡中的一台或几台服务器不可用时，服务不会中断。网络负载平衡自动检测到某台服务器不可用时，能够迅速在剩余的服务器中重新指派客户机通讯。此保护措施能够帮助你为关键的业务程序提供不中断的服务。可以根据网络访问量的增多来增加网络负载平衡服务器的数量。

（二）负载均衡技术的主要应用

1. DNS负载均衡。最早的负载均衡技术是通过DNS来实现的，在DNS中为多个地址配置同一个名字，因而查询这个名字的客户机将得到其中一个地址，从而使得不同的客户访问不同的服务器，达到负载均衡的目的。DNS负载均衡是一种简单而有效的方法，但是它不能区分服务器的差异，也不能反映服务器的当前运行状态。

2．代理服务器负载均衡。使用代理服务器，可以将请求转发给内部的服务器，使用这种加速模式显然可以提升静态网页的访问速度。如果使用代理服务器将请求均匀转发给多台服务器，就可以达到负载均衡的目的。

3．地址转换网关负载均衡。支持负载均衡的地址转换网关，可以将一个外部IP地址映射为多个内部IP地址，对每次TCP连接请求动态使用其中一个内部地址，达到负载均衡的目的。

4．协议内部支持负载均衡。除了上面的3种负载均衡方式之外，有的协议内部可以支持与负载均衡相关的功能，例如HTTP中的重定向能力等。

5．NAT负载均衡。NAT简单地说就是将一个IP地址转换为另一个IP地址，一般用于未经注册的内部地址与合法的、已获注册的Internet IP地址间进行转换。适用于解决Internet IP地址紧张、不想让网络外部知道内部网络结构等的场合下。

6．反向代理负载均衡。普通代理方式是代理内部网络用户访问因特网上服务器的连接请求。反向代理（Reverse Proxy）方式是指以代理服务器来接受因特网上的连接请求，然后将请求转发给内部网络上的服务器，并将从服务器上得到的结果返回给因特网上请求连接的客户端，此时代理服务器对外就表现为一个服务器。反向代理负载均衡技术是把将来自因特网上的连接请求以反向代理的方式动态地转发给内部网络上的多台服务器进行处理，从而达到负载均衡的目的。

7．混合型负载均衡。在有些大型网络，由于多个服务器群内硬件设备、各自的规模、提供的服务等的差异，可以考虑给每个服务器群采用最合适的负载均衡方式，然后又在这多个服务器群间再一次负载均衡或群集起来以一个整体向外界提供服务（即把这多个服务器群当作一个新的服务器群），从而达到最佳的性能。这种方式称之为混合型负载均衡。

（三）负载均衡技术的实现

负载均衡一般通过负载均衡器实现。

负载均衡器是一种采用各种分配算法把网络请求分散到一个服务器集群中的可用服务器上去，通过管理进入的Web数据流量和增加有效的网络带宽，从而使网络访问者获得尽可能最佳的联网体验的硬件设备。

负载均衡器有多种多样的形式，除了作为独立意义上的负载均衡器外，有些负载均衡器集成在交换设备中，置于服务器与Internet链接之间，有些则以两块网络适配器将这一功能集成到PC中，一块连接到Internet上，一块连接到末端服务器群的内部网络上。

在Windows Server 2003中，网络负载平衡的应用程序包括Internet信息服务（IIS）、ISA Server 2000防火墙与代理服务器、VPN虚拟专用网、终端服务器、Windows Media Services（Windows 视频点播、视频广播）等服务。同时，网络负载平衡有助于改善你的服务器性能和可伸缩性，以满足不断增长的基于Internet客户端的需求。网络负载平衡可以让客户端用一个逻辑Internet名称和虚拟IP地址（又称群集IP地址）访问群集，同时保留每台服务器各自的名称。

三、任务实施

Windows Server 2003网络负载均衡的实现

【任务目标】

本任务实施将通过在两台Windows Server 2003的服务器上安装并配置负载均衡器，从而实现负载平衡。

【施工设备】

计算机3台，二层交换机1台，网络线若干根，Windows Server 2003系统1套，Windows XP系统1套。

【施工拓扑】

施工拓扑如图7-9所示。

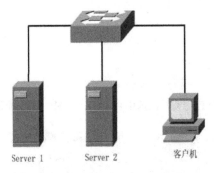

图7-9 网络连接拓扑图

【操作步骤】

步骤1：按照图7-9网络拓扑图建立网络工作环境。

步骤2：在Server 1和Server 2计算机上安装Windows Server 2003系统，在客户机上安装Windows XP，并按表7-1配置3台计算机的TCP/IP属性。

表7-1 TCP/IP属性参数表

计算机	Server 1	Server 2	客户机
IP 地址	192.168.0.252	192.168.0.253	192.168.0.254
子网掩码	255.255.255.0	255.255.255.0	255.255.255.0

步骤3：设置2台服务器的网络属性，确保"网络负载均衡"已选中，如图7-10所示。

步骤4：在Server 2计算机上，以管理员身份登录，从"管理工具"中运行"网络负载平衡管理器"，如图7-11所示。用鼠标右键单击"网络负载平衡群集"，从出现的菜单中选择"新建群集"，进入"群集参数"配置对话框。

步骤5：群集参数配置，如图7-12所示。主要配置三个参数：虚拟IP、子网掩码、虚拟主机名。虚拟IP是供客户端访问的地址，它会把客户端的请求、访问由系统自动根据网络负载路由到每个服务器上，减少单台服务器的压力。这里所配的虚拟IP为：192.168.0.1；虚拟主机名：test.domain.com（也可以是其他的名称，但输入的DNS名称必须与输入的

IP地址相符）；子网掩码与服务器一致。如果允许远程控制，请选中"允许远程控制"，并在"远程密码"和"确认密码"处输入可以进行远程控制的密码。配置完毕；点击"下一步"，进入"群集IP地址"配置对话框，如图7-13所示。

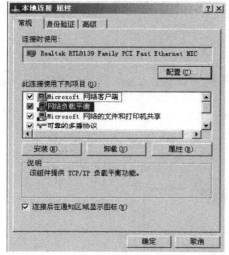

图 7-10 "网络负载均衡"已选中

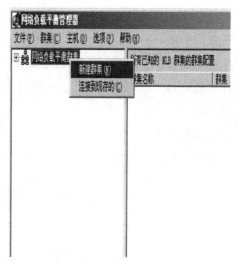

图 7-11 网络负载平衡管理器

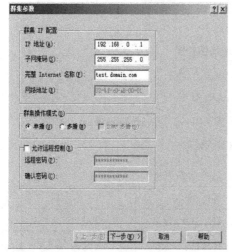

图 7-12 配置"群集参数"

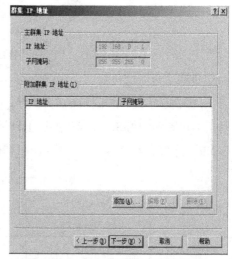

图 7-13 "群集 IP 地址"对话框

步骤6：在"群集IP地址"对话框中，点击"下一步"，进入"端口规则"配置对话框，如图7-14所示。点击"下一步"，进入"连接"配置对话框，如图7-15所示。

步骤7：在"连接"配置对话框的"主机"栏中输入当前服务器的IP地址，然后点击"连接"，将在"对配置一个新的群集可用的接口"对话框中显示出连接的服务器的网卡及IP地址。选择被连接主机的其中一块网卡（绑定负载均衡），然后点击"下一步"，进入"主机参数"配置对话框，如图7-16所示。

步骤8：在"主机参数"配置对话框中，点击"完成"按钮，系统将自动开始网络负载平衡群集的配置。几分钟后，网络负载平衡群集配置完成。再次进入到"网络负载平衡管理器"中，可以查看到在群集test.domain.com 的主机配置信息，如图7-17所示。

步骤9：按步骤4至步骤8的方法，完成对Server 1配置，即可将其添加到网络负载平衡群集中。配置完成后，通过"网络负载平衡管理器"中，可以查看到在群集test.domain.com 中的2台主机的配置信息。

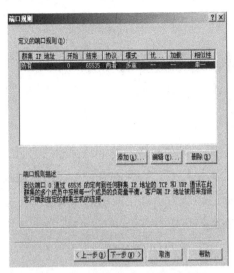

图 7-14 "端口规则"配置对话框

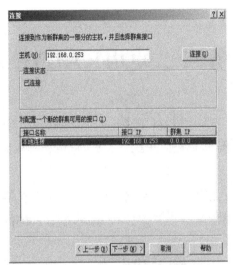

图 7-15 "连接"配置对话框

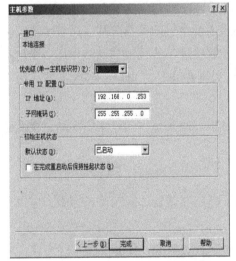

图 7-16 "主机参数"配置对话框

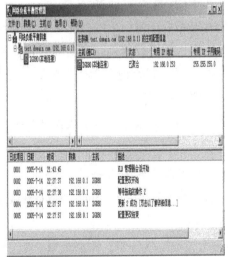

图 7-17 查看群集中的主机配置信息

步骤10：用IIS服务验证网络负载平衡。在网络负载平衡的Server 1和Server 2上安装IIS服务，具体方法见项目五所述。IIS安装完成后，配置默认网站属性并分别在Server 1和Server 2计算机的c:\Inetpub\wwwroot目录中创建内容不同的首页文档。然后，多次重复在客户机上的IE浏览器中键入http://192.168.0.1，将会显示内容不同的网页。这是由于网络负载平衡自动将来自客户机的请求转发到Server 1计算机或Server 2计算机的结果。

为了验证效果，还可以在浏览的时候，拔掉Server 1计算机的网线或拔掉Server 2计算机的网线，将会发现浏览到的将是不同内容。当然，我们只是测试的时候，为了验证网络负载平衡的效果，两个网站的内容不一致，而在正式应用的时候，网络负载平衡群集的每个节点计算机的内容将是一致的，这样，不管使用哪一个节点响应，都保证访问的内容是一致的。

任务四　使用RAID技术实现灾难恢复

一、任务分析

网络应用的增多，大型数据库、多媒体应用等都对网络上的信息存储的容量、可靠性提出了更多的要求，简单的硬盘存储已经不能满足需要，因此，各种专门的存储技术应运而生，特别是利用网络实现安全、海量的存储已经成为信息化应用的热点技术。

本任务主要学习Windows Server 2003的磁盘阵列技术。

二、相关知识

（一）常见的网络存储技术

网络存储系统不是简单的存储设备，也不是人们常见的磁盘阵列。简单地说，网络存储系统是由多个网络智能化的磁盘阵列和存储控制管理系统构成的。如果用一个比喻来形容存储系统的话，假设把磁盘作为PC，磁盘阵列则相当计算角度上的服务器，而存储系统就是高性能的计算机。

网络存储系统大致分为内嵌式存储系统、直接存储系统、网络附加存储、存储区域网络等。

1. 内嵌式存储系统（ES）

内嵌式存储系统（Embedded Storage，ES）是把存储器件嵌于服务器中，应用于大部分的PC服务器。

ES的优点是简单易用，缺点是每个服务器只能包含有限数量存储器件，并且容量速度有限，当服务器出现故障时可能影响存储系统。

2. 直接存储系统（DAS）

直接存储系统（Direct Attached Storage，DAS）即直接附加存储。在这种方式中，存储设备通过电缆（通常是SCSI接口电缆）直接到服务器。I/O（输入/输入）请求直接发送到存储设备。

DAS也可称为SAS（Server-Attached Storage，服务器附加存储）。它依赖于服务器，其本身是硬件的堆叠，不带有任何存储操作系统。

对多个服务器或多台PC的环境，使用DAS方式设备的初始费用可能比较低，可是这种连接方式下，每台PC或服务器单独拥有自己的存储磁盘，容量的再分配困难；对于整个环境下的存储系统管理，工作烦琐而重复，没有集中管理解决方案。所以整体的拥有成本（TCO）较高。这种连接方式已经在企业的解决方案中甚少被采用了。

3. 网络附加存储（NAS）

NAS（Network Attached Storage）即网络附加存储。NAS是一种专业的网络文件存储及文件备份设备，它是基于LAN（局域网）的，按照TCP/IP进行通信，以文件的I/O(输入/输出)方式进行数据传输。在LAN环境下，NAS已经完全可以实现异构平台之间的数据级共享，比如NT、UNIX等平台的共享。

一个NAS系统包括处理器、文件服务管理模块和多个硬盘驱动器（用于数据的存储）。NAS可以应用在任何的网络环境当中。主服务器和客户端可以非常方便地在NAS上存取任意格式的文件，包括SMB格式（Windows）、NFS格式（UNIX，Linux）和CIFS（Common Internet File System）格式等。

4. 存储区域网络（SAN）

SAN（Storage Area Network）即区域存储网络，是一种通过集线器、路由器、交换机等连接设备将磁盘阵列、磁带等存储设备与相关服务器连接起来的高速专用子网，但是没有像NAS一样采用文件共享存取方式，而是采用块级别存储的方式。

SAN通过互连光纤通道交换机构造的高速网，连接所有的服务器和所有的存储设备，让多个主机访问存储设备跟各主机间互相访问一样方便。

SAN包括FC和iSCSI两种。

FC（Fiber Channel，光纤通道）和SCSI接口一样，最初是专门为网络系统设计的，随着存储系统对速度的需求，逐渐应用到硬盘系统中。光纤通道硬盘是为提高多硬盘存储系统的速度和灵活性才开发的，它的出现大大提高了多硬盘系统的通信速度。光纤通道的主要特性有：热插拔性、高速带宽、远程连接、连接设备数量大等，是当今最为昂贵和复杂的存储架构，需要在硬件、软件和人员培训方面进行大量投资。另外，光纤通道使用了RAID控制器，这与其性能承诺背道而驰，管理成本高，相容性不好，通常各厂家的交换设备无法相互混用，成了数据进出磁盘阵列的瓶颈和单故障点。

iSCSI（Internet SCSI，互联网小型计算机系统接口）是基于IP的技术标准，是允许网络在TCP/IP上传输SCSI命令的新协议，实现了SCSI和TCP/IP的连接，该技术允许用户通过TCP/IP网络来构建存储区域网（SAN）。iSCSI技术的出现对于以局域网为网络环境的用户来说，它只需要不多的投资，就可以方便、快捷地对信息和数据进行交互式传输和管理。

SAN的最大特性是将网络和设备的通信协议与传输物理介质隔离开。这样多种协议可在同一物理连接上同时传送，高性能存储体和宽带网络使用单I/O接口使得系统成本和复杂程度大大降低。如果通过将多台大型交换机连接在一起，能够构建可提供数百个端口的SAN，适应增长型企业不断剧增的信息存储容量的需要。光纤通道支持多种拓扑结构，主要有点到点（Link）、仲裁环（FC-AL)、交换式网络结构（FC-XS）。

5. 基于 IP 的存储（skip）

skip（Storage-over-IP）是将IP地址直接映射到每一存储组件，不需要使用成本高的专用控制器或汇聚器。IP固有虚拟化的能力，通过使用IP构建存储网络，就不再需要使用成本高而使性能下降的虚拟软件。无论物理驱动器在任何物理位置，skip都可以利用IP的强大优势对数据进行扩展、条带化处理、镜像处理和传输。

skip为用户创建了一个高效、强大和可扩展的存储平台。在体系结构方面与光纤通道类似，它们都是使用简单而可靠的"initiator-target"（"源—目标"）读写方式。不过，与需要使用昂贵、专用硬件基础设施的光纤通道定制协议不同，skip使用标准UDP来获得同样高水平的效率和响应速度。结合了与TCP类似的数据包保证方法，但带宽利用率超过了90%。磁盘上的数据块被组织为使用简单标识符的地址形式，从而提供了一种高效且可靠的网络存储通信协议，足以支持要求最苛刻的数据中心应用。

（二）RAID 技术和灾难恢复

为防止因为磁盘损坏、自然灾害造成存储数据损坏或丢失，出现了RAID技术和灾难恢复技术。

1. RAID 的概念

RAID（Redundant Array of Independent Disks）中文名称是独立磁盘冗余阵列。RAID的初衷主要是为了大型服务器提供高端的存储功能和冗余的数据安全。在系统中，RAID被看作是一个逻辑分区，但是它是由多个硬盘组成的（最少两块）。它通过在多个硬盘上同时存储和读取数据来大幅提高存储系统的数据吞吐量，而且在很多RAID模式中都有较为完备的相互校验/恢复的措施，甚至是直接相互的镜像备份，从而大大提高了RAID系统的容错度，提高了系统的稳定冗余性。

2. RAID 的等级

RAID技术分为几种不同的等级，分别可以提供不同的速度，安全性和性价比。根据实际情况选择适当的RAID级别可以满足用户对存储系统可用性、性能和容量的要求。常用的RAID级别有：NRAID，JBOD，RAID 0，RAID 1，RAID 0+1，RAID 3，RAID 5等。目前经常使用的是RAID 5和RAID 0+1。

（1）NRAID：即Non-RAID，所有磁盘的容量组合成一个逻辑盘，没有数据块分条（No Block stripping）。NRAID不提供数据冗余。要求至少一个磁盘。

（2）JBOD：JBOD代表Just a Bunch of Drives，磁盘控制器把每个物理磁盘看作独立的磁盘，因此每个磁盘都是独立的逻辑盘。JBOD也不提供数据冗余。要求至少一个磁盘。

（3）RAID 0：即Data stripping（数据分条技术）。整个逻辑盘的数据是被分条（Stripped）分布在多个物理磁盘上，可以并行读/写，提供最快的速度，但没有冗余能力。要求至少两个磁盘。通过RAID 0可以获得更大的单个逻辑盘的容量，且通过对多个磁盘的同时读取获得更高的存取速度。RAID 0首先考虑的是磁盘的速度和容量，忽略了安全，只要其中一个磁盘出了问题，那么整个阵列的数据都会损坏。

（4）RAID 1：又称镜像方式，也就是数据的冗余。RAID 1使用两块硬盘，上面镜像存储相同的信息。在整个镜像过程中，只有一半的磁盘容量是有效的（另一半磁盘容量用来存放同样的数据）。同RAID 0相比，RAID 1首先考虑的是安全性，容量减半、速度不变。

（5）RAID 0+1：为了达到既高速又安全，出现了RAID 10（或者叫RAID 0+1），可以把RAID 10简单地理解成由多个磁盘组成的RAID 0阵列再进行镜像。

（6）RAID 3和RAID 5：RAID 3和RAID 5都是校验方式。RAID 3的工作方式是用一块磁盘存放校验数据。由于任何数据的改变都要修改相应的数据校验信息，存放数据的磁盘有好几个且并行工作，而存放校验数据的磁盘只有一个，这就带来了校验数据存放时的瓶颈。RAID 5的工作方式是将各个磁盘生成的数据校验切成块，分别存放到组成阵列的各个磁盘中去，这样就缓解了校验数据存放时所产生的瓶颈问题，但是分割数据及控制存放都要付出速度上的代价。

3. RAID 的实现

按照硬盘接口的不同，RAID分为SCSI RAID、IDE RAID和SATA RAID。其中，SCSI RAID主要用于要求高性能和高可靠性的服务器/工作站，而台式机中主要采用IDE RAID和SATARAID。

以前RAID功能主要依靠在主板上插接RAID控制卡实现，而现在越来越多的主板都添加了板载RAID芯片直接实现RAID功能。

三、任务实施

Windows Server 2003的磁盘阵列技术

【任务目标】

本任务实施使用Windows Server 2003实现"软件"磁盘阵列，与硬件的磁盘阵列效果类似。要求掌握在Windows Server 2003环境下做磁盘阵列的条件和方法、实现RAID0的方法、实现RAID1的方法和实现RAID5的方法。掌握在Windows Server 2003环境下实现恢复磁盘阵列数据的方法。

【施工设备】

装有Windows Server 2003系统的虚拟机1台，虚拟网卡1块（类型为"网桥模式"），虚拟硬盘五块。

【施工步骤】

步骤1：组建RAID实验的环境

由于磁盘阵列技术的实现需要的硬盘数量较多，实验环境下，我们采用虚拟机技术实现。下面将在Windows Server 2003中做磁盘阵列实验，因此需要创建一个Windows Server 2003虚拟机，然后向此虚拟机中添加5块虚拟硬盘。如图7-18所示。

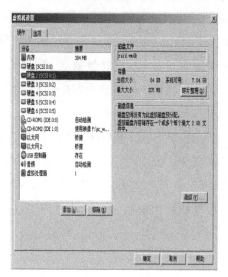

图 7-18 共添加 5 块硬盘　　　　图 7-19 进入磁盘初始化和转换向导

步骤2：初始化新添加的硬盘

在做磁盘RAID的实验之前，操作系统会对新添加的硬盘进行初始化工作，具体步骤如下：

（1）运行实验用的虚拟机，进入系统后，选择"开始"→"管理工具"→"计算机管理"命令，进入"计算机管理"窗口。

（2）单击"磁盘管理"选项，因为新添加了硬盘，系统将进入磁盘初始化向导，单击"下一步"按钮，如图7-19所示。

（3）在图7-20中，选择将要初始化的硬盘，单击"下一步"按钮。

图 7-20 选择要初始化的磁盘　　　　图 7-21 选择要转换的磁盘

（4）在图7-21中，选择要转换的磁盘，然后单击"下一步"按钮。

（5）在图7-22中，单击"完成"按钮，即可完成磁盘的初始化和转换。

图 7-22 向导完成

图 7-23 创建带区卷

步骤3：带区卷（RAID 0的实现）

（1）在"计算机管理"窗口中，右击第1块硬盘的剩余空间，在弹出的快捷菜单中选择"新建卷"命令。

（2）在图7-23中，选中"带区"单选按钮，然后单击"下一步"按钮。

（3）在图7-24中，添加5块硬盘，并在"选择空间量"数值框中输入204Mb，然后单击"下一步"按钮。（注：最后该卷空间为204Mb×5=1020Gb）

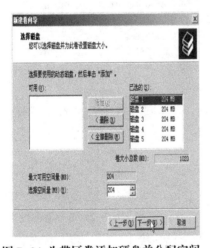
图 7-24 为带区卷添加硬盘并分配空间

图 7-25 为新建卷指派驱动器盘符

（4）在图7-25中，为带区卷指派盘符I，然后单击"下一步"按钮。

（5）在图7-26中，设置卷标名为raid0，并且选中"执行快速格式化"复选框，单击"下一步"按钮。

（6）创建完成后，带区卷用"海绿色"表示。

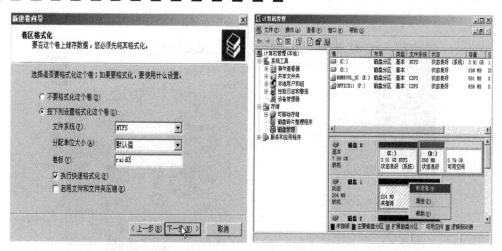

图 7-26 格式化新建卷并设置卷标　　　　图 7-27 新建卷

步骤4：磁盘阵列（RAID 1的实现）

（1）在"磁盘管理"中，选择第2块硬盘，用鼠标右击硬盘，在弹出的快捷菜单中选择"新建卷"命令，如图7-27所示。

（2）在欢迎使用新建卷向导的对话框中，单击"下一步"按钮，进入新建卷向导，如图7-28所示。

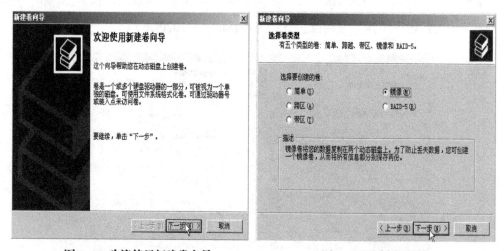

图 7-28 欢迎使用新建卷向导　　　　图 7-29 选择卷类型

（3）在图7-29中，选择"镜像"单选按钮，然后单击"下一步"按钮。

（4）在图7-30中的可用磁盘中选中磁盘2，然后单击"添加"按钮，将其添加到"已选的"列表中。

（5）在添加完一块磁盘后，由于创建的是镜像卷不能再添加磁盘，在"选择空间量"数值框中设置镜像卷大小为204Mb，然后单击"下一步"按钮，如图7-31所示。

（6）在图7-32中，为新添加的卷指派盘符G，然后单击"下一步"按钮。

（7）在图7-33中，设置卷标名为raid1，并且选中"执行快速格式化"复选框，单击"下一步"按钮。

（8）完成新建卷的向导后，在图7-34中，单击"完成"按钮。

（9）在"计算机管理"窗口中可以看到正在格式化新建的镜像卷，如图7-35所示。

（10）新建卷的格式化完成后，会重新同步镜像卷上的数据。

（11）创建镜像卷后，用"褐色"表示。

图 7-30 添加磁盘

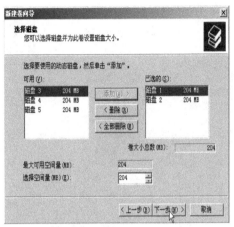

图 7-31 镜像卷只能添加一个磁盘

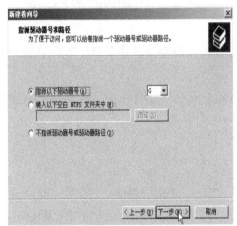

图 7-32 为新添加的卷指派驱动器号

图 7-33 对新添加的卷格式化并指定卷标

图 7-34 完成新建卷向导

图 7-35 格式化新建卷

步骤5：带奇偶校验的带区卷（RAID 5的实现）

（1）在"计算机管理"窗口中，右击第1块硬盘的剩余空间，在弹出的快捷菜单中选择"新建卷"命令。

（2）在图7-36中，选中"RAID-5（R）"单选按钮，然后单击"下一步"按钮。

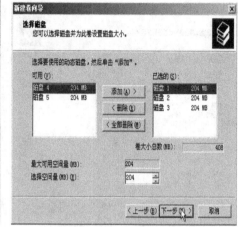

图7-36 创建RAID-5（R）卷　　　　图7-37 添加硬盘并分配空间

（3）在图7-37中，添加第1-3块硬盘，并在"选择空间量"数值框中输入204Mb，然后单击"下一步"按钮。

（4）在指派驱动器号和路径的对话框中，为新建的卷分配盘符H，然后单击"下一步"按钮。

（5）在卷区格式化的对话框中，设置卷标名为raid5，并且选中"执行快速格式化"复选框，单击"下一步"按钮。

（6）创建raid5卷后，该卷用"天蓝色"表示。

步骤6：磁盘阵列数据的恢复

在前面所做的实验中，磁盘镜像和RAID 5中的一个硬盘损坏时，数据可以恢复，但带区卷中的一个硬盘损坏时，所有数据将丢失并且不能恢复。下面只介绍恢复RAID 5卷的过程，其他的与其操作步骤相似。具体步骤如下：

（1）关闭虚拟机，编辑虚拟机的配置文件，将第1块虚拟硬盘删除，从而模拟硬盘损坏。

（2）重启虚拟机，进入系统后，选择"开始"→"管理工具"→"计算机管理"命令，进入"计算机管理"窗口。

（3）单击"磁盘管理"选项，将出现如图7-38所示的情形，出现标记为"丢失"的动态磁盘。

（4）右击"磁盘管理"选项，选择"重新扫描磁盘"。

（5）右击"失败"的RAID 5卷中工作正常的任一成员，在弹出菜单中选择"修复卷"选项，弹出如图7-39所示的对话框，选择新建磁盘来取代原来的故障盘，单击"确定"按钮。

（6）将标记为"丢失"的磁盘删除掉，RAID-5卷恢复正常，如图7-40所示。

图 7-38 RAID5 卷出现故障

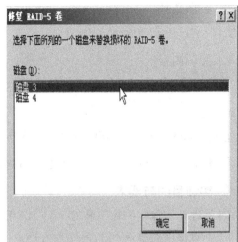

图 7-39 选择新磁盘取代故障盘

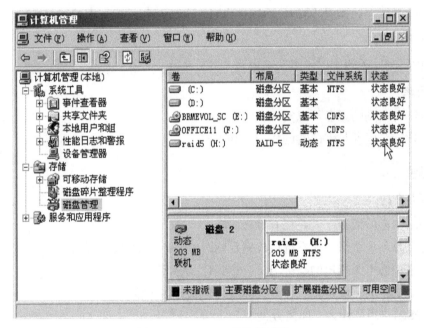

图 7-40 RAID-5 卷恢复正常

实训项目

实训项目 1 Windows Server 2003 网络负载均衡的实现

1. 实训目的与要求

（1）理解负载均衡技术的意义和实现方法。

（2）掌握Windows Server 2003环境下负载均衡器的安装与配置方法。

2. 实训设备与材料

每组计算机3台，交换机1台，网络线若干根，Windows Server 2003系统1套，Windows XP系统1套。

3. 实训拓扑

实训拓扑如图7-9所示。

4. 实训内容

实训内容为任务三中的任务实施内容。

5. 思考

简述Windows Server 2003环境下负载均衡技术的实现方法。

实训项目2 Windows Server 2003 的磁盘阵列技术

1. 实训目的与要求

（1）理解磁盘阵列以及RAID 0、RAID 1和RAID 5。

（2）掌握做磁盘阵列的条件和方法。

2. 实训设备与材料

装有Windows Server 2003系统的虚拟机1台，虚拟网卡1块，虚拟硬盘五块。

3. 实训内容

实训内容为任务四中的任务实施内容。

4. 思考

（1）哪种类型的磁盘可以实现软RAID？

（2）比较跨区卷与带区卷的相同点和不同点。

习题

一、简答题

1. 网络中心的地板、天花板有什么要求？

2. 什么是新风系统，该系统可以满足网络中心建设的什么要求？

3. 网络中心电源接地的综合阻抗应达到什么标准？

4. 标准机柜的宽度是多少，设备高度以什么作为单位？

5. UPS的作用是什么，如何分类？

6. 如何计算UPS的容量要求？

7. UPS电池维护有什么要求？

8. 服务器有哪些分类，部门级服务器有什么特点？

9. 什么是负载均衡技术，如何实现负载均衡？

10. 常见的网络存储技术有哪些？skip有什么优势？

11. 简述RAID的工作原理。

二、实践题

1. 结合本项目学习的知识，通过网络搜集一些网络中心建设的资料，并参观几个网络中心，对得到的材料、设备机型等进行总结、整理。

2. 使用Windows Server 2003配置负载均衡。

项目八　网络管理和网络安全

科学、规范、有效的网络管理体系的建立，可以在网络规模不断扩大、网络结构日益复杂的情况下，保证计算机网络连续、稳定、安全和高效地运行，充分发挥计算机网络的作用。网络的开放性和复杂性，以及大范围的普及，也出现了各种各样的安全问题，保证网络安全成为网络建设的基础工作。

本项目主要学习网络管理和网络安全的基础知识，以及在Windows Server 2003下进行网络管理的方法和实现网络安全的常见方法。

任务一　使用网络管理软件进行管理

一、任务分析

随着计算机网络的发展，计算机网络已呈现出以下三大特点：一是网络系统规模不断扩大，这主要体现在网络系统内部节点数增加和在地理覆盖范围上的扩大；二是网络系统复杂度增加，这不仅体现在网络内涉及的协议越来越丰富，而且组网的产品系列也越来越多；三是在一个网络内经常会由于集成了多个计算机和网络厂家的产品而出现在一个网内存在多于一个网管的现象，而各个网管之间不能协调互通，这就导致了网络管理及其操作的难度增大。为了能够保证整个网络不间断地正常运行，必须建立一个强有力的网络管理系统。

本任务主要学习网络管理软件的使用方法。

二、相关知识

（一）网络管理的内容

网络管理的任务是收集、监控网络中各种设备和相关设施的工作状态、工作参数，并将结果提交给管理员进行处理，进而对网络设备的运行状态进行控制，实现对整个网络的有效管理。比如网络管理员可以在网络中心查看一个用户是否开机，并根据网络使用情况对该用户进行计费。又如某个用户终端发生故障，管理员可以通过网络管理系统发现故障发生的地点和故障原因，及时通知用户进行相关处理。

要保证网络的运行，网络管理应包含以下内容。

1. 网络的系统配置管理：包括网络拓扑结构的自动识别、显示和管理，网络上各个节点的地址分配、使用策略等配置，软件系统的运行与维护。

2. 系统故障管理：包括网络故障的诊断、显示和通告。能够及时发现故障，准确确定故障的位置和产生原因并通知相关人员做出处理。

3. 系统用户管理：包括用户的身份验证、权限管理、计费以及非法用户的拒绝等。

4. 流量控制和负载平衡：包括流量检测、流量统计、流量限制等。网络中传输的数据量超过网络容量时，会引起网络性能降低甚至网络瘫痪，流量控制能够依据网络使用状态以及用户状态合理进行流量限制，达到负载平衡。例如，许多学校在白天上班时间，为保证网络办公的正常运行，把学生计算机的流量限制在100kbit/s以下，防止大量的下载造成网络堵塞。

5. 网络的安全管理：包括系统软件、硬件和运行的安全策略、安全防范、安全日志等，如防止有害信息的传播、保证网络设备正常工作、网络资源的保护等，都是网络安全要解决的问题。

6. 网络管理员的管理和培训：网络管理员的主要工作职责是进行系统的日常维护和配置，在系统出现故障时能及时排除，保证网络系统的正常运行。一般网络都实行专职和兼职多级管理制度，专职管理员需要对网络系统有丰富的专业知识和实际操作能力，兼职管理员要对自己管理

（二）网络管理的标准化

1. 标准化的内容

网络建设过程中，旧的网络设备和新的网络设备的配合、不同厂家设备的混合使用、不同网络之间的互联互通，需要网络管理能提供全面的、适合各种情况的接口。这些接口增加了网络管理的复杂性，而且开发和维护这些接口系统也需要巨大的费用。因此，网络管理者就需要一种能提供一致的和综合的网络管理手段，管理不同厂商的计算机、软件和网络系统，保证能通过信息的交换和协调管理的执行活动实现开放系统之间的相互操作，并达到如下目标：

（1）减少和不同系统之间进行接口的费用；

（2）管理信息交换保持一致性；

（3）对网络性能、计费、配置、安全和故障等方面有标准的定义；

（4）具有公共的标准协议和服务；

（5）允许增加新的增值服务。

网络管理涉及局部系统中的接口和系统与系统之间的接口。

局部系统中的接口包括操作人员和网络管理系统之间的界面以及网络管理系统和应用进程之间的界面，这些界面都不一定要具备一致性。

系统与系统之间管理信息的交换，所使用的管理界面需要标准化，并且标准中必需规定以下两个方面的内容：

（1）端系统的活动，用于管理对象及其相关操作；

（2）系统之间的开放通信。一般通过开放系统互联(OSI)标准实现。

2. 网络管理标准化组织

国际标准化组织（ISO）对网络管理的标准化工作开始于1979年，国际电报电话咨询委员会（CCITT）也参与了此项工作，目前已产生了许多网络管理的国际标准。国际标准只规定系统的功能及相互之间的接口，而不限制系统内部的实现方法。

3. OSI 网络管理标准

在OSI管理标准中，将开放系统的管理功能划分为5个功能域：配置管理、性能管理、故障管理、安全管理和记账管理。其他一些管理功能，如网络规划、网络操作人员的管理等都不在这5个功能域中。

（1）配置管理

一个计算机网络系统是由多种多样的设备连接而成的，这些设备组成了网络的各种物理结构和逻辑结构，这些结构中的设备有许多参数、状态和名字等至关重要的信息。另外,上述网络设备及其互联和互操作的信息可能是经常变化的，比如用户对网络的需求发生了变化、网络规模扩大、设备更新等。这些管理需要一个全网的设备配置管理系统，统一、科学地管理上述信息。

配置管理系统的主要功能有：

① 配置开放系统或管理对象的参数；

② 初始化、启动和关闭管理对象；

③ 及时收集能够反映开放系统状态的数据，以便管理系统能够识别开放系统中状态变化的发生；

④ 改革开放系统或管理对象的配置；

⑤ 使名字和管理对象对应起来。

（2）性能管理

在早期的网络管理系统中,性能管理主要由性能告警监测和发现性能故障时对网络重新配置两部分组成，而且性能故障是通过用户抱怨才发现的。随着网络规模的不断扩大，管理系统的日益复杂，以及用户对服务质量的要求越来越高，对网络中的性能管理也提出了更高的要求。

在网络运行过程中，性能管理的一个很重要的工作就是对网络硬件、软件及介质的性能测量。网络中的所有部件都有可能成为网络通信的瓶颈，管理人员必须及时知道并确定当前网络中哪些部件的性能正在下降或已经下降，哪些部分过载，哪些部分负荷不满等，以便做出及时调整。这需要性能管理系统能够收集统计数据,对这些数据应用一定的算法进行分析以获得对性能参数的定量评价，主要包括整体的吞吐量、使用率、误码率、时廷、拥塞、平均无故障时间等。利用这些性能数据，管理人员就可以分析网络瓶颈、调整网络带宽等，从而达到提高网络整体性能的目的。

网络性能管理的主要功能有：

① 收集统计数据；

② 维护和检查系统状态历史的日志，以便用于规划和分析。

（3）故障管理

故障管理是最基本的网络管理功能。它在网络运行出现异常时负责检测网络中的各种故障，主要包括网络节点和通信线路两种故障。在大型网络系统中，出现故障时往往不能具体确定故障所在的具体位置。有时出现的故障是随机性的，需要经过很长时间的跟踪和分析才能找到其产生的原因。这就需要有一个故障管理系统，科学地管理网络所发现的所有故障，具体记录每一个故障的产生、跟踪分析，以致最后确定并改正故障的全过程。因此，发现问题、隔离问题、解决问题是故障管理系统要解决的问题。

故障管理系统的主要功能有：

① 维护、使用和检查差错日志；

② 接受差错检测的通报并做出反应；

③ 在系统范围内跟踪差错；

④ 执行诊断测试程序；

⑤ 执行恢复动作以纠正差错。

（4）安全管理

网络安全管理是对网络信息访问权限的控制过程。由于网络上存在着大量的敏感数据，为禁止非授权用户的访问，就要对网络用户进行一些访问权限的设置，同时尽可能地发现某些"黑客"，阻止对网络资源的非法访问及尝试。

网络安全管理的主要功能有：

① 支持身份鉴别、规定身份鉴别的过程；

② 控制和维护访问权限；

③ 支持密钥管理；

④ 维护和检查安全日志

（5）记账管理

在网络系统中，计费功能是必不可少的。计费是通过记账管理系统实现的。对公用网用户，记账管理系统记录每个用户及每组用户对网络资源的使用情况，并核算费用，然后通过一定的渠道收取费用。用户的网络使用费用可以有不同的计算方法，如不同的资源、不同的服务质量、不同的时段、不同级别的用户都可以有不同的费率。

在大多数园区网，如校园网、企业网中，内部用户使用网络资源可能并不需要付费。此时，记账管理系统可以使网管人员了解网络用户对网络资源的使用情况，以便及时调整资源分配策略，保证每个用户的服务质量，同时也可以禁止或许可某些用户对特定资源的访问。

网络记账管理的主要功能有：

① 将应该交纳的费用通知用户；

② 支持用户费用的上限设置；

③ 在必须使用多个通信实体才能完成通信时，能够把使用多个管理对象的费用结合起来。如一个用户同时使用网络接入服务、邮件服务，两种服务需要分别进行计费，记账系统可以分别对这两种服务所产生的费用进行记录并产生汇总结果。

（三）网络管理协议

随着网络的不断发展，规模增大，复杂性增加，简单的网络管理技术已不能适应网络迅速发展的要求。以往的网络管理系统往往是厂商在自己的网络系统中开发的专用系统，很难对其他厂商的网络系统、通信设备软件等进行管理，这种状况很不适应网络异构互联的发展趋势。

20世纪80年代初期Internet的出现和发展使人们进一步意识到了这一点。研究开发者们迅速展开了对网络管理的研究，并提出了多种网络管理方案，包括HEMS、SGMP、CMIS/CMIP等。IAB（Internet Architecture Board，因特网结构委员会）成立了相应的工作组，对这些方案进行适当的修改，使它们更适于Internet的管理。这些工作组随后相应推出了SNMP（Simple Network Management Protocol，简单网络管理协议）和CMOT（CMIP/CMIS Over TCP/IP，公共管理信息服务与协议）等网络管理协议。

1. SNMP

简单网络管理协议（SNMP）的前身是1987年发布的简单网关监控协议（SGMP）。SGMP给出了监控网关（OSI第三层路由器）的直接手段，SNMP则是在其基础上发展而来。最初，SNMP是作为一种可提供最小网络管理功能的临时方法开发的，它具有以下两个优点：

（1）与SNMP相关的管理信息结构（SMI）以及管理信息库（MIB）非常简单，从而能够迅速、简便地实现；

（2）SNMP是建立在SGMP基础上的，而对于SGMP，人们积累了大量的操作经验。SNMP经历了两次版本升级，现在的最新版本是snmp3。在前两个版本中SNMP功能都得到了极大的增强，而在最新的版本中，SNMP在安全性方面有了很大的改善，SNMP缺乏安全性的弱点正逐渐得到克服。

简单网络管理协议一推出就得到了广泛的应用和支持，特别是很快得到了数百家厂商的支持，其中包括IBM，HP，SUN等大公司和厂商。目前SNMP已成为网络管理领域中事实上的工业标准，并被广泛支持和应用，大多数网络管理系统和平台都是基于SNMP的。

2. CMIS/CMIP

公共管理信息服务/公共管理信息协议（CMIS/CMIP）是OSI提供的网络管理协议簇。

CMIS定义了每个网络组成部分提供的网络管理服务，这些服务在本质上是很普通的，CMIP则是实现CMIS服务的协议。OSI网络协议旨在为所有设备在ISO参考模型的每一层提供一个公共网络结构，而CMIS/CMIP正是这样一个用于所有网络设备的完整网络管理协议簇。

出于通用性的考虑，CMIS/CMIP的功能与结构跟SNMP很不相同，SNMP是按照简单和易于实现的原则设计的，而CMIS/CMIP则能够提供支持一个完整网络管理方案所需的功能。CMIS/CMIP的整体结构是建立在使用ISO网络参考模型的基础上的，网络管理应用进程使用ISO参考模型中的应用层。

3. CMOT

公共管理信息服务与协议（CMOT）是在TCP/IP协议簇上实现CMIS服务，这是一种过渡性的解决方案，直到OSI网络管理协议被广泛采用。CMIS使用的应用协议并没有根据CMOT而修改，CMOT仍然依赖于CMISE、ACSE和ROSE协议，这和CMIS/CMIP是一样的。CMOT的一个致命弱点在于它是一个过渡性的方案，而没有人会把注意力集中在一个短期方案上。相反，许多重要厂商都加入了SNMP潮流并在其中投入了大量资源。事实上，虽然存在CMOT的定义，但该协议已经很长时间没有得到任何发展了。

4. LMMP

局域网个人管理协议（LMMP）试图为LAN环境提供一个网络管理方案。LMMP以前被称为IEEE 802逻辑链路控制上的公共管理信息服务与协议（CMOL）。由于该协议直接位于IEEE 802逻辑链路层（LLC）上，它可以不依赖于任何特定的网络层协议进行网络传输。由于不要求任何网络层协议，LMMP比CMIS/CMIP或CMOT都易于实现，然而没有网络层提供路由信息，LMMP信息不能跨越路由器，从而限制了它只能在局域网中发展。但是，跨越局域网传输局限的LMMP信息转换代理可能会克服这一问题。

（四）常见的网络管理软件

根据网管软件的发展历史，可以将网管软件划分为三代：第一代网管软件就是最常用的命令行方式，并结合一些简单的网络监测工具，它不仅要求使用者精通网络的原理及概念，还要求使用者了解不同厂商的不同网络设备的配置方法。第二代网管软件有着良好的图形化界面。用户无须过多了解设备的配置方法，就能图形化地对多台设备同时进行配置和监控。大大提高了工作效率，但仍然存在由于人为因素造成的设备功能使用不全面或不正确的问题数增大，容易引发误操作。第三代网管软件相对来说比较智能，是真正将网络和管理进行有机结合的软件系统，具有"自动配置"和"自动调整"功能。对网管人员来说，只要把用户情况、设备情况以及用户与网络资源之间的分配关系输入网管系统，系统就能自动地建立图形化的人员与网络的配置关系，并自动鉴别用户身份，分配用户所需的资源（如电子邮件、Web、文档服务等）。

典型的网管软件平台有IBM NetView、HP OpenView和sennet Manager，它们在支持本

公司网络管理方案的同时，都可以通过SNMP对网络设备进行管理。

网管支撑软件是运行于网管软件平台之上，支持面向特定网络功能、网络设备、操作系统管理的支撑软件系统。每种网管支撑软件都有明确的网络管理功能和所支持的网管软件平台、操作系统，比如IBM Network Manager for Aix加载于IBM NetView for Aix/1600之上，负责管理yoking Ring、FDDI、SNMP yoking Ring和SNMP网桥等多种网络协议环境中的网络物理资源。

近年来，基于Web的各种网络应用开始广泛普及，网络管理软件也开始出现了许多基于Web的产品，SUN公司提供了一组JAVA编程接口JMAPI，供用户开发基于Web浏览器的网络管理应用。

随着我国网络技术生产和研究水平的提高，许多公司开发了适合中国人使用习惯、全中文的网络管理软件平台，如华为、实达等公司的产品都得到了广泛的应用。

三、任务实施

网络管理软件应用举例

【任务目标】

本任务实施以安装和使用由安奈特中国网络有限公司（www.alliedtelesyn.com.cn）开发和研制的snmp网络管理软件为例，学习并掌握网络管理软件的安装与配置，了解网络管理软件的参数设置以及利用网络管理软件实现简单的网络管理功能。

【施工拓扑】

施工拓扑如图8-1所示。

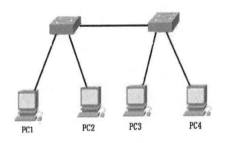

图 8-1　网络连接拓扑图

【施工设备】

安装Windows XP 系统的PC机4台，交换机2台，snmp软件

【操作步骤】

步骤1：按照图8-1网络拓扑图建立网络工作环境。

步骤2：配置PC机的网络属性，设置计算机名、IP地址、子网掩码等信息；配置交换机，开启交换机的SNMP管理协议，设置交换机的管理IP地址和子网掩码。

步骤3：安装snmp工具：

（1）双击snmp安装文件，出现如图8-2所示的安装选项界面。

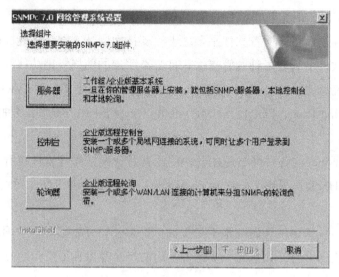

图8-2 "选择组件"对话框

（2）选择SNMPC网络管理系统的安装组件，有三个组件提供给我们选择，包括服务器，控制台，轮询器。一般来说我们是为了管理网络，所以安装服务器组件即可，如果是被管理端则选择控制台。

（3）选择安装程序的目的地位置，默认为c:\program files\snmp network manager，也可以通过"浏览"按钮修改安装路径，点"下一步"按钮继续。

（4）在出现"发现种子"的设置窗口，如图8-3所示。发现种子是用于网络发现的起始点，理想的种子最好是本地启用了SNMP功能的路由器的IP地址，一般情况下输入自己企业网络核心设备的地址。这里，输入步骤2中设置的某台交换机的信息。输入IP地址和子网掩码后，要输入Community社区名。许多设备默认的Community是public。Community字符串是区分大小写的。输入完毕后点"下一步"按钮继续。

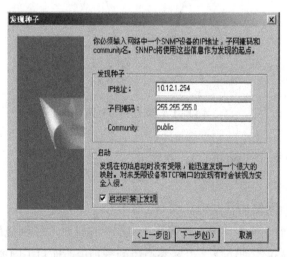

图8-3 "发现种子"对话框

（5）选择程序文件夹，点"下一步"按钮继续。

（6）复制必需文件到本地硬盘，安装控制台组件。完成snmp程序的全部安装工作，将弹出"SNMPC网络管理系统组件已经成功安装完成"提示。

步骤3：扫描网络并绘制拓扑结构

SNMPC程序的功能非常强大，基本功能：自动扫描网络结构并自动绘制拓扑结构。

（1）首先我们启动snmp程序，通过"开始"→"所有程序"→"snmp网络管理系统"→"启动系统"。

（2）启动snmp程序后将在桌面任务栏上出现了一个snmp程序小图标，我们在其上点鼠标右键选择"登录服务器"。

（3）出现snmp管理控制台登录窗口，默认情况下输入服务器IP地址为localhost，因为上面安装服务器端在本机，用户名称为administrator，密码保持默认即可，点"确定"进行登录。

（4）登录后SNMPC程序将自动根据之前输入的"种子"地址扫描企业内部网络，如果这个开启了SNMP协议的设备是企业的核心设备，那么就可以轻松获得企业网络的全部拓扑结构绘制图。如图8-4所示为snmp程序的主界面及自动绘制的网络拓扑图。所有图标都是以IP地址信息为名称的，也可以对其进行修改，改名以便更好地管理，同时左边也将显示出所有网段信息。通过SNMPC程序的自动扫描网络拓扑和自动绘制网络结构功能，我们可以轻松的绘制出网络的结构图，把SNMPC程序绘制出来的图可以保存成图片格式的文件，方便打印并放大展示。

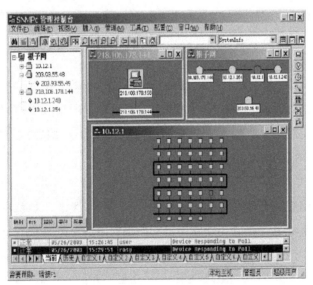

图8-4 snmp 程序的主界面

步骤3：自定义添加设备

snmp工具自动扫描拓扑结构是建立在开启了SNMP协议基础上而生成的，不过在实际使用过程中可能有的设备，特别是服务器不可能都开启SNMP协议，因此snmp工具是无法自动发现这些设备的，这时就需要进行手工添加操作。

（1）在控制台右边的编辑工具栏中选择 ⊟ 工具按钮，就会打开一个映射对象属性备对话框。如图8-5所示。

图8-5 手工添加设备

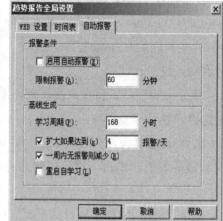

图8-6 设置自动报警

（2）输入设备的标志并选择您想用的设备图标。

（3）在地址栏输入设备或服务器的IP地址。

（4）在属性选项卡中，选择执行程序项，然后从下拉列表中选择telnet.exe代替auto.exe。选择确定将设备添加到映射图。

（5）设置完毕后图标会被添加在映射图的左上角。接着我们就可以通过按住Ctrl键选择两个设备或网络图标，当两个图标都被选中后，单击插入链接按钮 ⌇ 创建连接，便可将新设备添加到映射图中。

步骤4：设置报警功能

SNMPC是一个具有前瞻性的网络管理系统，能够接收并处理任何厂商设备的SNMP报警。SNMPC也可以通过轮询任何 SNMP变量并将轮询所得到的结果与网管预先定义的阈值相比较，根据比较结果产生相应的阈值报警。内置的自动基准线系统监视轮询统计数据，当出现异常数据模型时产生报警。

使用"配置"→"趋势报告"菜单，选择"自动报警"选项卡。在此对话框中，可以设置自动化报警算法的各种参数，如图8-6所示。一般情况下，默认值就足够了，用户可能希望做的事情主要是通过取消选择启用自动化报警复选框来禁用自动报警。

所有网络事件和报警都在事件日志工具中显示。可以配置自定义选项卡以只显示特殊子网或设备类型的相关事件。SNMPC还有"正语言"功能的报警系统，如可以用英语或中文表示，且可以将复杂的SNMP故障报警信息转换成网管自己容易理解的告警语句，如"路由器宕机了"等。设置完毕报警条件后，当SNMPC接收到事件后，可以提供不同的通知方式，包括Email/短信、颜色、鸣叫、报警框、WAV声音或向其他的管理系统转发报警等。

如图8-7所示。报警功能可以帮助网管员在第一时间发现问题，从而在第一时间解决问题。

图 8-7　SNMPC 的报警信息

步骤5：对网络设备进行管理

在设备图标上右击，即可访问上面显示的设备菜单。系统菜单是按照设备类型组织的，以易于选择使用。snmp 是能用的网管平台，设计用于管理任何设备而不管是哪家厂商的。唯一的前提条件是设备必须启用了SNMP。例如，要管理一个Windows Server 2003服务器，就必须先安装Microsoft的SNMP代理。

步骤5：对网络性能进行监控

至少选取三个性能指标进行监控，并记录有监控的截图和变化过程。

步骤6：练习使用snmp 的其他实用功能，如长期统计数据采集、常用报告选择等。

任务二　使用Windows Server 2003 网络管理工具

一、任务分析

在Windows Server 2003中也提供了许多网络管理工具，如前面学习过的用户管理、在IIS中的访问控制管理、目录和文件的权限管理等。在本任务中，将学习Windows Server 2003的性能监视器和事件查看器的使用。

本任务主要学习Windows Server 2003的事件查看器和性能监视器的使用方法。

二、相关知识

（一）事件查看器

在事件查看器中使用事件日志，可收集到关于硬件、软件和系统问题的信息，并可监视Windows Server 2003的安全事件。

1. 事件查看器中的事件记录

Windows Server 2003主要以应用程序日志、系统日志和安全日志3种日志方式记录事件。启动Windows Server 2003时，EventLog服务会自动启动。所有用户都可以查看应用程序和系统日志，只有管理员才能访问安全日志。

应用程序日志包含由应用程序或系统程序记录的事件。例如，数据库程序可在应用日志中记录文件错误。程序开发员决定记录哪一个事件。

系统日志包含Windows Server 2003的系统组件记录的事件。例如，在启动过程将加载的驱动程序或其他系统组件的失败记录在系统日志中。Windows server 2003预先确定由系统组件记录的事件类型。

安全日志可以记录审核事件，如有效的和无效的登录尝试，以及与创建、打开或删除文件等资源使用相关联的事件。管理器可以指定在安全日志中记录什么事件。例如，如果已启用登录审核，登录系统的尝试将记录在安全日志里。

在默认情况下，安全日志是关闭的。可以使用组策略来启用安全日志。管理员也可在注册表中设置审核策略，以便当安全日志记满时使系统停止响应。

2. 事件查看器可以显示的事件类型

（1）错误：重要的问题，如数据丢失或功能丧失。例如，如果在启动过程中某个服务加载失败，这个错误将会被记录下来。

（2）警告：并不是非常重要，但有可能说明将来的潜在问题的事件。例如，当磁盘空间不足时，将会记录警告。

（3）信息：描述了应用程序、驱动程序或服务的成功操作的事件。例如，当网络驱动程序加载成功时，将会记录一个信息事件。

（4）成功审核：对动作成功运行进行记录。例如，用户登录系统成功会被作为成功审核事件记录下来。

（5）失败审核：对动作失败运行进行记录。例如，如果用户试图访问网络驱动器并失败了，则该尝试将会作为失败审核事件记录下来。

3. 事件显示窗口

事件显示窗口显示日志中记录的各种事件，各列的含义如下。

（1）日期：事件发生的日期。

（2）时间：事件发生的当地时间。

（3）用户：事件发生所代表的用户的名称。如果事件实际上是由服务器进程所引起的，则该名称为客户ID；如果没有发生模仿的情况，则为主机ID。

（4）计算机：产生事件的计算机的名称。

（5）事件ID：识别特殊事件类型的编号。说明的第一行一般包含事件类型的名称。例如，6005是在启动事件日志服务时所发生事件的ID。这类事件说明的第一行是"事件日志服务已启动。"产品支持代表可使用事件ID和事件来源解决系统问题。

（6）源：记录事件的软件，它可为程序名（如"SQL Server"）或系统或大程序的组件（如驱动程序名）。例如，"Elnkii"指明了EtherLink Ⅱ驱动程序。

（7）类型：事件安全的分类：系统和应用程序日志中的错误、信息或警告；安全日志中的成功审核或失败审核。在事件查看器中的正常列表方式下，它们都由一个符号表示。

（8）种类：按事件来源分类事件。该信息主要用于安全日志。例如，对于安全审核，它对应于可在组策略中启用成功或失败审核的其中一个事件类型。

（二）性能监视器

性能监视器可以收集与内存、磁盘、处理器、网络以及其他活动有关的实时数据并将这些数据以图表、直方图或报表形式显示出来以供查看。它主要提供了两种功能：

1. 衡量本地计算机或网络中其他计算机的性能。

（1）对本地计算机或网络中其他计算机上的实时性能数据进行收集和查看。

（2）在计数器日志中查看当前或先前搜集到的性能数据。

（3）将性能数据表示在可打印的图表、直方图或报表视图中。

（4）通过自动操作将"性能监视器"的功能并入Microsoft Office组件的应用程序中。

（5）在性能视图中创建HTML页面。

（6）创建一些可使用微软管理控制台在其他计算机上安装的可重新使用的监视器配置。

2. 收集和查看计算机中硬件资源的使用情况和系统服务活动的有关数据。可以通过下列选项定义要求搜集数据内容。

（1）数据类型：通过指定性能对象、性能计数器和对象实例就可以选择要搜集的数据。

（2）数据源：可以从本地计算机或在网络中拥有权限(在默认情况下应该拥有管理权限)的其他计算机上搜集数据。

（3）采样参数：可以根据需要进行手动采样或通过指定采样的时间间隔进行自动采样。另外，在查看记录的数据时，可以指定开始和停止的时间，以便查看跨越特定时间范围的数据。

除了上述定义数据内容的选项，下面两个选项可以使用户在设计视图的外观时有相当大的灵活性。

（4）显示类型：性能监视器支持图形、直方图和报告视图三种显示类型，默认的视图为图形视图。

（5）显示特征：可以定义视图显示颜色和字体。另外，在使用图形或直方图方式查看性能数据时，可以从多种不同的选项中选择显示如下特征：指定图形或直方图的报头并标记垂直轴线；设置图形或直方图描述的值的范围；调整绘制的线条和分栏的特征来指定计数器的值勤，包括颜色、宽度等。

三、任务实施

（一）使用 Windows Server 2003 事件查看器

【任务目标】

掌握Windows Server 2003事件查看器的使用方法。

【施工设备】

安装Windows Server 2003系统的PC机若干台，局域网环境。

【操作步骤】

步骤1：打开事件查看器

选择"开始"→"程序"→"管理工具"→"事件查看器"，可打开"事件查看器"窗口，如图8-8所示。左边窗口为控制台树，右边窗口显示记录的事件。

图8-8　"事件查看器"窗口

步骤2：查看事件

在窗口左边选择一种日志类型，选择菜单"查看"→"添加/删除列"命令可以打开"添加/删除列"对话框，选择事件显示窗口中显示哪些列，如图8-9所示；选择菜单"查看"→"筛选…"命令可以打开"筛选器"对话框，对事件的显示按照一定的条件选择，如图8-10所示；选择菜单"查看"→"查找"命令可以打开"事件查找"对话框，查找特定的事件，如图8-11所示。

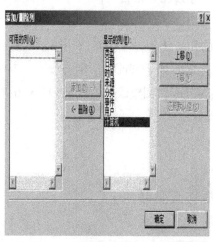

图8-9　"添加／删除列"对话框

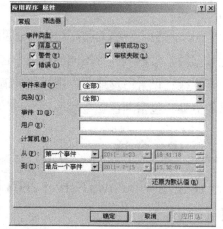

图8-10　"筛选器"对话框

步骤3：查看事件的详细信息

在事件的窗口中双击某个事件，可以打开"事件属性"对话框，如图8-12所示，查看事件的详细信息。

单击上下箭头按钮可以查看上一个或下一个事件，单击文本操作按钮可以把事件信息复制到剪贴板，以便传送到其他程序进行处理。

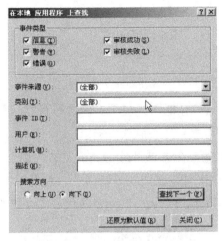 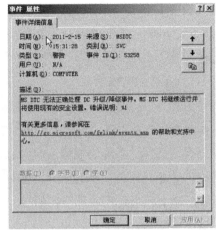

图 8-11 "事件查找"对话框　　　　图 8-12 "事件属性"对话框

步骤4：保存、打开和清除事件

在控制台树中选择一种日志类型，选择菜单"操作"→"另存日志文件"命令，可以打开日志保存对话框，将事件日志保存起来。日志可以保存为事件日志格式（.evt）、文本文件（.txt）或CSV（.csv）3种格式。如果以日志格式存档日志，则保存与事件相关的二进制数据，但是如果以文本或CSV的格式存档数据，将放弃二进制数据。二进制数据有助于开发人员或技术支持专家识别问题的根源。

选择菜单"操作"→"打开日志文件"命令，可以读入原来保存的日志文件。

选择菜单"操作"→"清除所有事件"命令，可以清除所记录的事件，日志文件的大小是有限制的，清除不需要的日志文件是网管人员的日常工作之一，否则会引起系统服务停止。注意，清除事件前最好先保存事件。

步骤5：设置日志属性

选择一种日志类型，选择菜单"操作"→"属性"命令，打开属性"系统日志属性"对话框在其中可以设置日志文件的大小以及日志达到最大值时的处理方法，如清除以前的事件、等待手工清除等。

步骤6：查看其他计算机的事件日志

在控制台树中选择"事件查看器（本地）"，再选择菜单"操作"→"连接到另一台计算机"命令，可选择网络中的另外一台计算机，查看其事件日志。其他计算机可能是运行Windows 2000/XP/2003 Professional的工作站，也可以是运行Windows Server 2000/2003或Windows NT Server的服务器或域控制器。

（二）使用Windows Server 2003性能监视器

【任务目标】

掌握Windows Server 2003性能监视器的使用方法。

【施工设备】

安装Windows Server 2003系统的PC机若干台，局域网环境。

【操作步骤】

步骤1：打开性能监视器

选择"开始"→"程序"→"管理工具"→"性能"命令，系统将打开"性能"窗口，如图8-13所示。左边窗口为控制台树，右边窗口显示监视结果。

在控制台树选择"系统监视器"时，右边窗口分为两部分，上部显示性能图表，不同的计数器在图表中用不同的颜色表示，显示结果可以以曲线（表格）、直方图、报表3种方式显示；下部显示所使用的计数器信息，其中包含图表中的颜色所代表的计数器。

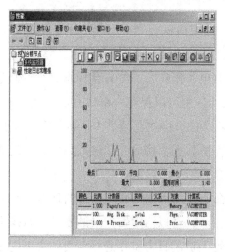

图 8-13　"性能"监视器窗口　　　　图 8-14　"添加计数器"对话框

步骤2：添加计数器

进入性能监视器时，图表中没有计数器，必须添加计数器。单击图表窗口工具栏上的"添加"按钮可打开"添加计数器"对话框，如图8-14所示，选择要添加的计数器。

添加计数器时先选择计算机，可选择本地计算机或网络上的计算机：然后选择性能对象，如处理器、磁盘等；最后，选择性能对象对应计数器。单击"添加"按钮完成添加，在图表窗口中开始显示随时间变化的计数器采样结果显示曲线。这时用户便可看到系统开始用选定的计数器对相应的对象进行监控。

步骤3：设置警报

在控制台树中的"性能日志和警报"中选择"警报"，选择菜单"操作→新的警报设置"

命令，可设置警报和报警方式。

在"新警报设置"对话框中输入警报名称，如"内存使用"，单击"确定"，可打开"内存使用属性"对话框，对话框中有"常规"、"操作"和"计划"3个选项卡。

首先在"常规"选项卡中单击"添加"，添加要设置报警的计数器，然后在对话框下半部分可设置触发报警的条件和数据采样时间间隔。如图8-15所示。

为所有计数器设置触发条件后，选择"操作"选项卡，可以设置报警条件达到时的动作，如把事件写入报警日志、发送网络信息、执行指定的程序等。选择执行程序时，可以单击命令行参数按钮，设置执行程序时的需要传递的参数，如图8-16所示。

选择"计划"选项卡，可设置报警监测的开始和结束时间。

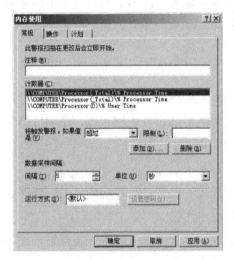
图 8-15 "操作"选项卡

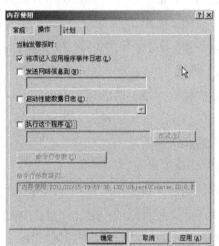
图 8-16 "操作"选项卡

任务三 了解网络安全

一、任务分析

随着人类社会生活对Internet需求的日益增长，网络安全逐渐成为各项网络服务和应用进一步发展的关键问题，特别是Internet商用化后，通过Internet进行的各种电子商务业务日益增多，加之Internet/Intranet技术日趋成熟，很多组织和企业都建立了自己的内部网络并将之与Internet连通。电子商务应用和企业网络中的商业秘密成为攻击者的主要目标。

网络安全问题是目前网络管理中最重要的问题，这是一个很复杂的问题，不仅是技术的问题，还涉及人的心理、社会环境以及法律等多方面的内容。

本任务主要学习网络安全的基本常识及防火墙的使用方法。

二、相关知识

（一）计算机网络面临的安全性威胁

1. 外部威胁

（1）自然灾害

自然灾害计算机网络是一个由用传输介质连接起来的地理位置不同的计算机组成的"网"，易受火灾、水灾、风暴、地震等破坏以及环境（温度、湿度、振动、冲击、污染）的影响。目前，不少计算机机房并没有防震、防火、防水、避雷、防电磁泄漏或干扰等措施，接地系统也疏于周到考虑，抵御自然灾害和意外事故的能力较差。日常工作中因断电使设备损坏、数据丢失的现象时有发生。

（2）黑客

计算机信息网络上的黑客攻击事件愈演愈烈，已经成为具有一定经济条件和技术专长的形形色色攻击者活动的舞台。黑客破坏了信息网络的正常使用状态，造成可怕的系统破坏和巨大的经济损失。

（3）计算机病毒

计算机病毒是指编制或者在计算机程序中插入的破坏计算机功能、毁坏数据、影响计算机使用并能自我复制的一组计算机指令或者程序代码。

"计算机病毒"将自己附在其他程序上，在这些程序运行时进入到网络系统中进行扩散。一台计算机感染上病毒后，轻则系统工作效率下降，部分文件丢失，重则造成系统死机或毁坏，全部数据丢失。据一份市场调查报告表明，我国约有90%的网络用户曾遭到过病毒的侵袭，并且其中大部分因此受到损失。病毒危害的泛滥说明了计算机系统和人们在安全意识方面的薄弱。

（4）垃圾邮件和黄毒泛滥

一些人利用电子邮件地址的"公开性"和系统的"可广播性"进行商业、宗教、政治等活动，把自己的电子邮件强行"推入"别人的电子邮箱，甚至塞满别人的电子邮箱，强迫别人接收他们的垃圾邮件。

国际互联网的广域性和自身的多媒体功能也给黄毒的泛滥提供了可乘之机。

（5）经济和商业间谍

通过信息网络获取经济、商业情报和信息的威胁大大增加。大量的国家和社团组织上网，丰富了网上内容的同时，也为外国情报收集者提供了捷径，通过访问公告牌、网页以及内部电子邮箱，利用信息网络的高速信息处理能力，进行信息分析以获取情报。

（6）电子商务和电子支付的安全隐患

计算机信息网络的电子商务和电子支付的应用给人们展现了美好前景，但网上安全措施和手段的缺乏阻碍了它的快速发展。

（7）信息战的严重威胁

所谓信息战，就是为了国家的军事战略而采取行动，取得信息优势，干扰敌方的信息和信息系统，同时保卫自己的信息和信息系统。这种对抗形式的目标不是集中打击敌方的人员或战斗技术装备，而是打击敌方的计算机信息系统，使其神经中枢似的指挥系统瘫痪。

信息技术从根本上改变了进行战争的方法，信息武器已成为了继原子武器、生物武器、化学武器之后的第四类战略武器。

在海湾战争中，信息武器首次进入实战。伊拉克的指挥系统吃尽了美国的苦头：购买的智能打印机被塞进了一片带有病毒的集成电路芯片，加上其他因素，最终导致系统崩溃，指挥失灵，几十万伊军被几万联合国维和部队俘虏。美国的维和部队还利用国际卫星的全球计算机网络，为其建立军事目的的全球数据电视系统服务。所以，未来国与国之间的对抗首先来自信息技术的较量。网络信息安全应该成为国家安全的前提。

（8）计算机犯罪

计算机犯罪是利用暴力和非暴力形式，故意泄漏或破坏系统中的机密信息，以及危害系统实体和信息安全的不法行为。《中华人民共和国刑法》对计算机犯罪做了明确定义，即利用计算机技术知识进行犯罪活动，并将计算机信息系统作为犯罪对象。

利用计算机犯罪的人通常利用窃取口令等手段，非法侵入计算机信息系统利用计算机传播反动和色情等有害信息，或实施贪污、盗窃、诈骗和金融犯罪等活动，甚至恶意破坏计算机系统。

2. 内部威胁

由于计算机信息网络是一个"人机系统"，所以内部威胁主要来自使用的信息网络系统的脆弱性和使用该系统的人。外部的各种威胁因素和形形色色的进攻手段之所以起作用，是由于计算机系统本身存在着脆弱性，抵御攻击的能力很弱，自身的一些缺陷常常容易被非授权用户不断利用，外因通过内因起变化。

（1）软件工程的复杂性和多样性使得软件产品不可避免地存在各种漏洞：世界上没有一家软件公司能够做到其开发的产品设计完全正确而且没有缺陷，这些缺陷正是计算机病毒蔓延和黑客"随心所欲"的温床。

（2）电磁辐射也可能泄漏有用信息：已有试验表明，在一定的距离以内接收计算机因地线、电源线、信号线或计算机终端辐射导致的电磁泄漏产生的电磁信号，可复原正在处理的机密或敏感信息，如"黑客"们利用电磁泄漏或搭线窃听等方式可截获机密信息，或通过对信息流向、流量、通信频率和波段等参数的分析，推出有用信息，如用户口令、账号等重要信息。

（3）网络环境下电子数据的可访问性对信息的潜在威胁比对传统信息的潜在威胁大得多。非网络环境下，任何一个想要窃密的人都必须先解决潜入秘密区域的难题；而在网络环境下，这个难题已不复存在，只要有足够的技术能力和耐心即可。

（4）不安全的网络通信信道和通信协议：信息网络自身的运行机制是一种开放性的协议机制。网络节点之间的通信是按照固定的机制，通过协议数据单元来完成的，以保证信息流按"包"或"帧"的形式无差错地传输。那么，只要所传的信息格式符合协议所规定的协议数据单元格式，那么，这些信息"包"或"帧"就可以在网上自由通行。至于这些协议数据单元是否来自真正的发送方，其内容是否真实，显然无法保证。这是在早期制定协议时，只考虑信息的无差错传输所带来的固有的安全漏洞，更何况某些协议本身在具体的实现过程中也可能会产生一些安全方面的缺陷。对一般的通信线路，可以利用搭线窃听技术来截获线路上传输的数据包，甚至重放（一种攻击方法）以前的数据包或篡改截获的数据包后再发出（主动攻击），这种搭线窃听并不比用窃听器听别人的电话困难多少。对于卫星通信信道而言，则既需要有专门的接收设备（类似于电视信号的地面接收器），又要求有较高的技术安装设备（如天线方位和角度的调整，以及其他参数的设置等）。

（5）内部人员的不忠诚、人员的非授权操作和内外勾结作案是威胁计算机信息网络安全的重要因素。"没有家贼，引不来外鬼"就是这个道理。他们或因利欲熏心，或因对领导不满，或出于某种政治、经济或军事的特殊使命，从机构内部利用权限或超越权限进行违反法纪的活动。统计表明，信息网络安全事件中60%~70%起源于内部。我们要牢记："防内重于防外"。

（二）计算机网络安全的技术保障

完整的网络安全系统包括制度建立、技术保障、监督机制等。在技术上，主要从物理安全、访问控制和传输安全三个方面来考虑。

1. 物理安全

物理安全（实体安全）主要防止对网络设备和传输介质等的意外损坏或非法使用。下面是保证物理安全的主要措施：

（1）所有的网络节点有保护措施，不允许随便接触。

（2）网络设备安装在安全场所并远离危险建筑物（如加油站、输气管道等）。

（3）重要的网络设备和服务器等要配备UPS并有电源备份。

（4）机房有火灾报警设施和灭火器材。

（5）电源的保护接地符合有关标准，一般小于5Ω。

（6）室外电缆或光缆要有明确的标志，架空或深埋要符合安全要求。

（7）系统的备份磁带、光盘等要放在主机房以外的安全地方。

2. 访问控制

访问控制识别并验证用户的身份，将用户限制于已授权的活动，访问许可的资源。

访问控制通过设置口令、对网络资源设置不同的所有者和控制者以及不同的存取属性、通过各种事件对网络进行安全监视、通过事件日志对网络进行审计和跟踪来实现。

口令安全是访问控制中最需要重视的。口令要没有规律并定期更换，采用加密的方式保存和传输口令，登录失败时要查清原因并记录。

以下口令是不建议使用的：

（1）口令和用户名相同。

（2）口令为用户名中的某几个邻近的数字或字母。如：用户名为test001，口令为test。

（3）口令为连续或相同的字母或数字。如123456789、1111111、abcdefgh等。几乎所有黑客软件，都会从连续或相同的数字或字母开始试口令。

（4）将用户名颠倒或加前后缀作为口令。如用户名为test，口令为tesl23、aaatest、set等。

（5）使用姓氏的拼音或单位名称的缩写作为口令。

（6）使用自己或亲友的生日作为口令。由于表示月份的只有1~12可以使用，表示日期的也只有1~31可以使用，表示日期的肯定19xx、20xx或xx，因此表达方式只有100×12×31×2=74 400种，即使考虑到年月日共有六种排列顺序，一共也只有74400×6=446400种。按普通计算机每秒搜索3万~4万种的速度计算，破解这样的口令最多只需10秒。

（7）使用常用英文单词作为口令。

（8）口令长度小于6位数。

3. 传输安全

传输安全要求保护网络上传输的信息，防止被窃取或修改。

保证传输安全除了物理安全外，主要采取了数据加密和防火墙技术。

（三）网络安全的关键技术

1. 数据加密技术

信息加密是保障信息安全的最基本、最核心的技术措施和理论基础。信息加密也是现代密码学的主要组成部分。信息加密过程由形形色色的加密算法来具体实施，它以很小的代价提供很大的安全保护。在多数情况下，信息加密是保证信息机密性的唯一方法。据不完全统计，到目前为止，已经公开发表的各种加密算法多达数百种。如果按照收发双方密钥是否相同来分类，可以将这些加密算法分为常规密码算法和公钥密码算法。

在常规密码中，收信方和发信方使用相同的密钥，即加密密钥和脱密密钥是相同或等价的。在众多的常规密码中影响最大的是DES密码。

DES由IBM公司研制，并于1977年被美国国家标准局确定为联邦信息标准中的一项。ISO也已将DES定为数据加密标准。DES算法采用了散布、混乱等基本技巧，构成其算法基本单元的是简单的置换、代替和模2加。DES的整个算法结构都是公开的，其安全性由密钥保证。DES的加密速度很快，可用硬件芯片实现，适合于大量数据加密。

在公钥密码中，收信方和发信方使用的密钥互不相同，而且几乎不可能由加密密钥推导出脱密密钥。最有影响的公钥加密算法是RSA，它能够抵抗到目前为止已知的所有密码攻击。

RSA诞生于1978年，目前它已被ISO推荐为公钥数据加密标准。RSA算法基于一个十分简单的数论事实：将两个大素数相乘十分容易，但是想分解它们的乘积却极端困难，因此可以将乘积公开作为加密密钥。RSA的优点是不需要密钥分配，但缺点是速度慢。

当然在实际应用中人们通常是将常规密码和公钥码结合在一起使用，比如，利用DES或者IDEA来加密信息，而采用RSA来传递会话密钥。如果按照每次加密所处理的比特数来分类，可以将加密算法分为序列密码和分组密码。前者每次只加密一个比特，而后者则先将信息序列分组，每次处理一个组。

2. 信息确认技术

信息确认技术通过严格限定信息的共享范围来达到防止信息被非法伪造、篡改和假冒。一个安全的信息确认方案应该能使：①合法的接收者能够验证他收到的消息是否真实；②发信者无法抵赖自己发出的消息；③除合法发信者外，别人无法伪造消息；④发生争执时可由第三人仲裁。按照其具体目的，信息确认系统可分为消息确认、身份确认和数字签名。消息确认使约定的接收者能够保证消息是否是约定发信者送出且在通信过程中未被篡改过的消息。身份确认使得用户的身份能够被正确判定。最简单但却最常用的身份确认方法有：个人识别号、口令、个人特征（如指纹）等。数字签名与日常生活中的手写签名效果一样。它不但能使消息接收者确认消息是否来自合法方，而且可以为仲裁者提供发信者对消息签名的证据。

用于消息确认中的常用算法有：ElGamal签名、数字签名标准（DSS）、One-time签名、Undeniable签名、Fail-stop签名、schorr确认方案、Okamoto确认方案、Guillou-Quisquater确认方案、Snefru、hash、MD4、MD5等等。其中最著名的算法也许是数字签名标准（DSS）算法。

3. 防火墙技术

尽管近年来各种网络安全技术在不断涌现，但到目前为止防火墙仍是网络系统安全保护中最常用的技术。

防火墙系统是一种网络安全部件，它可以是硬件，也可以是软件，也可能是硬件和软件的结合。这种安全部件处于被保护网络和其他网络的边界，接收进出被保护网络的数据流，并根据防火墙所配置的访问控制策略进行过滤或做出其他操作，防火墙系统不仅能够保护网络资源不受外部的侵入，而且还能够拦截从被保护网络向外传送有价值的信息。防火墙系统可以用于内部网络与Internet之间的隔离，也可用于内部网络不同网段的隔离，后者通常称为Internet防火墙。

目前的防火墙系统根据其实现的方式大致可分为两种，即包过滤防火墙和应用层网关。包过滤防火墙的主要功能是接收被保护网络和外部网络之间的数据包，根据防火墙的访问控制策略对数据包进行过滤，只准许授权的数据包通行。防火墙管理员在配置防火墙时根据安全控制策略建立包过滤的准则，也可以在建立防火墙之后，根据安全策略的变化对这些准则进行相应的修改、增加或者删除。每条包过滤准则包括两部分：执行动作和选择准则。执行动作包括拒绝和准许，分别表示拒绝或者允许数据包通行；选择准则包括数据包的源地址和目的地址、源端口和目的端口、协议和传输方向等。建立包过滤准则之后，防火墙在接收到一个数据包之后，就根据所建立的准则，决定丢弃或者继续传送该数据包。这样就通过包过滤实现了防火墙的安全访问控制策略。

应用层网关位于TCP/IP协议的应用层，实现对用户身份的验证，接收被保护网络和外部之间的数据流并对之进行检查。在防火墙技术中，应用层网关通常由代理服务器来实现。通过代理服务器访问Internet网络服务的内部网络用户时，在访问Internet之前首先应登录到代理服务器，代理服务器对该用户进行身份验证检查，决定其是否允许访问Internet。如果验证通过，用户就可以登录到Internet上的远程服务器。同样，从Internet到内部网络的数据流也由代理服务器代为接收，在检查之后再发送到相应的用户。由于代理服务器工作于Internet应用层，因此对不同的Internet服务应有相应的代理服务器，常见的代理服务器有Web、FTP、Telnet代理等。除代理服务器外，SOCKS服务器也是一种应用层网关，通过定制客户端软件的方法来提供代理服务。

防火墙通过上述方法，实现内部网络的访问控制及其他安全策略，从而降低内部网络的安全风险，保护内部网络的安全。但防火墙自身的特点，使其无法避免某些安全风险，例如网络内部的攻击，内部网络与Internet的直接连接等。由于防火墙处于被保护网络和外部的交界，网络内部的攻击并不通过防火墙，因而防火墙对这种攻击无能为力；而网络内部和外部的直接连接，如内部用户直接拨号连接到外部网络，也能越过防火墙而使防火墙失效。

4. 网络安全扫描技术

网络安全扫描技术是为使系统管理员能够及时了解系统中存在的安全漏洞并采取相应防范措施，从而降低系统的安全风险而发展起来的一种安全技术。利用安全扫描技术，可以对局域网络、Web站点、主机操作系统、系统服务以及防火墙系统的安全漏洞进行扫描，系统管理员可以了解在运行的网络系统中存在的不安全网络服务，在操作系统上存在的可能导致遭受缓冲区溢出攻击或者拒绝服务攻击的安全漏洞，还可以检测主机系统中是否被安装了窃听程序，防火墙系统是否存在安全漏洞和配置错误。

（1）网络远程安全扫描

在早期的共享网络安全扫描软件中，有很多都是针对网络的远程安全扫描，这些扫描软件能够对远程主机的安全漏洞进行检测并作一些初步的分析。但事实上，由于这些软件能够对安全漏洞进行远程的扫描，因而也是网络攻击者进行攻击的有效工具。网络攻击者利用这些扫描软件对目标主机进行扫描，检测目标主机上可以利用的安全性弱点，并以此为基础实施网络攻击。这也从另一角度说明了网络安全扫描技术的重要性。网络管理员应该利用安全扫描软件这把"双刃剑"，及时发现网络漏洞并在网络攻击者扫描和利用之前予以修补，从而提高网络的安全性。

（2）防火墙系统扫描

防火墙系统是保证内部网络安全的一个很重要的安全部件，但由于防火墙系统配置复杂，很容易产生错误的配置，从而可能给内部网络留下安全漏洞。此外，防火墙系统都是运行于特定的操作系统之上，操作系统潜在的安全漏洞也可能给内部网络的安全造成威胁。为解决上述问题，防火墙安全扫描软件提供了对防火墙系统配置及其运行操作系统的安全检测，通常通过源端口、源路由、SOCKS和TCP系列号来猜测潜在的防火墙安全漏洞，进行模拟测试来检查其配置的正确性，并通过模拟强力攻击、拒绝服务攻击等来测试操作系统的安全性。

（3）Web网站扫描

Web站点上运行的CGI程序的安全性是网络安全的重要威胁之一。此外Web服务器上运行的其他一些应用程序、Web服务器配置的错误、服务器上运行的一些相关服务以及操作系统存在的漏洞都可能是Web站点存在的安全风险。Web站点安全扫描软件就是通过检测操作系统、Web服务器的相关服务、CGI等应用程序以及Web服务器的配置，报告Web站点中的安全漏洞并给出修补措施。Web站点管理员可以根据这些报告对站点的安全漏洞进行修补从而提高Web站点的安全性。

（4）系统安全扫描

系统安全扫描技术通过对目标主机的操作系统配置进行检测，报告其安全漏洞并给出一些建议或修补措施。与远程网络安全软件从外部对目标主机的各个端口进行安全扫描不同，系统安全扫描软件从主机系统内部对操作系统各个方面进行检测，因而很多系统扫描软件都需要其运行者具有超级用户的权限。系统安全扫描软件通常能够检查潜在的操作系统漏洞、不正确的文件属性和权限设置、脆弱的用户口令、网络服务配置错误、操作系统底层非授权的更改以及攻击者攻破系统的迹象等。

5. 网络入侵检测技术

网络入侵检测技术也叫网络实时监控技术，它通过硬件或软件对网络上的数据流进行实时检查，并与系统中的入侵特征数据库进行比较，一旦发现有被攻击的迹象，立刻根据用户所定义的动作做出反应，如切断网络连接，或通知防火墙系统对访问控制策略进行调整，将入侵的数据包过滤掉等。

网络入侵检测技术的特点是利用网络监控软件或者硬件对网络流量进行监控并分析，及时发现网络攻击的迹象并做出反应。入侵检测部件可以直接部署于受监控网络的广播网段，或者直接接收受监控网络旁路过来的数据流。为了更有效地发现网络受攻击的迹象，网络入侵检测部件应能够分析网络上使用的各种网络协议，识别各种网络攻击行为。网络入侵检测部件对网络攻击行为的识别通常是通过网络入侵特征库来实现的，这种方法有利于在出现了新的网络攻击手段时方便地对入侵特征库加以更新，提高入侵检测部件对网络攻击行为的识别能力。

利用网络入侵检测技术可以实现网络安全检测和实时攻击识别，但它只能作为网络安全的一个重要的安全组件。网络系统的实际安全实现应该结合使用防火墙等技术来组成一个完整的网络安全解决方案，其原因在于网络入侵检测技术虽然也能对网络攻击进行识别并做出反应，但其侧重点还是在于发现，而不能代替防火墙系统执行整个网络的访问控制策略。防火墙系统能够将一些预期的网络攻击阻挡于网络外面，而网络入侵检测技术除了减小网络系统的安全风险之外，还能对一些非预期的攻击进行识别并做出反应，切断攻击连接或通知防火墙系统修改控制准则，将下一次的类似攻击阻挡于网络外部。因此通过网络安全检测技术和防火墙系统结合，可以实现了一个完整的网络安全解决方案。

6. 黑客诱骗技术

黑客诱骗技术是近期发展起来的一种网络安全技术，通过一个由网络安全专家精心设置的特殊系统来引诱黑客，并对黑客进行跟踪和记录。这种黑客诱骗系统通常也称为蜜罐（Honeypot）系统，其最重要的功能是特殊设置的对于系统中所有操作的监视和记录，网络安全专家通过精心的伪装使得黑客在进入到目标系统后，仍不知晓自己所有的行为已处于系统的监视之中。为了吸引黑客，网络安全专家通常还在蜜罐系统上故意留下一些安全后门来吸引黑客上钩，或者放置一些网络攻击者希望得到的敏感信息，当然这些信息都是虚假信息。这样，当黑客正为攻入目标系统而沾沾自喜的时候，他在目标系统中的所有行为，包括输入的字符、执行的操作都已经为蜜罐系统所记录。有些蜜罐系统甚至可以对黑客网上聊天的内容进行记录。蜜罐系统管理人员通过研究和分析这些记录，可以知道黑客采用的攻击工具、攻击手段、攻击目的和攻击水平，通过分析黑客的网上聊天内容还可以获得黑客的活动范围以及下一步的攻击目标，根据这些信息，管理人员可以提前对系统进行保护。同时在蜜罐系统中记录下的信息还可以作为对黑客进行起诉的证据。

在上述网络安全技术中，数据加密是其他一切安全技术的核心和基础。在实际网络系统的安全实施中，可以根据系统的安全需求，配合使用各种安全技术来实现一个完整的网络安全解决方案。例如目前常用的自适应网络安全管理模型，就是通过防火墙、网络安全扫描、网络入侵检测等技术的结合来实现网络系统动态的可适应网络安全目标。这种网络安全管理模型认为任何网络系统都不可能防范所有的安全风险，因此在利用防火墙系统实现静态安全目标的基础上，必须通过网络安全扫描和实时的网络入侵检测，实现动态、自适应的网络安全目标。该模型利用网络安全扫描主动找出系统的安全隐患，对风险做出定量的分析，提出修补安全漏洞的方案，并自动随着网络环境的变化，通过入侵特征的识别，对系统的安全做出校正，从而将网络安全的风险降低到最低点。

（四）端口安全管理

在网络技术中，端口大致有两种含义：一是物理意义上的端口，比如交换机、路由器上用于连接其他网络设备的接口，如RJ-45端口、SC端口等；二是逻辑意义上的端口，一般是指TCP/IP协议中的端口，端口号的范围为0~65535，例如，用于浏览网页服务的80端口、用于FTP服务的21端口等。

在网络安全威胁中，病毒侵入、黑客攻击、软件漏洞、后门以及恶意网站设置的陷阱都与端口密切相关。入侵者通常通过各种手段对目标主机进行端口扫描，以确定开放的端口号，进而得知目标主机提供的服务，并就此推断系统可能存在的漏洞，并利用这些漏洞进行攻击。因此了解端口，管理好端口是保证网络安全的重要方面。

1. 端口分类

逻辑意义上的端口有多种分类标准，下面将介绍两种常见的分类。

（1）按端口号分布分类

① 知名端口

知名端口即众所周知的端口号，也称为"常用端口"，范围为0~1023，这些端口号一般固定分配给一些服务。比如80端口分配给HTTP服务，21端口分配给FTP服务，25端口分配给SMTP（简单邮件传输协议）服务等。这类端口通常不会被木马之类的黑客程序所利用。

② 动态端口

动态端口的范围为1024~65535，这些端口号一般不固定分配给某个服务，也就是说许多服务都可以使用这些端口。只要运行的程序向系统提出访问网络的申请，那么系统就可以从这些端口号中分配一个供该程序使用。比如1024端口就是分配给第一个向系统发出申请的程序。在关闭程序进程后，就会释放所占用的端口号。

这样，动态端口也常常被病毒木马程序所利用，如冰河默认连接端口是7626、WAY2.4是8011、Netspy 3.0是7306、YAI病毒是1024等。

（2）按协议类型分类

按协议类型划分，可以分为TCP、UDP、IP和ICMP（Internet控制消息协议）等端口。下面主要介绍TCP和UDP端口。

① TCP端口

TCP端口，即传输控制协议端口，需要在客户端和服务器之间建立连接，这样可以提供可靠的数据传输。常见的包括FTP服务的21端口、Telnet服务的23端口，SMTP服务的25端口以及HTTP服务的80端口等。

② UDP端口

UDP端口，即用户数据报协议端口，无须在客户端和服务器之间建立连接，安全性得不到保障。常见的有DNS服务的53端口，SNMP（简单网络管理协议）服务的161端口，QQ使用的8000和4000端口等等。

2. 端口查看

在局域网的使用中，经常会发现系统中开放了一些莫名其妙的端口，给系统的安全带来隐患。Windows提供的netstat命令，能够查看到当前端口的使用情况。具体操作步骤如下。

单击"开始"→"所有程序"→"附件"→"命令提示符"命令，在打开的对话框中输入netstat -na命令并按回车键，就会显示本机连接的情况和打开的端口，如图8-17所示。

其显示了以下统计信息。

（1）Proto：协议的名称（TCP或UDP）。

（2）Local Address：本地计算机的IP地址和正在使用的端口号。如果不指定-n参数，就显示与IP地址和端口名称相对应的本地计算机名称。如果端口尚未建立，则端口以星号（*）显示。

（3）Foreign Address：连接该接口的远程计算机的IP地址和端口号，如果不指定-n参数，就显示与IP地址和端口相对应的名称。如果端口尚未建立，则端口以星号（*）显示。

（4）State：表明TCP连接的状态。如果输入的是netstat -nab命令，还将显示每个连接是由哪些进程创建的以及该进程一共调用了哪些组件来完成创建工作。

除了用netstat命令之外，还有很多端口监视软件也可以查看本机打开了哪些端口，如端口查看器、topview、port等。

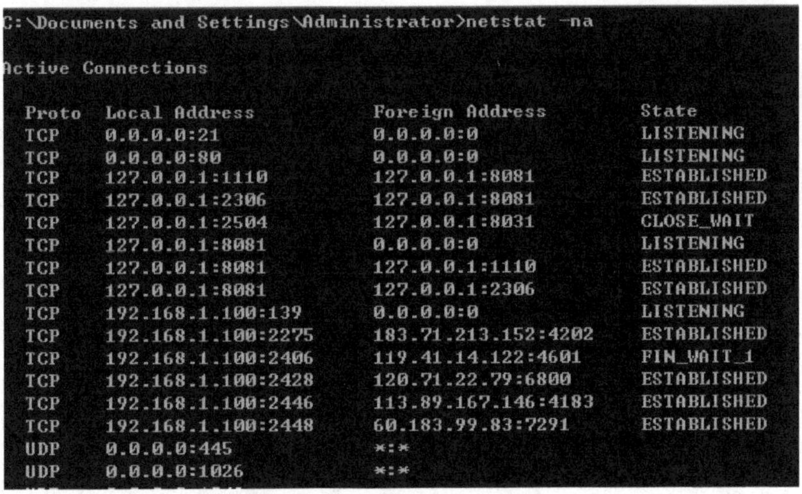

```
C:\Documents and Settings\Administrator>netstat -na

Active Connections

Proto  Local Address          Foreign Address        State
TCP    0.0.0.0:21             0.0.0.0:0              LISTENING
TCP    0.0.0.0:80             0.0.0.0:0              LISTENING
TCP    127.0.0.1:1110         127.0.0.1:8081         ESTABLISHED
TCP    127.0.0.1:2306         127.0.0.1:8081         ESTABLISHED
TCP    127.0.0.1:2504         127.0.0.1:8031         CLOSE_WAIT
TCP    127.0.0.1:8081         0.0.0.0:0              LISTENING
TCP    127.0.0.1:8081         127.0.0.1:1110         ESTABLISHED
TCP    127.0.0.1:8081         127.0.0.1:2306         ESTABLISHED
TCP    192.168.1.100:139      0.0.0.0:0              LISTENING
TCP    192.168.1.100:2275     183.71.213.152:4202    ESTABLISHED
TCP    192.168.1.100:2406     119.41.14.122:4601     FIN_WAIT_1
TCP    192.168.1.100:2428     120.71.22.79:6800      ESTABLISHED
TCP    192.168.1.100:2446     113.89.167.146:4183    ESTABLISHED
TCP    192.168.1.100:2448     60.183.99.83:7291      ESTABLISHED
UDP    0.0.0.0:445            *:*
UDP    0.0.0.0:1026           *:*
```

图 8-17 netstat -nab 命令

三、任务实施

防火墙的使用举例

【任务目标】

本任务实施以安装和使用由广州众达天网技术有限公司（www.sky.net.cn）开发和研制的天网软件防火墙为例，学习并掌握防火墙软件的安装与配置，了解防火墙的功能和使用方法。天网防火墙通过直观、易用的界面来实现强大系统管理功能。该软件内置了一些不同安全级别和IP规则，非常适合普通用户使用。天网防火墙还可以对所有来自外部计算机的访问进行过滤，发现未授权的访问请求后立即拒绝，随时保护用户系统的信息安全。用户还可以根据实际情况，添加、删除、修改安全规则，保护本机安全。

【施工设备】

安装Windows XP 系统的PC机若干台，局域网环境， 天网软件防火墙软件1套。

【操作步骤】

步骤1：安装并运行天网防火墙

注册成为天网用户后，就可以得到天网防火墙的免费版本。下载以后，按照提示完成软件安装。安装完成后，选择"开始"→"程序"→"天网防火墙个人版"命令，打开其主界面，如图8-18所示。

图 8-18 天网防火墙主界面

步骤2：设置天网防火墙

天网防火墙提供了应用程序规则管理、自定义IP规则设置、系统设置、安全级别设置等功能，用户可以根据自己的安全需要对天网防火墙进行设置。

（1）应用程序规则设置

通过对应用程序安全规则进行设置，可以控制应用程序发送和接收数据包的类型、通信端口，并且决定拦截还是通过。用户启动的任何应用程序只要有通信数据包发送和接收，都会被天网防火墙截获分析。例如，打开QQ时，可能会弹出如图8-19所示的拦截窗口。

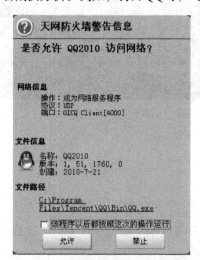 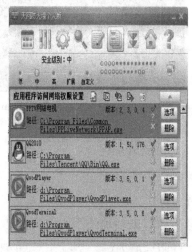

图 8-19 "天网防火墙警告信息" 对话框　　图 8-20 "应用程序规则" 窗口

在打开的"天网防火墙警告信息"窗口中，如果选中"该程序以后都按照这次的操作运行"复选框，并单击"允许"按钮，该程序将自动加入到应用程序列表中，天网防火墙将不会再弹出警告窗口。如果用户不选中该复选框，那么天网防火墙在以后会继续截获该应用程序数据包，并且弹出警告窗口。

如果用户要对应用程序进行高级设置，可单击主界面上的应用程序规则图标，弹出如图8-20所示的窗口。

单击某一程序的"选项"按钮，即可打开该程序的"应用程序规则高级设置"对话框，如图8-21所示。在此可以设置是否允许应用程序使用TCP或者IP协议传输，以及设置端口过滤等规则。

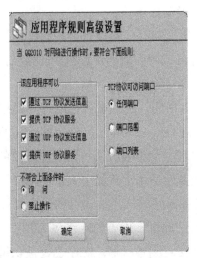

图8-21　"应用程序规则高级设置"对话框　　　图8-22　"IP规划设置"对话框

（2）IP规则设置

IP规则是针对整个系统的数据包监测，不管哪一个应用程序，只要有通信数据包的接收和发送，都要通过此IP规则的审查。而黑客攻击一般都是首先找到对方的IP地址，然后扫描系统漏洞或者利用软件直接进行攻击。单击主界面上的"IP规划管理"按钮，进入如图8-22所示对话框，在这里通过设置天网防火墙软件的IP规则，可以有效防范黑客探测出用户的IP地址。

对于普通的上网用户，如果对网络协议不熟悉，就不必修改这些规则，天网防火墙已经设置好了相应的IP规则。

① 防御ICMP攻击：选择时，使攻击者无法使用PING命令来确定对方的存在，但不影响用户使用PING命令。

② 防御IGMP攻击：IGMP是用于传播的一种协议，对于使用Windows操作系统的用户是没有什么用途的。

③ TCP数据包监视：选择时，可以监视计算机上所有的TCP端口服务。这是一种对付特洛伊木马服务端程序的有效方法，因为这些程序也是一种服务程序。如果关闭了TCP端口的服务功能，外部几乎不可能与这些程序进行通信。而且对于普通用户来说，在Internet上只使用浏览功能，关闭此功能不会影响用户的操作。但要注意，如果计算机要执行一些

服务程序，如FTP Server、HTTP Server时，一定不要关闭此功能，如果使用ICQ来接收文件，也一定要打开该功能，否则，将无法收到别人的文件。另外，选择监视TCP数据包，也可以防止许多端口程序扫描。

④ UDP数据包监视：选择时，可以监视计算机上所有的UDP服务功能。如果要使用采用UDP数据包发送的QQ时，就不可以选择阻止该项目，否则将无法收到别人的QQ信息。

（3）安全级别设置

可在天网防火墙主界面上直接进行安全级别设置。其安全级别分为低、中、高、扩展和自定义，默认的安全级别是中。安全等级的说明如下。

① 低：所有应用程序初次访问网络时都将询问，已经被认可的程序则按照设置的相应规则运行。计算机将完全信任局域网，允许局域网内部的计算机访问自己提供的各种服务，但禁止Internet上的计算机访问这些服务。

② 中：所有应用程序初次访问网络时都将询问，已经被认可的程序则按照设置的相应规则运作。禁止访问系统级别的服务（如HTTP、FTP等）。局域网内部的机器只允许访问文件、打印机共享服务。使用动态规则管理，允许授权运行的程序开放的端口服务，比如网络游戏或者视频语音电话软件提供的服务。适用于普通个人上网用户。

③ 高：所有应用程序初次访问网络时都将询问，已经被认可的程序则按照设置的相应规则运作。禁止局域网内部和互联网的机器访问自己提供的网络共享服务（文件、打印机共享服务），局域网和互联网上的机器将无法看到本机器。除了已经被认可的程序打开的端口，系统会屏蔽掉向外部开放的所有端口。也是最严密的安全级别。

④ 扩展：基于"中"安全级别再配合一系列专门针对木马和间谍程序的扩展规则，可以防止木马和间谍程序打开TCP或UDP端口监听甚至开放未许可的服务。我们将根据最新的安全动态对规则库进行升级。适用于需要频繁试用各种新的网络软件和服务、又需要对木马程序进行足够限制的用户（试用版用户不享受这项服务）。

⑤ 自定义：如果了解各种网络协议，可以自己设置规则。注意，设置规则不正确会导致无法访问网络。适用于对网络有一定了解并需要自行设置规则的用户。

天网的预设安全级别是为了方便不熟悉天网防火墙的用户能够很好地使用天网而设的。正因为如此，如果用户选择了采用某一种预设安全级别设置，那么天网就会屏蔽掉其他安全级别里的规则。

任务四　局域网故障排除与维护

一、任务分析

网络故障诊断应该实现3方面的目的：确定网络的故障点，恢复网络的正常运行；发现网络规划和配置中欠佳之处，改善和优化网络的性能；观察网络的运行状况，及时预测网络通信质量。由于网络协议和网络设备的复杂性，在局域网维护时，经常会遇到各种各样的故障：如无法上网、局域网不通、网络堵塞甚至网络崩溃等。在解决故障时，只有确切地知道网络到底出了什么问题，利用各种诊断工具找到故障发生的具体原则，才能对症下药，最终排除故障。

本任务的学习目的一是了解局域网故障基础知识，二是掌握利用工具进行故障排除以及局域网常见故障的排除方法

二、相关知识

（一）局域网故障产生的原因

局域网运行过程中会产生各种各样的故障，概括起来，主要有以下几个原因。

计算机操作系统的网络配置问题。

网络通信协议的配置问题。

网卡的安装设置问题。

网络传输介质问题。

网络交换设备问题。

计算机病毒引起的问题。

人为误操作引起的问题。

（二）局域网故障排除的思路

网络发生故障是不可避免的，网络建成后，网络故障诊断和排除变成了网络管理的重要内容。网络故障诊断应以网络原理、网络配置和网络运行的知识为基础，从故障现象出发，以网络故障排除工具为手段获得信息，确定故障点，查明故障原因，从而排除故障。

局域网故障的一般排除步骤如下。

1. 识别故障现象，应该确切地知道网络故障的具体现象，知道什么故障并能够及时识别，是成功排除最重要的步骤。

2. 收集有关故障现象的信息，对故障现象进行详细描述。例如，在使用Web浏览器进行浏览时，无论输入哪个网站都返回"该页无法显示"之类的信息。这类出错信息会为

缩小故障范围提供很多有价值的信息。

3．列举可能导致错误的原因，不要急于下结论，可以根据出错的可能性把这些原因按优先级别进行排序，一个个先后排除。

4．根据收集到可能的故障原因进行诊断。排除故障时如果不能确定的话应该先进行软件故障排除，再进行硬件故障排除，做好每一步的测试和观察，直至全部解决。

5．故障分析、解决后，还必须搞清楚故障是如何发生的，是什么原因导致了故障的发生，以后如何避免类似故障的发生，拟定相应的对策，采取必要的措施，制定严格的规章制度。

（三）网络故障排除工具

常见的网络维护命令在网络维护中必不可少，比如检查网络是否通畅或者网络的连接速度，了解网络连接的详细信息，检查用户主机与目标网站之间的线路故障到底出现在哪里等。在网络管理中，如何获取各个主机的IP地址、MAC地址及相关的路由信息也是网络管理员最为关心的问题。网络故障排除工具是直观、有效的网络通信过程分析软件，是减少网络失败风险的重要因素。

1．ping 命令

ping命令是网络中使用最频繁的工具，它是用来检查网络是否通畅或者网络连接速度的命令。作为一个网络技术人员来说，ping命令是第一个要掌握的DOS命令。

它的原理是：网络中所有的计算机都有唯一的IP地址，ping命令使用ICMP协议（Internet控制管理协议）向目标IP地址发送一个数据包并请求应答，接收到请求的目的主机再使用ICMP协议返回一个同样大小的数据包，就可以根据返回的数据包来确定目标主机的存在以及网络连接的状况（包丢失率）。

（1）命令格式

ping [-t] [-a] [-n count] [-l size] [-f] [-i TTL] [-v TOS] [-r count] [-s count] [[-j host -list] | [-k host -list]] [-w timeout] target_name

（2）参数含义

-t：表示不断地向目的主机发送数据包，直到被强行停止。用户可以按Ctrl+Break组合键中断并显示统计信息，要中断并退出ping命令，则按Ctrl+C组合键。

-a：指定对目的IP地址进行反向名称解析。如果解析成功，ping将显示相应的主机名。

-n count：定义向目标IP发送数据包的次数，默认为4次。如果网络速度较慢，仅仅是判断目标IP是否存在，那可以定义为一次。如果-t参数和-n参数一起使用，ping命令就以放在后面的参数为准，如ping IP –t -n 5，虽然使用了-t参数，但并不是一直ping下去，而是ping 5次。另外，ping命令不一定非得ping IP，可以直接ping主机域名，这样可以得到主机的IP地址。

-l size：定义发送数据包的大小，默认为32B，最大可以定义到65500B。

-f：指定发送的回应请求消息带有"不要拆分"标志（所在的IP标题设为1）。回应请求消息不能由目的地路径上的路由器进行拆分。该参数可用于检测并解决"路径最大传输单位（PMTU）"故障。

-i TTL：指定发送回应请求消息的IP标题中的TTL字段值，其默认值是主机的默认TTL值。对于Windows XP主机，该值一般是128。TTL的最大值是255。

-v TOS：指定发送回应请求消息的IP标题中的"服务类型（TOS）"字段值回应，默认值是0。TOS被指定为0~255的十进制数。

-r count：指定IP标题中的"记录路由"选项用于记录由回应请求消息和相应的回应应答消息使用的路径。路径中的每个跃点都使用"记录路由"选项中的一个值。如果可能，可以指定一个大于或等于来源和目的地之间跃点数的count。count的最小值必须是1，最大值是9。

-s count：指定IP标题中的"Internet时间戳"选项用于每个跃点的回响请求消息和相应的回响应答消息的到达时间。count的最小值必须为1，最大值为4。

-j host list：利用computer -list指定的计算机列表路由数据包。

-k host list：指定回应请求消息使用带有host list指定的中间目的地集的IP标题中的"严格来源路由"选项。使用严格来源路由，下一个中间目的地必须是直接可达的（必须是路由器接口上的邻居）。主机列表中的地址或名称的最大数为9，主机列表是一系列由空格分开的IP地址（带点的十进制符号）。

-w timeout：指定等待回应应答消息响应的时间（以微秒计），该回应应答消息响应接收到的指定回应请求消息。如果在超时时间内未接收到回应应答消息，将会显示"请求超时"的错误消息。默认的超时时间为4000 ms。

target_name：指定要测试的目的端，它既可以是IP地址，也可以是主机名。

/?在命令提示符显示帮助。用于查看ping命令的具体语法格式和参数。

（3）ping命令返回的出错信息

① unknown host（不知名主机）

这种出错信息的意思是该远程主机的名字不能被命名服务器转换成IP地址。网络故障原因可能是命名服务器有故障，或者其名字不正确，或者网络管理员的系统与远程主机之间的通信线路有故障。

② network unreachable（网络不能到达）

表示本地系统没有达到远程系统的路由，可用netstat -r -n检查路由表来确定路由配置情况。

③ no answer（无响应）

远程系统没有响应，这种故障说明本地系统有一条到达远程主机的路由，但接收不到它发给该远程主机的任何分组报文。这种故障的原因可能是远程主机没有工作，或者本地或远程主机网络配置不正确，或者本地或远程的路由器没有工作，或者通信线路有故障，或者远程主机存在路由选择问题。

④ timeout（超时）

本地计算机与远程计算机的连接超时，数据包全部丢失。故障原因可能是到路由的连接问题或者路由器不能通过，也可能是远程计算机已经关机或死机，或者远程计算机有防火墙，禁止接受ICMP数据包。屏幕的提示：Request timed out。

正常情况下，当使用ping命令来查找问题所在或检验网络运行情况时，如果ping命令成功，大体上可以排除网络访问层、网卡、Modem的输入/输出线路、电缆和路由器等存在故障，减小了故障的范围。如果执行ping命令不成功，则可预测故障出现在以下几方面：网线故障，网络适配器配置不正确，IP地址不正确。如果执行ping命令成功，而网络仍无法使用，则问题很可能出现在网络系统的软件配置方面，ping成功只能保证本机与目标主机存在一条连通的物理路径。如果有些ping命令出现故障，也可以指明到何处去查找故障，下面给出一个典型的检测次序及对应的可能故障。

① ping 127.0.0.1

该命令被送到本地计算机的IP软件。如果没有收到回应，就表示TCP/IP的安装或运行存在某些最基本的问题。

② ping本地IP

这个命令被送到本地计算机所配置的IP地址，本地的计算机始终都应该对该ping命令做出应答，如果没有，则表示本地计算机的配置或安装存在问题。出现此问题时，局域网用户先断开网络电缆，然后重新发送该命令。如果网线断开后本命令正确，则表示另一台计算机配置了相同的IP地址。

③ ping局域网内其他IP

这个命令要离开本地计算机，经过网卡及网络电缆到达其他计算机再返回。收到回送应答表明本地网络中的网卡和载体运行正常。如果收到0个回送应答，则表示子网掩码不正确或网卡配置错误或网络设备或通信线路有问题。

④ ping网关IP

这个命令如果应答正确，表示局域网中网关路由器正在运行并能够做出应答。

⑤ ping远程IP

如果收到4个应答，则表示成功地使用了默认网关。对于拨号上网的用户则表示能够成功访问Internet。

⑥ ping Localhost

Localhost是系统的网络保留名，它是127.0.0.1的别名，每台计算机都应该能将该名字转换成该地址。如果没能做到这一点，则表示主机文件（/windows/host）中存在问题。

⑦ ping www.163.corn

对这个域名执行ping www.163.corn命令，通常是通过DNS服务器。如果出现故障，则表示DNS服务器的IP地址配置不正确或者DNS服务器有故障（对于拨号上网用户，一些ISP已不需要设置DNS服务器）。同时，也可以利用该命令实现域名对IP地址的转换功能。

如果上述所列的ping命令都能正常运行，那么该计算机的本地和远程通信功能基本可以实现。但这些命令的成功也并不表示所有的网络配置都没有问题，比如某些子网掩码错误就可能无法用这些方法检测到。

2. ipconfig 命令

在TCP/IP网络中，IP地址是计算机访问网络所必需的，是计算机在网络中的身份号码，IP地址所对应的MAC地址（网卡物理地址）则是网络管理员所关心的内容。

通过ipconfig命令内置于windows的TCP/IP应用程序，可以显示当前的TCP/IP配置的值，包括本地连接以及其他网络连接的MAC地址、IP地址、子网掩码、默认网关等，还可以重设动态主机配置协议（DHCP）和域名解析系统（DNS）。经常用来在排除物理链路因素之前查看本机的IP配置信息是否正确。

（1）命令格式

ipconfig [/all /renew [adapter] /release [adapter]] /displaydns] [/fluslldns]

（2）参数含义

/all：表示显示网络适配器完整的TCP/IP配置信息，除了IP地址、子网掩码、默认网关等信息外，还显示主机名称、IP路由功能、WINS代理、物理地址、DHCP功能等。适配器可以代表物理接口（如网络适配器）和逻辑接口（如拨号连接）。

/renew [adapter]：表示更新所有或特定网络适配器的DHCP设置，为自动获取IP地址的计算机分配IP地址，adapter表示特定网络适配器的名称。

/release [adapter]：表示释放所有或特定的网络适配器的当前DHCP设置，并丢弃IP地址设置。与/renew [adapter]参数的操作相反，该参数可以禁用配置为自动获取IP地址的适配器TCP/IP。

/displaydns：显示DNS客户解析缓存的内容，包括本地主机预装载的记录以及最近获取的DNS解析记录。

/flushdns：刷新并重设DNS客户解析缓存的内容。

例如，要查看当前计算机的内网IP地址、默认网关以及外网IP地址、子网掩码和默认网关，输入：ipconfig /all命令，按回车键即可。可以看到本地计算机中所有适配器的信息都显示出来了，包括一块名称为"本地连接"的物理网络适配器和一块名称为NIC的拨号网络适配器。每块网络适配器下显示了详细的配置信息，包括以下几方面。

Description：网络适配器描述信息。

Physical Address：网络适配器的MAC地址。

IP Address：网络适配器的IP地址。

Subnet Mask：网络适配器配置的子网掩码。

Default Gateway：网络适配器配置的默认网关。

DNS Server：网络适配器配置的DNS地址。

注意：不带任何参数的ipconfig命令只显示每块网络适配器的基本信息，包括IP地址、子网掩码和默认网关。

3. netstat 命令

在网络管理过程中，网络管理员最关心的应该是如何知道某个主机在运行过程中，与哪些远程主机进行了连接，开启了什么端口，是TCP连接还是UDP连接。因为所有网络攻击都需要借助相应的TCP或UDP端口才能实现。了解本地主机的端口使用状态，了解本地主机与远程主机的连接状态，对于预防各种网络攻击十分必要。

netstat命令是网络状态查询工具，利用该工具可以查询到当前TCP/IP网络连接的情况和相关的统计信息，如显示网络连接、路由表和网络接口信息，采用的协议类型，统计当前有哪些网络连接正在进行，了解到自己的计算机是怎样与Internet相连接的。

（1）命令格式

netstat [-r] [-s] [-n] [-a]

（2）参数含义

-r：显示本机路由表的内容，该参数与routeprint命令等价。

-s：显示每个协议的使用状态。默认情况下显示TCP、UDP、ICMP和IP协议的信息，如果安装了IPv6协议就会显示IPv6上的TCP、IPv6上的UDP、ICMP和IPv6协议的信息。

-n：以数字表格形式显示地址和端口号，但不尝试确定名称。

-a：显示所有活动的TCP连接以及计算机侦听的TCP和UDP端口。主要用于获得用户的本地系统开放的端口，也可以用于检查本地系统上是否被安装一些黑客的后门程序，如发现诸如port 12345（TCP）netbus、port 31337（UDP）Back Orifice之类的信息，则本地系统很可能被安装了后门。

也可使用netstat /?命令来查看该命令的使用格式以及详细的参数说明。使用netstat命令时如果不带参数，将只显示活动的TCP连接。

4. tracery 命令

tracery命令用于跟踪路由信息，具体来说当数据包从本机经过多个网管传送到目的地时，会寻找一条最佳路径来传送，数据包每传送一次，传输路径可能就要更换一次，使用此命令可以显示数据包到达目标主机所经过的路径，并显示达到每个节点的时间，对了解网络布局和结构很有帮助，比较适用于大型网络。

（1）命令格式

tracery IP地址或主机名 [-d] [-h maximum_hops] [-j host_list] [-w timeout]

（2）参数含义

-d：防止tracery试图将中间路由器的IP地址解析为它们的名称，这样可以加速显示tracery的结果。

-h maximum_hops：指定搜索到目标地址的最大跳跃数，默认为30个跃点。

-j host_list：按照主机列表中的地址释放源路由。主机列表中的地址或名称的最大数为9，主机列表是一系列由空格分开的IP地址（用带点的十进制符号表示）。

-w timeout：指定超时时间间隔，程序默认的时间单位是毫秒。如果超时时间内未收到消息，则显示一个星号（*），默认的超时时间间隔为4000 ms。

如想要了解自己的计算机与目标主机www.163.com之间详细的传输路径信息，可以在MS DOS方式输入。如果在tracery命令后面加上一些参数，还可以检测到其他更详细的信息，如使用参数-d，可以指定程序在跟踪主机的路径信息时，同时也解析目标主机的域名。

每经过一个路由，数据包上的TTL值递减1，当TTL值递减为0时，表示目标地址不可到达。由于tracery会记录所有经过的路由设备，因此，借助tracery命令可以判断网络故障发生在哪个位置。

（四）常见故障及处理方法

局域网经常会产生各种各样的故障，影响正常的工作和办公，因此掌握常见的故障现象及其处理方法对于网络管理员来说是十分必要和实用的。

1. 网线故障

网线是连接网卡和服务器之间的数据通道，如果网线有问题，一般会直接影响到计算机的信息通信，造成无法连接服务器、网络传输缓慢等问题。网线一般都是现场制作，由于条件限制，不能进行全面测试，仅仅通过指示灯来初步判断网线导通与否，但指示灯并不能完全真实地反映网线的好坏，需要经过一段时间的使用后问题才会暴露出来。并且网线故障很难直接从它自身找到故障点，而要借助于其他设备（如网卡、交换机等）或操作系统来确定故障所在。

网线的常见故障和处理方法如下。

（1）双绞线线序不正确

故障现象：两台计算机需要直接相连，找了根网线接上后对网络进行多次配置，两机仍然无法通信。

故障分析与处理：经过确认，两台计算机网卡的IP地址设置正确，且在同一网段中。在两台计算机上使用ping命令检查各自IP也可以ping通，说明TCP/IP协议工作正常。此故障的原因在双绞线上，双机互联要求的是交叉线而不是直连线。将双绞线重新制作之后，两台计算机即可实现互联。

（2）双绞线的连接距离过长

故障现象：某局域网建成后通信不畅，速度达不到预期要求，有时甚至出现无法通信的现象。

故障分析与处理：双绞线的标准连接长度为100m，但有些网络设备制造厂商在宣传自己的产品时，称能达到130~150 m。但要注意的是，即使一些双绞线能够在大于100 m的状态下工作，但通信能力会大大下降，甚至可能会影响网络的稳定性，因此选用时一定要慎重。解决此类故障的方法很简单，只要在过长的双绞线中加中继器即可解决。

（3）环境原因

故障现象：网络中某台计算机原先都正常，某一天开始访问局域网的速度时快时慢，不稳定。

故障分析与处理：双绞线在强电磁干扰下将产生传输数据错误，如果发现系统以前正常，突然网络运行不稳定或信息失真等情况，又难以查找故障原因时，就需要检验是否有电磁干扰。电磁干扰一般来自于强电设备，如临时架设的强电线缆、微波通信设施等。一般重新调整布线就可以解决此故障，如果网线不能回避这些电磁源，则必须对电磁源或网线施加电磁屏蔽。

2. 网卡故障

网卡是负责计算机与网络通信的关键部件，如果网卡出现问题，轻则影响网络通信，无法发送和接收数据，严重的可能发生硬件冲突，导致系统故障，引起死机、蓝屏等故障。

网卡可能出现的故障主要有两类：软故障和硬故障。软故障是指网卡本身没有故障，通过升级驱动程序或修改设置仍然可以正常使用。硬故障即网卡本身损坏，一般更换一块新网卡即可解决问题。

软故障主要包括网卡被禁用、驱动程序未正确安装、网卡与系统中其他设备在中断号（IRQ）或I/O地址上有冲突、网卡所设中断与自身中断不同、网络协议未安装或者有病毒。

（1）驱动问题

现在一般的网卡都是PCI网卡，支持即插即用，安装到计算机上后系统会自动识别并安装兼容驱动，但也有部分网卡使用的驱动不包括在Windows驱动库中，必须手工安装驱动，否则网卡无法被识别并正常工作。对于没有安装驱动程序或者安装了兼容驱动程序后工作中出现了驱动故障，可以手工安装升级驱动程序，通过右键单击网络适配器，在弹出的快捷菜单中选择"删除"命令，刷新后重新安装网卡，并为该网卡正确安装和配置网络协议，再进行应用测试。

（2）资源冲突

网卡作为计算机的一个硬件，不可避免地会与其他设备发生资源冲突，尤其是在系统中安装有多个接口卡的情况下，资源冲突一般采用以下方式解决。

① 在"设备管理器"窗口中展开"网络适配器"列表，右键单击有冲突的网卡，在弹出的快捷菜单中选择"属性"命令，打开"网卡属性"对话框，切换到"资源"选项卡，在"资源类型"列表中会显示和网卡冲突的硬件资源，选择发生冲突的资源，单击"更改设置"按钮，更改发生冲突的IRQ中断号或I/O地址到空闲的资源位置。

② 运行网卡程序软盘中的设置程序，将网卡设置为非PNP模式（humpless），设置IRQ中断号和I/O地址及系统未占用的地址，并在BIOS中将响应中断号由PCI/ISA改成Legacy ISA。

③ 如果和网卡发生冲突的设备是空闲设备，也可以将其禁用，释放冲突资源。

④ 有些网卡，即使网卡的中断号与其他设备的中断号不冲突，但是网卡本身有个中断号，如果两者不相同也不能正常上网，可以运行网卡本身的设置程序查看或修改网卡本身的中断号。

（3）病毒

某些蠕虫病毒会使计算机运行速度变慢，网络速度下降甚至堵塞，有些用户误以为是网卡出了问题，可以到相关的网站下载对应的专杀工具，将病毒从计算机中清除出去。

（4）硬故障

硬故障是指网卡本身损坏，这种情况在实际使用中发生的概率不大。用户在遇到不明原因的故障时应首先考虑网卡软故障，如无法解决再考虑硬故障的可能。对于硬故障，首先应检查硬件的接触是否良好，先将网卡取下，擦拭干净后再正确地将网卡插回，然后确认是否可以正常使用。如果还不行，则可以通过替换法来确认问题所在，将网卡插到别的计算机上并安装好驱动程序，如果能正常使用，说明网卡本身硬件应该没有问题，再检查是否插槽有问题，否则说明网卡可能硬件损坏，需要更换网卡。

3. 交换机故障

交换机是局域网中使用最为普遍的设备，对于最常见的星形拓扑结构来说，交换机一旦出现故障，整个网络都无法正常工作，因此它的好坏对整个局域网来说相当重要。

故障现象：交换机所连接计算机都不能正常与网内其他计算机通信。

故障分析与处理：这是典型的交换机死机现象，可以通过重新启动交换机的方法解决。

如果重启后故障依旧，则检查每台交换机所连接的计算机，逐个断开连接的每台计算机，分析故障计算机，一般是由某台计算机上的网卡故障导致。

4. 资源共享故障

资源共享是局域网用户最常用的功能之一，但由于网络设置不当，常常会造成资源共享故障，使用户无法访问网络中的共享资源。资源共享故障也是网络中较为复杂的故障之一，由于操作系统的不同设置，可能会导致故障的发生。资源共享故障主要包括以下情况。

（1）无法访问"网上邻居"

故障现象：局域网中一台计算机系统为Windows XP，在访问"网上邻居"中其他计算机时，系统提示"不能访问。你可能没有权限使用网络资源。请与这台服务器的管理员联系以查明您是否有访问权限。此工作组的服务器列表当前不能使用"。

故障分析与处理：这是系统访问权限的问题，计算机当前登录的用户名不能访问指定计算机的资源，解决的方法是将Guest账户从"拒绝从网络访问这台计算机"策略中删除，并启用Guest账户。具体步骤如下。

① 从"控制面板"的"管理工具"中打开"本地安全策略"，单击"安全设置"。"本地策略"→"用户权利指派"选项，双击右侧的"拒绝从网络访问这台计算机"，在

弹出的"本地安全设置"对话框中，删除Guest账户。

② 单击"安全选项"，双击右侧的"账户：使用空白密码的本地账户只允许进行控制台登录"，在弹出的对话框中，选中"已禁用"单选按钮。

③ 单击"计算机管理（本地）"→"系统工具"→"本地用户和组"→"用户"选项，双击右侧的Guest，在弹出的"Guest属性"对话框中，选中"用户不能更改密码"、"密码永不过期"复选框，取消"账户已停用"复选框的勾选。

也可以不需要修改Windows XP的安全策略，而在目标主机中创建一个与当前所使用的相同用户名并设置密码，这样就可以用此用户名、密码登录直接访问目标主机。

（2）网上邻居看不到其他主机

故障现象：打开计算机的"网上邻居"，看不到其他计算机，只能看到自身。

故障分析与处理：如果上网没有什么问题，那就是计算机浏览器服务没有正常运行。

在"控制面板"的"管理工具"中打开"服务"，双击右侧的Computer Browser，在打开的"Computer Browser的属性"对话框中单击"启动"按钮。如果启动失败，建议重新安装操作系统。

三、任务实施

网络故障排除工具的使用

【任务目的】

了解Arp、ICMP、NETBIOS、FTP和Telnet等网络协议的功能；熟悉各种常用网络命令的功能，了解如何利用网络命令检查和排除网络故障；熟练掌握Windows Server 2003下常用网络命令的用法。

【施工设备】

安装Windows XP系统的PC机若干台，局域网环境。

【操作步骤】

步骤1：通过ping检测网络故障

正常情况下，当用ping命令来查找问题所在或检验网络运行情况时，需要使用许多ping命令，如果所有都运行正确，就可以相信基本的连通性和配置参数没有问题；如果某些ping命令出现运行故障，它也可以指明到何处去查找问题。下面就给出一个典型的检测顺序及可能出现的故障。

（1）ping 127.0.0.1，该命令被送到本地计算机的IP软件。如果没有收到回应，就表示TCP/IP的安装或运行存在某些最基本的问题。

（2）ping本地IP，如ping 192.168.22.10，该命令被送到本地计算机所配置的IP地址，本地计算机始终都应该对该ping命令做出应答，如果没有收到应答，则表示本地配置或安装存在问题。出现此问题时，请断开网络电缆，然后重新发送该命令。如果网线断开后本命令正确，则有可能网络中的另一台计算机配置了与本机相同的IP地址。

（3）ping局域网内其他IP，如ping 192.168.22.98，该命令经过网卡及网络电缆到达其他计算机，再返回。收到回送应答表明本地网络中的网卡和载体运行正确。但如果没有收到回送应答，则表示子网掩码不正确，或网卡配置错误，或电缆系统有问题。

（4）ping网关IP，如ping 192.168.22.254，该命令如果应答正确，表示网关正在运行。

（5）ping远程IP，如ping 202.115.22.11，如果收到4个正确应答，表示成功使用默认网关。

（6）ping localhost，localhost是操作系统的网络保留名，是127.0.0.1的别名，每台计算机都该能将该名字转换成该地址。如果没有做到，则表示主机文件（/windows/host）中存在问题。

（7）ping域名地址，如ping www.sina.com.cn，对这个域名执行ping命令，计算机必须先将域名转换成IP地址，通常是通过DNS服务器。如果这里出现故障，则表示DNS服务器的IP地址配置不正确，或DNS服务器有故障；也可以利用该命令实现域名对IP地址的转换功能。

如果上面列出的所有ping命令都能正常运行，那么计算机进行本地和远程通信的功能基本上就可以放心了。事实上，在实际网络中，这些命令的成功并不表示所有的网络配置都没有问题，例如，某些子网掩码错误就可能无法用这些方法检测到。同样地，由于ping的目的主机可以自行设置是否对收到的ping包产生回应，因此当收不到返回数据包时，也不一定说明网络有问题。

步骤2：通过ipconfig命令查看网络配置

依次单击"开始"→"运行"命令，打开"运行"'对话框，输入命令"CMD"，打开命令行界面，在提示符下，输入"ipconfig /all"，仔细观察输出信息。

步骤3：通过arp命令查看ARP高速缓存中的信息

在命令行界面的提示符下，输入"arp -a"，其输出信息列出了arp缓存中的内容。

输入命令"arp -s 192.168.22.98　00-la-46-35-5d-50"，实现IP地址与网卡地址的绑定。

步骤4：通过tracery命令检测故障

tracery一般用来检测故障的位置，用户可以用tracery IP来查找从本地计算机到远方主机路径中哪个环节出了问题。虽然还是没有确定是什么问题，但它已经告诉了用户问题所在的地方。

可以利用tracery工具来检查到达目标地址所经过的路由器的IP地址，显示到达www.263.net主机所经过的路径。

与tracery工具的功能类似的还有pathing。pathing命令是进行路由跟踪的工具。pathing命令首先检测路由结果，然后会列出所有路由器之间转发数据包的信息。

步骤5：通过route命令查看路由表信息

输入"route print"命令显示主机路由表中的当前项目。仔细观察。

步骤6：通过nbtstat命令查看本地计算机的名称缓存和名称列表

输入"nbtstat -n"命令显示本地计算机的名称列表。

输入"nbtstat -c"命令用于显示NetBIOS名称高速缓存的内容。NetBIOS名称高速缓存存放与本计算机最近进行通信的其他计算机的NetBIOS名字和IP地址对应。仔细观察。

步骤7：通过net view命令显示计算机及其注释列表

使用"net view"命令显示计算机及其注释列表。如要查看由\bobby计算机共享的资源列表，键入"net view bobby"，结果将显示bobby计算机上可以访问的共享资源。

步骤8：通过net use命令连接到网络资源

使用"net use"命令可以连接到网络资源或断开连接，并查看当前到网络资源的连接。

如连接到计算机名为"bobby"的共享资源"招贴设计"，输入命令"net use \\bobby\招贴设计"，然后输入不带参数的"net use"命令，检查网络连接。仔细观察输出信息。

实训项目

实训项目 网络管理综合实训

1. 实训目的与要求

（1）了解典型SNMP网络管理软件的功能和使用方法。

（2）掌握Windows Server 2003网络管理工具的使用方法。

（3）理解网络防火墙的工作原理并了解使用方法。

（4）学会使用常用的网络故障排除工具进行网络故障诊断。

2. 实训设备与材料

计算机若干台，局域网环境，Windows Server 2003系统1套，Windows XP系统1套。

3. 实训内容

实训内容一为任务一中的任务实施内容。

实训内容二为任务二中的任务实施内容。

实训内容三为任务三中的任务实施内容。

实训内容四为任务四中的任务实施内容。

4. 思考

（1）防火墙的基本功能有哪些？

（2）网络故障检测中ping命令的使用次序如何？

习题

一、简答题

1. 网络管理的5个功能域是什么？这些功能域各自有什么功能？

2. 什么是SNMP？

3. 什么是网络安全，如何评价一个网络系统的安全性？

4．网络防火墙的作用是什么？防火墙有哪两类？

5．简述网络安全的关键技术。

6．简述局域网故障产生的原因。

7．简述局域网故障排除的思路。

8．ping命令具有什么样的作用？

9．常见的网卡故障有哪些？

10．常见的网络故障排除工具有哪些？

二、实践题

1．Windows server 2003下事件查看器、性能监视器的配置和使用。

2．网络管理软件的使用。

3．配置防火墙的访问策略。